Felix Beilharz
Manual Generation Z

FELIX BEILHARZ

Manual
Generation Z

Digital Natives als Bewerberinnen,
Mitarbeitende und Kunden ansprechen,
begeistern und binden

Bibliografische Information der Deutschen Nationalbibliothek

Die Deutsche Nationalbibliothek verzeichnet diese Publikation in der
Deutschen Nationalbibliografie; detaillierte bibliografische Daten
sind im Internet über http://dnb.d-nb.de abrufbar.

ISBN 978-3-96739-154-1

Lektorat: Susanne von Ahn, Hasloh
Umschlaggestaltung: Guido Klütsch, Köln
Autorenfoto: privat
Satz und Layout: Das Herstellungsbüro, Hamburg | www.buch-herstellungsbuero.de
Druck und Bindung: Salzland Druck, Staßfurt

www.gabal-verlag.de
www.gabal-magazin.de
www.facebook.com/Gabalbuecher
www.twitter.com/gabalbuecher
www.instagram.com/gabalbuecher

PEFC zertifiziert
Dieses Produkt stammt aus nachhaltig
bewirtschafteten Wäldern und kontrollierten
Quellen.

PEFC
PEFC04-31-2251

www.pefc.de

Inhalt

Vorwort 7

Digitale Zusatzinhalte zum Buch 10

Darf ich vorstellen: Die Generation Z 11

Was dieses Buch ausmacht 11

Mein »Erweckungserlebnis« – oder: Warum Julian mit der
Smartwatch umgehen kann 15

Okay, Boomer – die Generationen im Überblick 16

Moment mal – gibt es Generationen eigentlich gar nicht? 27

Die Jugend von heute – dieses Mal aber wirklich? 32

»Wir gegen die« – Vorurteile und Vorbehalte der Älteren 35

Die Big 10 der Generation Z – Werte, Struktur, Haltung
und Besonderheiten 42

Digital leben versus digital können – wo die junge Generation
Nachholbedarf hat 66

Recruiting: Wie man die Generation Z als Arbeitskräfte gewinnt 73

Bisher waren Bewerberinnen oft Bittstellerinnen 73

Warum sich Unternehmen zukünftig bei Mitarbeitenden bewerben
müssen 76

Was erwarten Digital Natives von Arbeitgebern? 78

Wylde Marke – Employer-Branding für die Generation Z 87

Influencer als Botschafter der Arbeitgebermarke? 98

Corporate Influencer sind die neuen Influencer 104

Active Sourcing – wo findet man die Generation Z? 110

Mobile Recruiting – nice to have oder Pflichtprogramm? 116

Geht es eigentlich nur online? 120

Führung und Zusammenarbeit: Arbeiten mit der Generation Z 123

Teamfähigkeit als Schlüsselqualifikation wird bei Gen Z unwichtiger ... 123

VUCA und gestapelte Krisen – Auswirkungen auf die Generation Z 126

»Wir früher« wollten hoch hinaus – wohin will die Gen Z? 131

Work-Life-Balance als Marketing-Floskel enttarnt 133

Ansprüche und Erwartungen an den Arbeitsplatz 137

Ein idealer Arbeitstag eines Gen-Zlers 142

New Work oder doch lieber 9 to 5? 147

Partizipation und flache Hierarchien – Führung geht heute anders 148

Bitte bleib – Mitarbeiterbindung in digitalen Zeiten 152

Marketing: iPhone, Instagram und Influencer 158

Die anspruchsvollsten Kunden aller Zeiten? 158

Die Sprache der Gen Z 161

Wie steht die Generation Z zu Marken? 165

Always on – wie dringt man noch durch? 173

Influencer – wandelnde Werbetafeln oder wichtige Wegweiser? 196

Metaverse, KI, NFT und Krypto – Buzzwords oder Alltag
für junge Menschen? 208

Ein letzter Appell (oder zwei) 217

Generation Z in 66 Fakten 219

Glossar Generation Z 226

Quellen und Anmerkungen 236

Über den Autor 245

Vorwort

Ich habe ein bisschen gebraucht, um zu verstehen, dass ich genau zwischen zwei Generationen stehe: Mit meinen 27 Jahren bilde ich die Brücke von den Millennials zur Generation Z. Aber nicht nur das: Als junge Unternehmerin und Gründerin von *saint sass* besteht unser Team derzeit zur Hälfte aus Millennials und zur Hälfte aus Gen-Zlern.

Diese Position ermöglicht mir die einzigartige Perspektive auf die Gen Z. Bereits die Millennials haben die Geschäftswelt grundlegend verändert und neue Maßstäbe gesetzt. Es sind die ersten zwei Generationen, die komplett als *»digital natives«* durch die Welt gehen und sich dadurch stark von den vorherigen Generationen unterscheiden. Zu welcher digitalen Generation jemand gehört, ist nicht unbedingt nur vom Geburtsjahr abhängig, sondern vor allem von der Sozialisierung. Ich vereine beide, so wie viele andere, die an der Schwelle des Umbruchs geboren wurden.

In meiner Zeit wurden die Millennials abgelöst – Millennials, das sind für mich die Menschen, die die frühe Internetkultur geprägt haben, sie sind sozusagen die Pioniere der sozialen Medien. Lange orientierte man sich daran, wie sie das Internet beeinflusst haben – jetzt ist es an der Zeit zu verstehen, dass sich die Gen Z eine vollkommen neuartige Internetkultur und Lebensrealität geschaffen hat. Wie anders die Gen Z ist, wurde spätestens klar, als virale TikTok-Videos aufkamen, in denen sich die Gen Z über die Millennials echauffierte: Gibt man in das Suchfeld von TikTok nur das Wort *»millennials«* ein, schlägt der Algorithmus auf Platz eins direkt *»millennials vs. Gen Z«* vor.

Zu finden sind Tausende Videos, die die Unterschiede in Kultur und Lebensrealität zwischen beiden Generationen parodieren: *»guess the*

millennial«, »comparing our dance moves« oder *»millennials being cringy«.*
Und ich habe mich mal hier und mal dort wiedergefunden – auf
beiden Seiten. Vor allem finden sich dort bereits viele Erklärungen
über Gen Z. Diese Videos haben meist Hunderttausende Klicks. Das
muss man sich vorstellen: Auf einer Plattform, die hauptsächlich von
Gen Z und Millennials genutzt wird, gibt es einen Bedarf an Videos,
die die Gen Z »entschlüsseln«.

Wenn bereits der Unterschied zwischen Millennials und Gen Z so
gewaltig ist, wenn sich Millennials gegenüber der Gen Z schon »überholt« vorkommen, dann wird der Unterschied zu älteren Generationen unbegreiflich groß erscheinen. Aber es ist wichtig, sich im Business nicht vor Überforderung oder von »neumodischem Quatsch«
abzuwenden, sondern sich ernsthaft damit auseinanderzusetzen, um
sich so einen entscheidenden Vorteil gegenüber anderen Unternehmen zu sichern. Die Marken und Unternehmen, die es jetzt schaffen,
sich anzupassen, werden in Zukunft deutlich bessere wirtschaftliche
Chancen haben. In der Gen Z sind nämlich nicht nur unsere zukünftigen Kunden, sondern auch unsere zukünftigen Kolleginnen und
Führungskräfte.

Um in der sich schnell verändernden Geschäftswelt erfolgreich zu
sein, müssen Unternehmen deren Denkweise, deren Werte und deren Art der Kommunikation verstehen, was nicht einmal allen Millennials gelingt, die als erste digital native Generation zur Welt gekommen sind.

Aber es gibt Hilfe.

Felix Beilharz hat mit diesem Buch einen wertvollen Leitfaden geschaffen, der dabei hilft, diese neuartige Lebensrealität zu verstehen.
Und zwar so verständlich, dass man sie als Boomerin oder Traditionalist (dazu kommt Felix noch) begreift.

Felix zeigt Ihnen in diesem Handbuch, wie Sie die Gen Z als Kunden
gewinnen können. Er erklärt Ihnen, welche Kanäle sie nutzt, welche
Werte ihr wichtig sind und wie Sie Produkte und Dienstleistungen
an ihre Bedürfnisse anpassen können. Aber nicht nur das. Er zeigt in

diesem Buch auch, wie Sie die Gen Z als Mitarbeitende rekrutieren und motivieren können – in einer Welt des immer weiter voranschreitenden Personalmangels.

Dieses Buch ist ein Werkzeugkasten voller Strategien und praktischer Tipps, um die Gen Z erfolgreich einzubinden. Es ist eine Anleitung zum Eintauchen – in die Welt der Gen Z, in der Sie ihre Sprache, ihre Leidenschaften und ihre Ziele kennenlernen.

Dieses Buch wird Ihre Sichtweise erweitern und Ihnen dabei helfen, die Gen Z als Chance zu erkennen und von ihrem Potenzial zu profitieren.

Viel Freude mit diesem Handbuch!

Vivien Wysocki

Digitale Zusatzinhalte zum Buch

Nützliche Videos, Checklisten und Übersichten finden Sie im Download-Bereich des GABAL eCAMPUS. Um auf diese kostenlosen Zusatzinhalte zugreifen zu können, müssen Sie sich einmalig auf dem GABAL eCAMPUS registrieren.

Um die Zusatzinhalte herunterladen zu können, gehen Sie auf:
https://gabal-ecampus.de/downloads/course/digitale-zusatzinhalte-zum-buch-manual-generation-z-von-felix-beilharz

oder scannen Sie den folgenden QR-Code:

Schritt-für-Schritt-Anleitung

Schritt 1: **a)** Oben stehenden **QR-Code** scannen
oder
b) Adresse in Browser eingeben
Schritt 2: Auf den Button »Starten« klicken
Schritt 3: Registrierung
1. Die erforderlichen Felder ausfüllen und sicheres Passwort wählen (8 Zeichen, darunter 1 Großbuchstabe, 1 Zahl, 1 Kleinbuchstabe und 1 Sonderzeichen)
2. Auf »Registrieren« klicken
Schritt 4: Aktivierung des Zugangs mit Klick auf Bestätigungsmail
Schritt 5: Zusatzinhalte freischalten
Klick auf »Starten«

Ab sofort können Sie im Browser durch Klick auf die Materialien direkt auf die digitalen Zusatzinhalte gelangen. Sie erkennen diese digitalen Zusatzangebote (Bonus-Material) an den folgenden Symbolen:
DOKUMENT. Hier können Sie ein nützliches Dokument herunterladen und ausdrucken.
VIDEO. Viele Interviews hat Felix Beilharz als Videos aufgenommen.

Wenden Sie sich bei Fragen gern jederzeit an: support@gabal-verlag.de.

Wir wünschen viel Erfolg bei Ihrer persönlichen und beruflichen Weiterentwicklung.

Darf ich vorstellen: Die Generation Z

Was dieses Buch ausmacht

Gehören Sie zur Generation Z?

Diese Frage könnten Sie anhand des Geburtsjahres beantworten – das wäre die seriöse Vorgehensweise. Oder wir spielen ein kleines Gedankenexperiment durch. Das ist die unterhaltsame Variante.

Stellen Sie sich vor, Sie laufen an einer viel befahrenen Straße entlang. Vier Spuren, Feierabendverkehr, Autolärm, Hupen. Auf der gegenüberliegenden Straßenseite entdecken Sie plötzlich einen alten Bekannten oder eine gute Freundin. Sie rufen, er oder sie entdeckt Sie, winkt. Leider können Sie sich wegen des Lärms nicht verständigen. Also wollen Sie der Person signalisieren, dass Sie sie nachher anrufen werden. Welche Geste machen Sie?

Wenn Sie jetzt intuitiv die Hand mit abgespreiztem Daumen und kleinem Finger an Mund und Ohr gehalten haben, gehören Sie höchstwahrscheinlich nicht zur Generation Z.

Sie haben einen Telefonhörer symbolisiert, den man von einem Gerät abhebt und zum Gesicht führt. Eine Handlung, die einem Vertreter der Generation Z nicht minder seltsam vorkommt als die Tatsache, dass dieses Telefon mit einer Schnur an der Wand verbunden war und Sie – sofern Sie sich ein extra langes Kabel gegönnt haben – mit diesem Gerät in der einen und dem Hörer in der anderen Hand durch die Wohnung gelaufen sind.

Dieses kleine, nicht ganz ernst gemeinte Experiment zeigt ganz gut, worauf wir in diesem Buch hinauswollen: Die Generation Z lebt in einer anderen Welt. Sie wurde anders sozialisiert, wuchs mit einer Technologie auf, die wir Älteren uns erst aneignen müssen. So groß zu werden, mit überall vorhandener und völlig selbstverständlicher digitaler Technik, macht etwas mit einem Menschen. Es bildet andere Erwartungen aus, es sorgt für bestimmte Denk- und Verhaltensweisen, es formt Persönlichkeiten. In diese Denk- und Lebenswelt tauchen wir mit diesem Buch ein. Mit dem Ziel, die Generation Z besser zu verstehen. Doch wie gelingt das überhaupt? Eine Generation zu verstehen, der man selbst nicht angehört und die sich in so vielen Punkten vom eigenen Weltbild und der eigenen Lebenswirklichkeit unterscheidet? Mein »Erweckungserlebnis«, das die intensive Beschäftigung mit den Digital Natives ausgelöst hat, verrate ich Ihnen im nächsten Abschnitt.

Für Menschen, die verstehen wollen, wie die jungen Menschen ticken, und die nicht selbst im Kinderzimmer, in der Schule oder an der Uni Kontakt zu ihnen haben, sind soziale Netzwerke und digitale Plattformen eine wertvolle Informationsquelle. Hier formulieren die Jungen ihre Wünsche und Bedürfnisse. Hier lässt sich beobachten, wie sie kommunizieren, welche Art von Inhalten ihnen gefällt und welche nicht. Ich bewege mich beruflich bedingt täglich in ihrer »natürlichen Umgebung« und tue das nun schon seit über 20 Jahren. Die Erfahrungen aus dieser fast nebenbei ablaufenden Recherche bilden einen Grundpfeiler dieses Buches.

Darüber hinaus gibt es noch andere Informationsquellen, die in dieses Buch eingeflossen sind. Ich habe Entscheiderinnen und Gestalter befragt, die bereits erfolgreich mit jungen Menschen kommunizieren, mit ihnen arbeiten und sie führen. Ich habe meine Erkenntnisse intensiv mit denen der Praktiker abgeglichen.

Natürlich habe ich auch so ziemlich jede verfügbare Studie, Erhebung und Analyse über die Generation Z gelesen und verarbeitet. Dadurch lassen sich viele Beobachtungen empirisch bestätigen, andere wiederum entpuppen sich durch die Empirie als bloße Anekdote oder Ergebnis der eigenen Filterbubble. Sie können jedenfalls sicher sein, dass überall da, wo ich faktische Behauptungen über die Gen Z aufstelle, auch wissenschaftliche Zahlen zugrunde liegen, und diese natürlich im Quellenverzeichnis nachlesen.

Dann gibt es noch eine Quelle der Erkenntnis, die wir in der Ära der digitalisierten Kommunikation häufig vergessen: das direkte Gespräch mit jungen Menschen. Auch das habe ich gesucht. Ich habe mich unterhalten, ich habe Fragen gestellt – und Antworten erhalten. Diverse Aussagen dieser Gespräche finden Sie in diesem Buch als Zitate hervorgehoben.

Beginnen wir mit der wichtigsten Frage: Über wen schreibe ich hier eigentlich? Wer wie ich aus dem Online-Marketing kommt, ist es gewohnt, in Zielgruppen zu denken. Denn kein Unternehmen kann erfolgreich am Markt bestehen, wenn es seine Zielgruppe nicht genau kennt. Die zentralen Fragen lauten: Für wen entwickeln wir unsere Produkte und Dienstleistungen? Wen sprechen wir an? Und wie? Kalter Kaffee eigentlich, der in jedem Bullshitbingo punktet:»Der Kunde muss im Mittelpunkt stehen!« Dennoch ist es ein Grundsatz, den viele Unternehmerinnen, Marketer, Recruiterinnen und Personaler aus Unwissenheit und Unsicherheit – und vielleicht auch aus Bequemlichkeit – im Umgang mit der Generation Z sträflich vernachlässigen. Ihre kommunikativen Anstrengungen und ihre Marketingmaßnahmen verfehlen entsprechend die Zielgruppe.

Eine Zielgruppe ist eine möglichst klar definierte Menge von Marktteilnehmern, die auf kommunikative Maßnahmen homogener reagieren als der Gesamtmarkt. Um die höchstmögliche Wirksamkeit jeder Ansprache zu erreichen, ist es wichtig, die Zielgruppe so genau wie möglich zu beschreiben.

Wie immer, wenn Sie – oder Ihre Social-Media-Managerin – irgendwo auf einer Plattform eine neue Kampagne anlegen, ist ein zentraler Bestandteil dieses Prozesses, die Zielgruppe der Kampagne zu definieren. Und diese Definition beginnt mit der Namensgebung. Denn irgendwo müssen wir anfangen, um die Zielgruppe der einen Kampagne von der der anderen zu unterscheiden. Nennen wir die Zielgruppe, mit der sich dieses Buch beschäftigt, doch der Einfachheit halber ganz simpel »Z« wie Zielgruppe. Und weil diese Zielgruppe eine ganze Generation umfasst: Generation Z.

Was sind das für Menschen, die wir unter den Schlagworten Generation Z, Gen Z oder »Zoomer« zusammenfassen? Was begeistert sie, was ist ihnen wichtig, was bringen sie mit? Wem vertrauen sie? Wie blicken sie auf diese Welt und wie bewegen sie sich in ihr? Und vor allem, was unterscheidet sie von allen ihren Vorgängern?

Die Antworten auf diese Fragen sind für alle diejenigen wichtig, die in ihrem Job auf die Vertreter der Generation Z treffen. Im Büro, in der Werkhalle, am Point of Sale oder im Job-Interview – ob remote oder in Präsenz.

In allen Rollen, in denen sie uns begegnen, als Bewerber, als Kundinnen oder als Mitarbeitende, gelten sie den Vertretern der Vorgängergenerationen als extrem anspruchsvoll. Manche sagen sogar:

fordernd. Diese jungen Menschen zögern nicht, ihre Ansprüche klar und deutlich zu kommunizieren. Einer ihrer Ansprüche ist es, Antworten auf ihre Fragen zu bekommen. Und das bitte schnell. Sie werden im Verlauf der Kapitel sehen, wodurch dieser Anspruch geformt wurde und was es für den täglichen Umgang und ganz besonders für die professionelle Ansprache bedeutet, wenn Sie diese jungen Menschen als Kunde oder Mitarbeiterin gewinnen wollen. Daran schließt sich eine weitere Frage an. Wie können Sie diese jungen Menschen führen? Taugen unsere Führungsinstrumente noch für Mitarbeitende, die, so sagen schließlich alle, so ganz anders sind als ihre Vorgänger? Und wenn nicht, welche Methoden eignen sich dann?

2030 wird bereits ein Drittel aller Arbeitnehmer der Generation Z angehören. Jeder Zoomer wird eine Ausbildung oder einen Uni-Abschluss machen und sich damit für Jobs bewerben, von denen wir heute noch gar nicht wissen, dass es sie geben wird. Ihre Vertreterinnen und Vertreter werden die größte Gruppe von Verbrauchenden sein – und Unternehmen und Marken, die an dieser Chance teilhaben wollen, müssen ihre Bedürfnisse und digitalen Erwartungen verstehen.

Denn darum geht es mir. Ich zeichne kein einfühlsames, literarisches Porträt einer zwischen KI und Klimakrise zerrissenen Generation, sondern gebe Ihnen einen praktischen Wegweiser an die Hand. Dass es an manchen Stellen dennoch ein Reiseführer durch die »Seelenwelt« der Generation Z geworden ist, ließ sich bei aller Nüchternheit, mit der ich auf diese »Menge von Marktteilnehmenden« blicken wollte, nicht vermeiden.

Aber das ist auch gut so. Denn ebenso wichtig wie eine bestimmte Reaktion vorhersehen zu können, ist es, die Motivation hinter dieser Reaktion zu verstehen. Nur so lassen sich aus meiner Sicht wirklich zielgerichtete Maßnahmen entwickeln, die über ein manipulatives und leicht durchschaubares Reiz-Reaktions-Schema hinausgehen.

Nur so können wir in der Zusammenarbeit mit der vielleicht anspruchsvollsten und in Kürze mächtigsten aller am Markt operierenden Generationen von ihrer enormen Stärke profitieren und ihre vorhandenen Schwächen ausgleichen.

Und nur so können wir selbst von den Vertreterinnen dieser Generation lernen und dabei manches eigene Vorurteil als das entlarven, was es ist: ein Vorurteil.

Mein »Erweckungserlebnis« – oder: Warum Julian mit der Smartwatch umgehen kann

Nach Vorträgen werde ich oft gefragt, was für mich der Grund war, mich so intensiv mit der Generation Z zu beschäftigen. Wie beschrieben, habe ich beruflich über die Social-Media-Arbeit und über meine Lehraufträge viel mit dieser Generation zu tun. Der initiale Auslöser, der »Gamechanger«-Moment, war aber ein ganz konkreter Anlass.

Ich veranstaltete vor einigen Jahren zusammen mit einem guten Freund und Geschäftspartner ein Unternehmercamp auf Sylt. Nach Abschluss dieser Veranstaltung verbrachten wir noch einige Tage auf der Insel zusammen mit seiner Familie. Darunter auch sein Sohn Julian, mein Patenkind. Und eigentlich war Julian der Auslöser für meinen Fokus auf die Generation Z.

Wir saßen in unserer Ferienwohnung, als Julian und sein Schwesterchen Johanna, damals etwa drei Jahre und ein Jahr alt, meine Smartwatch entdeckten. Was dann geschah, hat mich so fasziniert, dass ich die Situation sofort mit dem Handy aufnehmen musste.[1]

Beide waren nicht nur sofort begeistert von dem Gadget, sondern wussten auch intuitiv damit umzugehen. Die beiden Kinder identifizierten das Display sogleich als Touchscreen-Bildschirm, wischten darauf herum und versuchten, mit zwei Fingern zu pinchen und zu swipen. Ich bin sehr froh, diesen Moment auf Video festgehalten zu haben, denn aus ihm ergaben sich für mich gleich mehrere Fragen:

- Warum wussten die beiden direkt, dass es sich bei dieser glatten Fläche um einen Touchscreen handelt?
- Woher hat vor allem die Kleine noch vor dem Sprechen gelernt, auf so einem Bildschirm zu pinchen, wie wir »Großen« es auf Bildschirmen zum Zoomen und Verkleinern tun?

Beide hatten damals natürlich weder Handy noch Tablet und auch im elterlichen Haushalt war kein Tablet vorhanden, mit dem die beiden üben konnten. Irgendwie scheint es ihnen durch Beobachtung der Eltern (und ich fürchte auch durch mich) intuitiv in Fleisch und Blut übergegangen zu sein: »Wenn du eine dunkle, spiegelnde Oberfläche siehst, check doch mal, ob das ein digitales Gadget ist, mit dem man herumspielen kann ...«

In diesem Moment ist mir klar geworden, dass sich bei dieser Generation (damals noch an der Grenze zwischen Z und Alpha) etwas fundamental verändert hat. Digitale Medien sind von klein auf so fest verwurzelt, dass es fast schon unheimlich ist, wie selbstverständlich diese Generation damit umgeht. Es gibt keinen klar umrissenen Gewöhnungs- und Lernprozess mehr, wie wir ihn durchlaufen mussten. Digitale Medien sind einfach von Kindheit an überall da und entsprechend selbstverständlich ist der Umgang damit.

Eine Welt, in der man sich in Bibliotheken durch Karteikarten in endlosen Holzschränken wühlt, um zu prüfen, wo sich ein bestimmtes Buch befindet (das dann häufig doch nicht dort steht, wo die Karteikarte es behauptet), ist für einen Menschen, der ganz und gar digital aufgewachsen ist, kaum vorstellbar. Wenn dieser Mensch eine Information sucht, hat er sein Leben lang nichts anderes getan, als Google zu öffnen, und er hat mit wenigen Klicks das komplette Wissen der Welt zu Füßen gelegt bekommen. Dass es jemals anders war – kaum zu glauben. »Mama, Papa, wie habt ihr eigentlich früher gegoogelt, bevor es das Internet gab?« ist ein netter Witz, aber gar nicht so unrealistisch. Für einen Teenager ist eine Welt ohne Internet und Smartphone so wenig vorstellbar wie für uns eine Welt, in der es kein Telefon gab. Dabei ist selbst das zumindest in ländlichen Regionen auch noch gar nicht so lange her.

Dieses Erlebnis mit Julian und Johanna war für mich jedenfalls der Auslöser, die Generation Z zu einem der Schwerpunkte meiner Arbeit zu machen. Mich fasziniert der Einfluss der Digitalisierung auf diese Generation, welche enormen Vorteile sie ihr bringt, aber auch, welchen Gefahren und Risiken sich die Digital Natives ausgesetzt sehen.

Okay, Boomer – die Generationen im Überblick

Okay, Boomer! Diesen Schlachtruf der Generation Z haben Sie bestimmt schon gehört oder gelesen. Der Satz ist eine etwas herablassende Erwiderung, die häufig verwendet wird, um »Babyboomern« oder generell Älteren gegenüber Missfallen bezüglich einer Aussage oder Haltung deutlich zu machen. Ein so Angesprochener versteht eine Sache einfach deshalb nicht (mehr), weil er zu alt dafür ist. Gleichzeitig impliziert die Formulierung, dass es überhaupt keinen Zweck hat, mit dem Boomer zu diskutieren.

Allerdings, so »fresh«, wie sich manche User vorkommen, wenn sie jemandem diese Antwort präsentieren, ist sie gar nicht mehr. Der genaue Ursprung ist unbekannt. Ab April 2018 wurde das Schlagwort verstärkt verwendet, um auf Posts auf dem Kurznachrichtendienst Twitter zu reagieren. Aber eine Verwendung lässt sich bereits bis September 2015 zurückverfolgen, als der Spruch im zweifelhaften Forum 4chan erstmals das Licht des World Wide Webs erblickte. Nicht lange nach der Veröffentlichung dieses Buches wird das populäre Meme also bereits seinen zehnten Geburtstag feiern (der Begriff des Memes begegnet uns im Buch noch häufiger).

Das kleine Beispiel zeigt ein häufiges Missverständnis junger Menschen. Wer heute zwischen 20 und 30 Jahre alt ist, fühlt sich unsterblich. Das mag stimmen, wenn er sich mit der Generation vergleicht, die vor ihm sitzt. Was er vergisst, ist, dass für jemanden, der im Jahr 2023, sagen wir, 13 Jahre alt ist, auch der 22-Jährige heute bereits unglaublich alt ist. Sich mit seinen Ansprüchen und Bedürfnissen herumzuschlagen, wird Aufgabe der frühen Jahrgänge der Generation Z sein. Und wir dürfen alle gespannt sein, wie gut sich die Generation Z im Umgang mit der Generation Alpha schlägt, die auf sie folgt. Alphas sind nicht nur mit der Technologie aufgewachsen – sie sind von Geburt an vollständig in sie eingetaucht. Schon in jungen Jahren sind diese Kinder in der Lage, mit Sprachassistenten zu sprechen und auf Smartphones zu wischen. Sie betrachten Technologien nicht als Hilfsmittel, die ihnen bei der Erledigung von Aufgaben helfen, sondern als tief integrierte Bestandteile des täglichen Lebens.

2.800.000 Alphas werden jede Woche geboren und werden der Gen Z das Leben irgendwann schwer machen. 2030 werden die Alphas bereits über 10 Prozent der Arbeitnehmerinnen und Arbeitnehmer stellen.

Napoleon Bonaparte bemerkte einmal: »Um einen Mann zu verstehen, muss man wissen, was in der Welt geschah, als er 20 war.« Streng genommen sind für uns also nicht die Geburtsjahrgänge ausschlaggebend, sondern die Umstände und Ereignisse, die diese Geburtsjahrgänge geprägt haben.

Im Marketing nähern wir uns unseren Zielgruppen über Personas. Wir greifen uns einen (oder mehrere) archetypischen Vertreter einer Zielgruppe heraus und stellen uns diesen so plastisch wie möglich vor. Wir haben ein Bild vor Augen, geben der Person einen Namen, definieren die Lebensumstände, sozioökonomische und psychografische Merkmale wie Interessen, Werte, Einstellungen, Sorgen etc. Auf diese Weise entsteht ein deutlich besseres Verständnis und damit auch eine bessere Ansprechbarkeit in allen folgenden Maßnahmen.

Mit diesem Persona-Konzept nähern wir uns jetzt den Generationen. Statt also die einzelnen Generationen »insgesamt« zu betrachten (was, wie wir festgestellt haben, ja gar nicht geht), picken wir uns eine spezifische Person aus jeder Generation heraus. So bekommen wir ein deutlich lebendigeres Bild für die Lebenswirklichkeit – verbunden mit dem Wissen, dass es auch unzählige andere Personas in jeder Generation gibt.

Die Tradionalisten

Ein heute Hundertjähriger, also ein Mensch, der 1923 geboren wurde, zählt zur Generation der Traditionalisten. Zu dieser Kohorte rechnen wir Menschen, die zwischen 1923 und 1945 geboren wurden. Diese Menschen haben größtenteils die Nachwirkungen des Ersten Weltkriegs, den Zweiten Weltkrieg oder die direkte Nachkriegszeit in Kindheit und Jugend erlebt. Entsprechend lautet ein anderer Name für diese Gruppe »Veteranen«. Manchmal liest man auch die Bezeichnung »Builder«, zu Deutsch: die Aufbaugeneration. In diesem Buch spielt diese Kohorte, wenn überhaupt, nur eine Nebenrolle und wird hier von mir vor allem der Vollständigkeit halber erwähnt. Ihre Mitglieder sind aus dem Berufsleben nahezu komplett verschwunden. Als Erwerbstätige stellt diese Gruppe noch 2 Prozent der Gesamtheit.

Ewald ist 83 Jahre alt und pensionierter Oberregierungsrat. Von seinen vier Geschwistern leben noch zwei. Er lebt mit seiner Frau im eigenen Reihenhaus in einem Vorort einer mittelgroßen Stadt in seiner Heimatregion. Nach einer Lehre als Einzelhandelskaufmann verpflichtete er sich für mehrere Jahre bei der jungen Bundeswehr, um im Anschluss eine Beamten-

laufbahn einzuschlagen. Die Lehre hat er angetreten, weil sein Vater –
Landwirt und entnazifizierter Parteigenosse der ersten Stunde – ihm die
Stelle nach der mittleren Schullaufbahn vermittelt hat. Er ist das erste Mit-
glied seiner Familie, das nicht mehr von der Landwirtschaft leben musste.
Der einzige Bruch in seiner Biografie ist der Wechsel über die Bundeswehr
in den Staatsdienst. Er hat sich bescheidenen Wohlstand aufbauen können,
den er an seine Kinder und das einzige Enkelkind weitergeben möchte.
Die Ausbildung seiner zwei Söhne war ihm extrem wichtig. Umso stolzer ist
er, dass der älteste Sohn einen akademischen Grad erreicht hat. Insgeheim
bewundert er den Mut seines zweiten Sohnes, der als Freiberufler durchs
Leben geht. Er hat klare Vorstellungen von Verhaltensregeln, Respekt vor
Autorität, ist fleißig und käme nie auf die Idee, Ansprüche für sich zu stel-
len.

Geprägt ist er von den Entbehrungen der Nachkriegsjahre. Er besitzt ein
Smartphone, das allerdings seine Frau für ihn bedient. Er geht am Desktop-
PC online, um seine Finanzgeschäfte zu machen und um Reisen zu buchen.
Seine am häufigsten genutzten Medien sind die regionale Tageszeitung und
das lineare Fernsehen. In der Garage steht ein selten benutzter, scheckheft-
gepflegter Ford Focus. Ewalds am stärksten ausgeprägtes Bedürfnis war
stets Sicherheit.

Selbst wenn wir annehmen, dass es noch den einen oder anderen
Patriarchen aus dieser Generation in Unternehmen gibt, Wolfgang
Grupp von Trigema (geboren 1942) ist so ein Beispiel, können wir
dennoch davon ausgehen, dass er inzwischen sehr weit vom operati-
ven Geschäft entfernt ist. Dennoch ist dort, wo Traditionalisten noch
aktiv sind, ihr Einfluss auf die Unternehmenskultur nicht zu unter-
schätzen. Dieser Einfluss bleibt zwar meist mittelbar, dennoch kann
es natürlich eine Herausforderung sein, wenn Sie auf Management-
ebene in einem Familienunternehmen in einer Sandwichposition
zwischen den Ansprüchen der Generation Z und den Ansichten eines
Traditionalisten vermitteln müssen.

Es erscheint auf den ersten Blick einsichtig, diese Marktteilnehmenden in unseren Betrachtungen zu vernachlässigen. Es geht
schließlich um die Zukunft. Diese Einstellung versperrt uns jedoch
den Blick darauf, dass mit Joe Biden – geboren 1942 – ein sogenann-
ter Traditionalist Präsident der Vereinigten Staaten ist und damit eines der mächtigsten Ämter der Welt besetzt. In Deutschland hatte

mit dem ebenfalls 1942 geborenen Wolfgang Schäuble ein Traditionalist noch bis 2021 das zweithöchste Staatsamt der Bundesrepublik inne. An den Schaltstellen der Macht, dort, wo die Weichen gestellt werden, finden wir Traditionalisten noch sehr viel häufiger als in den Führungsetagen der Unternehmen.

Die Babyboomer

Diese Generation umfasst die Jahrgänge zwischen 1946 und 1964. Sie war die erste Generation, die man überhaupt in einer sehr großen Schublade erfasst hat. Die Traditionalisten entstanden bei dieser Kategorisierung quasi als Nebenprodukt, denn auf einmal brauchte man schließlich auch einen Namen für die Vorgängergeneration, von der man die Babyboomer abgrenzen konnte. Die Babyboomer sind auch die Namensgeber der mit »Okay, Boomer« abgekanzelten älteren Generationen, auch wenn die Gen Z selbst da weniger Unterschiede macht – alles ab 35 ist alt und damit »Boomer«.

Karin ist 62 Jahre alt und gelernte Verlagskauffrau. An die Ausbildung schloss sich auf Initiative ihrer Mutter ein Germanistikstudium an. Nach der Scheidung von ihrem Mann in den späten 1990er-Jahren hat sie eine große berufliche Veränderung gewagt und sich als Beraterin für Verlagshäuser selbstständig gemacht. Sie lebt in einer Eigentumswohnung, hat zwei erwachsene Kinder, eine Katze und einen großen Freundeskreis aus alten und neuen Bekannten. Ihre engste Freundin kennt sie seit der gemeinsamen Schulzeit. Nachdem sie nach der Scheidung lange Zeit wieder auf einen eher studentischen Lebensstil zurückfiel, läuft ihr Business inzwischen sehr gut. Seit beide Kinder auf eigenen Beinen stehen, gönnt sie sich regelmäßig kulturell geprägte Städtetrips. Die 14-Stunden-Arbeitstage werden weniger. Karin ist stolz auf das, was sie sich selbst aufgebaut hat. Geprägt ist sie von der Frauenbewegung der 1970er-Jahre, der Lebenssituation ihrer Mutter und dem Kampf um ihre individuelle Freiheit und wirtschaftliche Unabhängigkeit. Sorge macht ihr ihre Lebenssituation im Alter.

Ihre Mediennutzung beschränkt sich privat auf Bücher und überregionale Tageszeitungen. Den Stern, den sie jahrelang abonniert hatte, hat sie inzwischen abbestellt. Sie verzichtet bewusst auf ein Fernsehgerät. Sie besitzt ein Smartphone und nutzt es zum Telefonieren und um über diverse

Messengergruppen Kontakt zu halten. Die Pflege ihrer Homepage und ihres Laptops überlässt sie einem Dienstleister, den sie »Computer-Fritze« nennt. In der Tiefgarage steht ein häufig genutzter italienischer Roadster.

Fällt Ihnen etwas auf? Bei dieser weit gefassten Alterskohorte wird deutlich, dass allein eine Einteilung unserer Zielgruppen nach Generationen für ein tieferes Verständnis an ihre Grenzen stößt. Wir erleben aufgrund der Altersstruktur dieser Kohorte große intragenerationale Unterschiede. Gemeint sind damit Unterschiede innerhalb der Generation – im Gegensatz zu intergenerationalen Unterschieden, die die Kluft zwischen verschiedenen Generationen kennzeichnen sollen. Denn natürlich sind die Erfahrungen einer 1946 geborenen Frau aus der Arbeiterklasse andere als die eines 1964 geborenen Akademiker- oder Unternehmersohns oder eben die Erfahrungen von Karin.

Dies gilt umso mehr, da insbesondere im früheren Westdeutschland gerne übersehen wird, dass es mit der DDR bis 1990 noch ein »zweites Deutschland« gab, dessen Bürger völlig andere Erfahrungen gemacht haben und die auch auf globale Ereignisse aus einer zumeist völlig anderen Perspektive blickten. Allein über die Generation kann uns also nur eine sehr grobe Annäherung gelingen.

Westliche Babyboomer sind sowohl von den Nachkriegsjahren als auch vom Wohlstandsversprechen des wirtschaftlichen Aufschwungs geprägt. Vor allem aber von dem Erleben, viele zu sein. Der Babyboom war die einzige Phase seit Ende des 19. Jahrhunderts, in der die Fertilitätsrate stieg. In Deutschland werden die im Zeitraum von 1955 bis 1969 Geborenen von Statistikern als geburtenstarke Jahrgänge bezeichnet. Wir Deutschen waren etwas später dran als andere westliche Länder, was daran lag, dass viele potenzielle Väter sich in den direkten Nachkriegsjahren noch in Kriegsgefangenschaft befanden. Oft wird den Boomern mangelndes Engagement gegen die großen Krisen der Zeit – etwa die Folgen des Klimawandels – vorgeworfen. Dabei stellten die späten Babyboomer in den 1980er-Jahren als Schülerinnen und Studenten die Masse der Friedensbewegung und der Umweltbewegung und haben in ihrer Jugend ein starkes politisch-gesellschaftliches Engagement an den Tag gelegt. Und obwohl die 80er-Jahre des vergangenen Jahrhunderts mit Waldsterben, AIDS, Ozonloch, den Bedrohungen des Kalten Krieges und nicht zuletzt der Nuklearkatastrophe von Tschernobyl im April 1986 genügend heute oft vergessene Katastrophenszenarien vorhielten, gelten die Babyboomer als »glückliche Generation«, in der das Versprechen des immerwährenden Fortschritts und Aufstiegs nach wie vor gültig war. Es ist allerdings auch eine Generation, auf die gerade in ihren jüngeren Kohorten niemand gewartet hat. Konkurrenzkampf um Positionen und das Bewusstsein, bei Bedarf ausgewechselt werden zu können, prägten die Einstellung dieser Generation im Recruiting-Prozess.

Im Berufsleben gelten – oder sehen sich? – die Babyboomer als besonders engagiert und durchsetzungsstark. Sie arbeiten stets motiviert und vergessen dabei den Service am Kunden nicht. Teilweise können sie aggressiv auftreten, arbeiten aber sehr gut im Team und streben stets nach Harmonie. Okay, Boomer!

Auf der anderen Seite zeichnen sich ihre Vertreter durch hohen Selbstbezug und geringe Kritikfähigkeit aus. Von den nachfolgenden Generationen werden den Boomern häufig veraltete oder konservative Ansichten und wenig Belehrbarkeit und Offenheit für neue Dinge vorgeworfen.

Die Steigerung des stereotypen Boomers ist der viel zitierte »alte weiße Mann«, den es natürlich auch in weiblicher Form gibt. Besonders im amerikanischen Kulturraum ist sie als »Karen« bekannt – stets am Meckern, sich laut über die Jugend aufregend, Lieblingssatz: »Bring me to your manager!«

Generation X

Die Generation X genannte Altersgruppe gewann große Bekanntheit durch den 1992 erschienenen gleichnamigen Episodenroman von Douglas Coupland. Die Bezeichnung wird vor allem im angloamerikanischen Sprachraum benutzt. Die gängigste Definition umfasst die Jahrgänge 1965 bis 1980.

Mario ist 44 Jahre alt. Früher war er Punker mit einem legendären Ruf als »Scheißebauer«. Er ist ein Scheidungskind, was in der kleinen Gemeinde, in der er aufwuchs, selbst in den 1980er-Jahren noch ein Makel war. Nach Fachabitur und einem abgebrochenen BWL-Studium, das er nur begonnen hat, weil man ja »irgendwas studieren muss«, war er um die Jahrtausend-wende zur rechten Zeit am rechten Ort, machte eine vom Arbeitsamt bezahl-te Fortbildung und leitet heute erfolgreich und mit Personalverantwortung die Online-Plattform einer weltweit agierenden Traditionsbäckerei für Lebkuchen. Er ist geschieden und hat zwei Kinder, die er regelmäßig sieht und mit denen er gerne seine Zeit verbringt. Er wohnt in einer bayerischen Großstadt in der Nähe seiner Heimatgemeinde in einer großen Wohnung · zur Miete. Seinen Job betrachtet er als Möglichkeit, Geld zu verdienen. In-nerlich verachtet er das Produkt, die Kundschaft und die »spießige« Unter-nehmensstruktur, die ihm seine Karriere ermöglicht hat. Statussymbole wie ein teures Auto und hochwertige Kleidung, die er früher ebenfalls verachtet hat, werden ihm allerdings genau wie all die anderen Annehmlichkeiten, die sein hohes Gehalt trotz Unterhaltszahlungen zulässt, in letzter Zeit im-mer wichtiger.

Wenn er zurückdenkt, fällt ihm kein Ereignis ein, das ihn sonderlich geprägt oder gar motiviert hat, außer der Ereignislosigkeit der dörflichen Umgebung, die mit Bier, Joints, Trips und Zocken an der Konsole bekämpft wurde. Erst die Geburt seiner Kinder disziplinierte ihn in seiner Lebens-führung.

Er nutzt elektronische Medien und Streamingdienste intensiv und ganz selbstverständlich. Aus den sozialen Netzwerken hat er sich als Privatperson jedoch bereits »nach Facebook« verabschiedet. Inzwischen macht sich eine gewisse Sinnsuche in seinem Leben breit und er denkt darüber nach, noch mal »etwas ganz anderes« zu machen. Den BMW hat er gegen einen Tesla getauscht.

In Deutschland nutzt man als Schlagwort auch »Generation Golf«, nach einem im Jahr 2000 erschienenen Buch von Florian Illies. Na-mensgebend ist natürlich der Golf von Volkswagen. X ist eine von Popkultur und Hedonismus geprägte Generation, die die großen öko-nomischen und ökologischen Krisen der Jetztzeit bereits am Horizont aufziehen sah, vor allem aber die letzte Generation vor der »digita-len Wasserscheide«. Die letzte Generation, die sich noch an ein Le-ben ohne Internet erinnert, aber bereits Stunden vor dem C64 oder der Konsole verbracht hat. Sie gilt als anpassungsfähig und kennt sich mit den modernen Techniken gut aus. Von Vorgesetzten lässt sie sich nicht so leicht einschüchtern. Weitere Eigenschaften, die man der Generation X nachsagt, sind Kreativität, Ungeduld, Skepsis, aber auch eine gewisse Bequemlichkeit, wenig Durchsetzungsvermögen und viel Nörgeln. Im Grunde genommen ist diese »Zwischengeneration« eine »Beta-Version« der Generation Z – Werte wie Individualismus, Sinnsuche und eine hohe Bedeutung der Work-Life-Balance sind hier bereits vorhanden, spielen bei der Gen Z dann die zentrale Rolle. Der Gen X wird vor allem ein gewisser Pessimismus vorgeworfen, ebenso wie eine ironische Sicht auf die Welt, die leicht in Zynismus abrutscht. Im Berufsleben gelten die erfahrenen und besten Mitarbeitenden als technisch versierte und ergebnisorientierte Individualisten. Ihr Streben nach sinnhafter Erfüllung im Berufsleben ist oftmals gering ausgeprägt. Sie sind auch in Marktsektoren tätig, die für sie nicht interessant sind oder sie sogar langweilen, solange das Gehalt stimmt.

Generation Y / Millennials

Die Begriffe Generation Y oder Millennials bezeichnen die Generation, die im Zeitraum der frühen 1980er- bis zu den späten 1990er-Jahren geboren wurde. Es ist eine Generation, die nach dem Zerfall des Warschauer Pakts und dem Untergang der DDR ohne Systemalternative groß geworden ist.

Estefania ist 30 Jahre alt. Geboren wurde sie in einer ostdeutschen Großstadt, aufgewachsen ist sie in Niedersachsen, wo der Vater Arbeit gefunden hatte. Nach dem Studium und diversen Praktika in IT-Start-ups arbeitete sie zunächst als Junior Consultant und SCRUM Master für ein Beratungsunternehmen. Über ein Projekt kam der Wechsel zu einem global tätigen Energiekonzern zustande, für den sie zuerst als Projektmanagerin tätig war, um dann als CEO eine Ausgründung unter dem Dach des Konzerns als selbstständiges Start-up zu führen. Sie lebt mit ihrem Freund, einem chilenischen Ingenieur, inzwischen in einer westdeutschen Großstadt, jederzeit bereit, für den nächsten Job die Zelte abzubrechen. Allerdings kommt in letzter Zeit verstärkt der Gedanke an Kinder auf. Ihr Freund fühlt sich laut eigener Aussage »noch nicht bereit«, und noch ist Estefania gewillt, das hinzunehmen.

Geprägt hat sie vor allem die soziale und wirtschaftliche Unsicherheit der Nachwendezeit, die gleichzeitig mit einer nie gekannten Chancenvielfalt einherging. Man musste nur bereit sein, seine Möglichkeiten zu ergreifen. Die Zeiten waren günstig und einer Frau mit Top-Ausbildung und einem guten Netzwerk standen alle Türen offen. Gleichberechtigung hatte sie mit der Muttermilch aufgesogen, ihre Mutter leitete in der DDR die Abteilung eines VEB.

Sie ist selbstbewusst und durchsetzungsstark, gleichzeitig bevorzugt sie einen ausgesprochen kooperativen Führungsstil. Dass ihr Start-up Teil der Energiewende ist, ist ihr wichtig. Ob sie sonst für den Mutterkonzern arbeiten könnte, ist eine Frage, die ihr oft durch den Kopf geht. Für Estefania soll es rote Rosen regnen, und bisher sieht sie keinen Grund, warum das nicht wahr werden sollte.

Ihre Mediennutzung entfällt nahezu komplett auf Online-Medien und Streamingdienste. Ihr liebstes soziales Netzwerk ist Instagram, beruflich setzt sie voll auf LinkedIn. Sie besitzt kein eigenes Auto, sondern nutzt Bahn, Mietwagen und Carsharing. Dabei ist die Verweigerung nicht ideologisch, sondern praktisch. Wozu für etwas zahlen, das die meiste Zeit nur herumsteht?

Den Millennials wird bereits nachgesagt, sinnerfüllende Arbeit und Freizeit mit einem hohen Maß an sozialer Sicherheit verbinden zu wollen (was sich bei der folgenden Generation noch potenziert).

Die Millennials sind zwar nicht digital aufgewachsen, aber doch recht früh digitalisiert, sodass Social Media und Smartphone wichtige Teile ihres Lebens darstellen. Auch die Ausprägung der digitalen Skills ist entsprechend hoch. Kein Wunder, dass viele der bekannten Tech-Gründer und Multimilliardäre wie Mark Zuckerberg (Meta), Evan Spiegel (Snapchat), Zhan Yiming (ByteDance / TikTok) oder alle drei Airbnb-Gründer dieser Generation angehören.

Gen Y kennt allerdings auch noch eine Welt ohne Smartphones und teilweise sogar ohne Internet. Die Gen Y sucht bereits verstärkt nach Sinn und will sich nicht mehr der Arbeitsmoral ihrer Eltern unterordnen. Die Generation ist top ausgebildet, weiß, was sie kann, und erhebt daher Ansprüche auf Führungspositionen und angemessene Entlohnung.

In vielen Dimensionen kann die Gen Y als Vorreiter der Gen Z bezeichnet werden. Sie testet bereits Grenzen aus, die vorher als unantastbar galten, und stellt Forderungen, die älteren Generationen die Nackenhaare aufstellen. Die Gen Z treibt all das auf die Spitze.

Übrigens, falls Sie sich beim Lesen bisher gefragt haben, in welche Generation ich eigentlich falle: Ich bin Baujahr 1982 und damit entweder einer der ältesten Millennials oder einer der letzten Generation-Xler, je nach Definition.

Generation Z

Der Generation Z werden überwiegend diejenigen zugerechnet, die ungefähr zwischen Mitte der 1990er-Jahre und 2012 zur Welt gekommen sind. Eine eindeutige Definition der Anfangs- und Endjahre für Generation Z gibt es bisher nicht. Je nach Autor wird auch ein Beginn zwischen 1990 und 2000, sogar bis 2016 diskutiert. Wir werden uns hier im Buch an die wohl gängigste Zeitspanne halten, etwa 1995 bis 2012.

Sara ist 17 Jahre alt. Ihr erstes internetfähiges Telefon hatte sie bereits im Grundschulalter, das erste Smartphone zum Übergang aufs Gymnasium. Sie besitzt einen Fernseher, den sie nur in Ausnahmefällen benutzt. Daneben nutzt sie ein Tablet, ein Schultablet und ein Smartphone im Dauereinsatz. Ihre Lieblings-Apps sind Snapchat, TikTok und Instagram. Sie postet fast nie selbst, sondern folgt und konsumiert. Hauptsächlich kommuniziert sie jedoch über die Apps. WhatsApp nutzt sie nur für Familienkommunikation und für schulbezogene Gruppenchats. Ihr Interesse an der Funktionalität der Hardware steht im Widerspruch zur Dauernutzung. Es geht gegen null. Sie erwartet einfach, dass die Geräte eingerichtet sind und funktionieren. Notfalls muss sich jemand für sie darum kümmern. Mit absehbar zu wenig Akku verlässt sie das Haus nicht. Sie interessiert sich für Fußball, Chillen und strebt nach dem Abitur eine Ausbildung als Innenausstatterin und im Anschluss ein Innenarchitekturstudium an. Sicherheit ist wichtig. Einen Führerschein würde die Großmutter bezahlen, und obwohl die Oma sicher auch ein Auto springen lassen würde, hat Sara kein Interesse. Popkulturelle Idole hat sie nicht. Geld spielt im Leben des Einzelkindes keine Rolle. Aus ihrer Sicht ist es einfach da. Großeltern und Eltern stehen für Wünsche zur Verfügung. Sie hasst es, telefonieren zu müssen. Massiv geprägt haben sie die Einschränkungen der Corona-Pandemie und der Eindruck, als Schülerin und junger Mensch an letzter Stelle zu kommen.
Wenn es gerade passt, nimmt sie an freitäglichen Schulstreiks teil,

hat aber nichts dagegen, wenn Papa sie täglich zur Schule und zweimal
wöchentlich zum Training fährt. Auch Urlaubsflüge sind völlig okay, solan-
ge das Ziel für einen Insta-Post taugt.

Es ist die Generation der jungen Menschen, die jetzt oder in wenigen
Jahren mit einer hervorragenden Ausbildung und sehr selbstbewusst
ins Berufsleben einsteigen. In Industrieländern mit niedriger Gebur-
tenrate und nach wie vor florierender Wirtschaft profitieren Ange-
hörige der Generation Z massiv vom Fachkräftemangel. Für sie wird
es immer einen Platz geben. Dennoch sind sie stärker an beruflicher
Sicherheit interessiert sowie an einer klaren Trennung von Job und
Privatleben. Es sind Frauen und Männer, die mit Internet und Smartphone groß geworden sind. Echte Digital Natives. Ohne einer genau-
eren Charakterisierung vorgreifen zu wollen, ist es vielleicht genau
das, was die Vertreter dieser Generation vielen so fremd macht: Sie
sind in einer zweiten Welt aufgewachsen, die vielen Älteren unbekannt ist. Zwischen Twitch, TikTok und Tumblr, zwischen iPhone,
Influencer und Instagram. Eine Welt mit eigenen Gesetzen und eigenen Werten und Normen. Dabei ist diese Welt für die Gen Z genauso
real wie die »echte Welt«. Mehr noch: Es gibt keine Trennung zwischen diesen Welten. Leben ist digitales Leben. Das Schlagwort der
»Digitalisierung« sagt diesen Menschen nichts. Ihr Leben war schon
immer digital. Kein Wunder, dass diese jungen Frauen und Männer
genauso verwundert auf Menschen blicken, die von EDV reden, die
»online gehen« und die am Telefon die Tastentöne anhaben, wie die
Älteren auf sie.
   Es ist die Generation, der ich dieses Buch gewidmet habe. Alle
weiteren Kapitel und Abschnitte drehen sich um diese Generation.

Moment mal – gibt es Generationen eigentlich gar nicht?

Das Konzept der Generationen Y, Z und all der anderen ist zwar
enorm beliebt, aber nicht unumstritten. Nicht nur, was die genaue
Einteilung der Jahrgänge angeht. Diese ist sowieso unmöglich, wes-
halb es immer nur ungefähre Angaben sind.

Nein, auch die Existenz sich voneinander unterscheidender Generationen wird von manchen Forschern infrage gestellt. Dabei herrschen vor allem zwei Kritikpunkte vor:

1. These: Entscheidend ist die Marktsituation

Die Einstellung der heutigen Generation Z zum Arbeitsmarkt, die vielen Forderungen, die für ältere Arbeitgebende fast schon unverschämt erscheinen, das selbstbewusste Auftreten bei gleichzeitig völlig fehlender Berufserfahrung – all das sei nicht unbedingt Ausdruck einer generationsbedingten Einzigartigkeit, sondern einfach der Marktsituation geschuldet.

Denn eindeutig hat sich in den letzten Jahren der Arbeitsmarkt von einem Nachfrager- in einen Anbietermarkt gewandelt. Soll heißen: Hatten früher Nachfragende von Arbeitskraft, also Unternehmen, die besseren Karten, sind heute die Arbeitnehmerinnen und Arbeitnehmer eindeutig in der stärkeren Position. Schuld daran sind viele Faktoren, der wichtigste dürften die geburtenschwachen Jahrgänge und der damit einhergehende demografische Wandel sein.

Zu »meiner Zeit«, als ich mich vor etwa 20 Jahren während des Studiums auf Praktika bewarb, bekam ich von vielen Unternehmen nicht einmal eine Antwort. Kam doch eine Absage, war es eine Ansammlung von Textbausteinen. Viel mehr war nicht zu erwarten. Es gab ja genug andere Bewerberinnen und Bewerber, die Unternehmen hatten die freie Auswahl. Entsprechend war ich als potenzieller Arbeitnehmer in der Bittsteller-Position, musste mich nach allen Kräften bewerben, sämtliche eigenen Ansprüche zurückschrauben und hoffen, irgendwo unterzukommen.

Heute ist es genau andersherum. Unternehmen bewerben sich bei Arbeitnehmerinnen und hoffen, eine Chance zu erhalten. Viele Stellen bleiben trotzdem unbesetzt, Unternehmen klagen über Fachkräftemangel, beinahe unabhängig von Branche oder Position.

Die Marktmacht liegt bei den sich Bewerbenden. Und damit eben vor allem bei jungen Menschen, die dringend für Ausbildungsplätze, Betriebswachstum und Nachschub für die nach und nach den Arbeitsmarkt verlassenden Boomer gesucht werden. Eine solche Marktmacht bringt es eben auch mit sich, dass man deutlich höhere

Ansprüche stellen darf. Ich hätte mich früher nicht getraut, direkt im Einstellungsgespräch nach dem Zeitpunkt der ersten Gehaltserhöhung oder einer Vier-Tage-Woche zu fragen. Weil ich wusste, dass draußen vor der Tür noch 17 andere Bewerber Schlange stehen, die an diesem Tag »vorsprechen« durften.

Heute weiß der Arbeitnehmer im Bewerbungsgespräch: Mein Gegenüber hat nicht allzu viele Optionen, wenn es mich nicht kriegt. Ich oder keiner – das ist schon eine ziemlich mächtige Position.

Die These der Forschenden ist also: Frühere Generationen hätten sich genauso verhalten, nur war die Situation eben eine andere. Sie haben sich einfach nicht getraut, höhere Ansprüche zu stellen und mit einer laxeren Arbeitshaltung anzutreten. Die Generationen nehmen sich da nicht viel, alles, was sich verändert hat, ist die Umgebung.

2. These: Die Gen Z ist einfach jung

Die zweite These lautet, dass die Generation Z gar nicht ganz anders ist als ihre Vorgänger, sondern dass sie einfach nur jung ist. Und junge Menschen sind tendenziell frecher, sprunghafter, idealistischer oder aufmüpfiger. Man müsse also eigentlich junge Menschen in den jeweiligen Generationen vergleichen und nicht die heutige Generation Z mit den aktuellen Vertretern älterer Generationen. Ein Langzeitvergleich, der die Angehörigen der Boomer- oder Xer-Generation in ihrer Jugendzeit mit den Einstellungen und Werten heutiger Jugendlicher abgleicht, wäre aufschlussreich, ist aber in den meisten Punkten nicht vorhanden.

Manche Eigenschaften sind schlicht und ergreifend alterskorreliert und haben weniger mit der Zugehörigkeit zu einer bestimmten Generation zu tun. Ein simples Beispiel dafür ist der Familienstand: Nur 3 Prozent der Generation Z sind verheiratet, in der Generation Y dagegen schon 34 Prozent.[2] Heißt das nun, dass die jüngere Generation sich gegen die traditionelle Ehe entschieden hat? Oder ist die Wahrscheinlichkeit, mit 16, 18 oder 20 verheiratet zu sein, einfach geringer als mit 40? Das Prinzip lässt sich auf viele andere Bereiche übertragen und stellt manche absoluten Aussagen über die Generationen infrage.

All diesen Kritikpunkten stimme ich übrigens zumindest teilweise zu. Ich glaube auch, dass ich früher ganz andere Anforderungen an die Arbeitswelt gestellt hätte, wenn ich dazu in der Lage gewesen wäre. Und ich glaube zudem, dass Jugend immer anders tickt als die Älteren und »frech, wild und wunderbar« sein muss (übrigens ein schönes Beispiel dafür, dass man nicht alles glauben sollte, was im Internet steht – dieses Zitat wird im Netz einstimmig Pippi Langstrumpf bzw. ihrer Schöpferin Astrid Lindgren zugeschrieben, obwohl es nicht einen einzigen Beleg für diese Autorenschaft gibt).

Im Ergebnis spielt es aber kaum eine Rolle. Denn letztlich kann es uns egal sein, ob die Generation X, als sie mal »jung« war, anders drauf war als die heutige Generation Z oder nicht. Und es kann uns auch egal sein, ob die Generation Z so tickt, wie sie tickt, weil sie die Generation Z ist oder weil sie einfach jung ist.

Das Ergebnis ist das gleiche: Wir müssen mit ihr umgehen. Wir müssen uns auf sie einstellen. Wir müssen ihre Marktmacht akzeptieren und bis zu einem gewissen Grad auch hinnehmen, dass sie ist, wie sie ist. Da hilft ein akademischer Streit um Definitionen und Abgrenzungen nicht weiter. Da helfen nur praktische Erfahrungen, handfeste Tipps und konkrete Anleitungen. Und genau dafür schreibe ich dieses Buch.

Davon unabhängig müssen wir eines festhalten: *»Die«* Generation Z gibt es tatsächlich nicht. Zumindest nicht, insoweit der Begriff nahelegt, dass alle Vertreter dieser Generation die gleichen Eigenschaften, Einstellungen und Verhaltensweisen zeigen. Wie jede Generation besteht sie aus Millionen von Individuen mit einem jeweils einzigartigen Mix aus Persönlichkeitsmerkmalen. Sie vereint Individuen, die sich teilweise extrem voneinander unterscheiden:

- Ihr gehören radikale Klimaaktivisten an und Käufer von Fast Fashion, die ihre für wenige Euros erworbenen und unter schrecklichen Bedingungen hergestellten T-Shirts nach wenigen Malen des Tragens wegwerfen.
- Ihr gehören hochpolitische Idealisten an und Menschen, die sich nicht die Bohne für Politik interessieren.
- Ihr gehören engagierte Kämpferinnen für Gleichberechtigung aller Gender an und Menschen, die die Existenz von mehr als zwei Geschlechtern strikt verneinen.

- Ihr gehören zielstrebige Unternehmer- und Karrieretypen genauso an wie Menschen, die sich mit möglichst wenig Aufwand durch das Schul- und Berufsleben lavieren.
- Menschen mit einem Höchstmaß an Motivation und Zielstrebigkeit und Menschen, denen diese Eigenschaften abgehen.
- Menschen, für die die Familie das Wichtigste ist, und Menschen, die sich am liebsten allein zu Hause einigeln.

Ich möchte mit diesem Buch also keineswegs den Eindruck erwecken, »die« Generation Z ließe sich über einen Kamm scheren. »Kennste einen, kennste alle«: Das ist auch meine Hauptkritik an dem Begriff der Generationen – er vereinfacht zu stark und verfälscht damit die Realität.

Was ich aber möchte, ist, die vorherrschenden Eigenschaften, die übergreifenden Gemeinsamkeiten und Besonderheiten herauszuarbeiten, sodass die Generation Z verständlich und greifbar wird und wir daraus konkrete Maßnahmen ableiten können. Immer mit dem Wissen, dass es zu allen Punkten auch gegenteilige Beispiele gibt. Denken Sie also bitte daran, wenn Sie Ihren Filius zu Hause, Ihre Azubine oder Ihre jungen Mieterinnen, Nachbarn oder Patenkinder in einzelnen Punkten nicht wiedererkennen.

Die Generation Z ist keine homogene, eintönige und stereotype Generation. Sie ist bunt, vielfältig, kontrovers. Und das ist auch gut so.

Die Generation Z ...

- ... ist ungefähr zwischen 1995 und 2012 geboren.
- ... macht weltweit bereits die größte Bevölkerungsgruppe (32 Prozent) aus.
- ... stellt in Deutschland etwa 10 Prozent der Bevölkerung.
- ... wird in wenigen Jahren die zahlenmäßig größte Generation am Arbeitsmarkt und die größte Gruppe von Konsumenten sein.
- ... verfügt weltweit bereits über eine Kaufkraft bis zu 140 Milliarden Dollar, Tendenz stark steigend.
- ... ist von Anfang an mit digitalen Medien und Smartphone aufgewachsen.
- ... ist sich ihrer Marktmacht bewusst und vertritt ihre Forderungen selbstbewusst.

- … ist mit diversen, sich überlappenden Krisen aufgewachsen und hat daher ein starkes Bedürfnis nach Sicherheit und Stabilität.
- … ist in sich sehr heterogen und umfasst äußerst unterschiedliche Menschen, was ihre Werte und Vorlieben angeht.
- … ist zerrissen zwischen Hedonismus und Materialismus auf der einen und dem Wunsch nach Nachhaltigkeit, Umweltschutz und sozialem Engagement auf der anderen Seite.

Die Jugend von heute – dieses Mal aber wirklich?

»Die heutige Jugend ist von Grund auf verdorben, sie ist böse, gottlos und faul. Sie wird niemals so sein wie die Jugend vorher und es wird ihr niemals gelingen, unsere Kultur zu erhalten.«

In meinen Vorträgen krame ich zu diesem Zitat gerne eine berühmte Zeitung mit vier Buchstaben hervor und behaupte, es handle sich um ein Statement aus »Post von Wagner«. Und tatsächlich hört und liest man Aussagen dieser Art immer wieder und an vielen Stellen. Die Generation Z sei faul, nicht leistungsfähig oder -bereit, verweichlicht, habe keinen Respekt vor den Älteren und insgesamt sei nicht viel mit ihr anzufangen. »Wir früher« waren natürlich ganz anders.

Interessanterweise stammt obiges Zitat jedoch nicht aus besagter Boulevardzeitung, sondern von einer babylonischen Tontafel aus dem Jahr 1000 v. Chr. Das muss man erst einmal sacken lassen. Vor 3000 Jahren sollen die Jugend und ihr Verhalten bereits den Untergang der Kultur bedeutet haben?

Auf die nachfolgende Generation zu schimpfen, ist vermutlich eine gute Tradition und Brauch, seit die Menschheit existiert. Der Bildungswissenschaftler Achim Gilfert hat auf seinem Blog bildungswissenschaftler.de[3] viele Beispiele zusammengetragen, von denen ich hier nur einige zitiere:

- »Die Jugend achtet das Alter nicht mehr, zeigt bewusst ein ungepflegtes Aussehen, sinnt auf Umsturz, zeigt keine Lernbereitschaft und ist ablehnend gegen übernommene Werte.« (Keller, 1989, ca. 3000 v. Chr., Tontafel der Sumerer)

- »Die Jugend liebt heutzutage den Luxus. Sie hat schlechte Manieren, verachtet die Autorität, hat keinen Respekt vor den älteren Leuten und schwatzt, wo sie arbeiten sollte. Die jungen Leute stehen nicht mehr auf, wenn Ältere das Zimmer betreten. Sie widersprechen ihren Eltern, schwadronieren in der Gesellschaft, verschlingen bei Tisch die Süßspeisen, legen die Beine übereinander und tyrannisieren ihre Lehrer.« (Sokrates, * um 469 v. Chr. in Athen, † 399 v. Chr. in Athen)
- »Die Welt macht schlimme Zeiten durch. Die jungen Leute von heute denken an nichts anderes als an sich selbst. Sie haben keine Ehrfurcht vor ihren Eltern oder dem Alter. Sie sind ungeduldig und unbeherrscht. Sie reden so, als wüssten sie alles, und was wir für weise halten, empfinden sie als Torheit.« (Mönch Peter, 1274)
- »Immer wieder wird die Wirksamkeit der Volksschule bei dem zunehmenden Sittenverfall diskutiert oder die immer lauter werdenden Klagen über die zunehmende Rohheit und Verwilderung unserer Jugend, besonders der erwachsenen Dorfjugend, erörtert.« (Allgemeine Schulzeitung, Darmstadt 1826)

Besonders spannend finde ich folgendes Zitat:

»Fehlende Disziplin, mangelnde Leistungsbereitschaft, geringe Belastbarkeit – die Azubis machen unseren Unternehmen Sorgen.«

Das beschreibt die Generation Z perfekt, oder? Nun, nicht ganz. Es handelt sich um eine Aussage von DIHK-Chef Hans Heinrich Driftmann aus dem Jahr 2011 – die Generation Z war da maximal gerade mit der Grundschule fertig, teilweise noch gar nicht geboren. Wenn überhaupt, sprach er von meiner Generation, den Millennials.

Nichtsdestoweniger gaben die teilnehmenden Unternehmen der DIHK-Ausbildungsumfrage 2019 an, dass 63 Prozent der Jugendlichen immer weniger Motivation mitbrächten. Auch die Belastbarkeit und Disziplin sänken seit Jahren, um die 50 Prozent der Schulabgänger zeigten hier Defizite.[4]

Kann es also sein, dass »es« nicht an der Generation Z liegt? Dass diese Generation gar nicht fauler, undisziplinierter, leistungsverweigernder und fordernder ist als vorherige, sondern dass sie einfach … jung ist? Und die Jugend immer schon anders war, als es sich die vorherigen Generationen gewünscht hätten? Und dass »wir Älteren«

uns im Nachhinein gern ein wenig verklären – früher war eben doch alles besser? Die Wahrheit liegt vermutlich irgendwo dazwischen. Erstaunlicherweise hat sich die Welt nämlich seit den sumerischen Tontafeln und Sokrates weitergedreht, ist nicht untergegangen, sondern hat sich auch in zivilisatorischer Hinsicht weiterentwickelt. Ganz so schlecht kann »die Jugend« ihre Sache also nicht gemacht haben. Erstaunlich auch, dass sich diese Erkenntnis nicht auf breiter Front durchgesetzt hat, sondern jede Generation aufs Neue die Angst umtreibt, dass diese jungen Leute von heute die schlimmste Jugend aller Zeiten wären. Dabei hätte man ja auch denken können, es wären die Halbstarken, die Gammler, die Langhaarigen, die Haschrebellen, die Null-Bock-Generation oder die Emos, die die schlimmsten aller Jugendlichen gewesen wären. Seit jeher blicken die Älteren skeptisch auf die Jüngeren und ihre »schrägen« Ideen. Seien wir ehrlich: Bisher hat es doch gut funktioniert. Warum nicht so wie immer? Also weiter so! »Des hemmer immer scho so gmacht«, wie man in meiner Heimat sagt.

Alles wird den Bach runtergehen, wenn »die« erst mal am Ruder sind. Die kennen ja nicht mal mehr AC/DC, und man muss ihnen im Rahmen der Ausbildung beibringen, wie man anständig telefoniert. Ganz ehrlich, den ganzen Tag am Smartphone hängen, aber nervös werden, wenn sie irgendwo anrufen sollen? Und wenn man sie fragt, welches der prägende Film ihrer Jugend war, dann sagen sie nicht »Star Wars«, sondern »Harry Potter«. Das wird nichts mit denen! Wirklich nicht?

Obwohl bisher alles gut gegangen ist, scheint es immer noch eine Steigerung zu geben. Dieses Mal aber wirklich!

»Jede Generation hält sich für intelligenter als die vorherige und weiser als die nach ihr.« (George Orwell)

»Wir gegen die« – Vorurteile und Vorbehalte der Älteren

Oft steckt hinter diesem als Sorge getarnten Gefühl, das ich im vorherigen Kapitel beschrieben habe, etwas ganz anderes: Unsicherheit oder sogar Angst. Jugend führt uns zum einen die eigene Vergänglichkeit vor Augen. Zum anderen bedeutet Jugend immer Veränderung. Veränderung ist etwas, was uns Menschen grundsätzlich Angst macht und Unbehagen auslöst. Veränderung stresst uns. Auf Stress reagieren Menschen je nach persönlicher Ausprägung tendenziell mit aggressiv geprägtem Verhalten (Fight) oder mit Rückzug (Flight).

Für die Angst vor der nachrückenden Generation, vor ihren Werten und vor ihren Technologien, hat der Soziologe David Finkelhor von der University of New Hampshire einen Begriff geprägt, den ich sehr passend finde und den ich gerne verwende: »Juvenoia«. Zusammengesetzt aus den Wörtern »Juvenil« und »Paranoia«. So wirklich frei von Juvenoia ist ab einem gewissen Alter wohl niemand.

Das lässt sich an einfachen Beispielen demonstrieren. Nehmen wir eine Lieblingsbeschäftigung der jungen Generation, die für Ältere nur schwer nachzuvollziehen ist: der Konsum von Let's-play-Videos. Let's play ist nichts anderes als Videospielen, sich dabei aufzunehmen und das dann bei YouTube hochzuladen. Um dieses simple Prinzip ist ein gigantischer Markt entstanden, dessen Dimensionen sich Außenstehende kaum vorstellen können.

Der größte Let's-Player im deutschsprachigen YouTube-Segment ist Gronkh, mit bürgerlichem Namen Erik Range und mit 45 Jahren nicht einmal mehr Millennial, geschweige denn Generation Z. Trotzdem gehört er bei deutschen Jugendlichen zu den bekanntesten und beliebtesten Influencern. Gronkh stammt aus der frühen Riege der deutschen YouTuber, seit über 13 Jahren lädt er regelmäßig Videos hoch. Mittlerweile sind allein auf seinem Hauptkanal über 15.000 Videos von Spielemitschnitten verfügbar. Dazu kommen einige Tausend Videos auf weiteren Nischenkanälen und regelmäßige Livestreams bei Twitch. ▶ **Im Bonus-Bereich zum Buch habe ich den Kanal für Sie analysiert, damit Sie besser verstehen, was eigentlich die Faszination für die Gen Z ausmacht.**

So, und jetzt gucken sich wirklich Leute an, wie da jemand am Computer spielt? Tatsächlich, Gronkh hat über fünf Millionen Abonnenten auf seinen Kanälen. Seine Videos wurden über 3,6 Milliarden Mal angesehen. Und es handelt sich dabei keineswegs um die heute beliebten Kurzvideos, sondern um solche von TV-Serienlänge mit größtenteils 30 bis 60 Minuten. Da wurde offenbar einiges an Lebenszeit in deutschen Kinderzimmern und auf deutschen Schulhöfen investiert.

Um die 3,6 Milliarden Views ins Verhältnis zu setzen: Das sind mehr als die globalen YouTube-Kanäle von Nike, Under Armour, Adidas, Pepsi, McDonald's, Mercedes Benz, Audi, BMW, Tesla, Burger King, Apple, Amazon, Microsoft, Louis Vuitton und Hermès zusammen!

Spätestens an dieser Stelle steigen die meisten Vertreter der Generationen X und früher aus. Wer guckt sich denn freiwillig an, wie andere Leute am Computer spielen … Ganz ehrlich, das ist schon etwas verrückt, oder? Im ersten Moment schon. Ich bin selbst auch kein Gamer und habe keinerlei Bezug zu dieser Thematik. Aber klopft hier nicht die Juvenoia an? Ist es wirklich so verrückt, wie es im ersten Moment scheint?

Eigentlich nicht, wenn man sich überlegt, dass sich jede Woche Millionen von Deutschen im Fernsehen angucken, wie Multimillionäre Fußball spielen. Das erscheint überhaupt niemandem verrückt. Weil »wir« es »früher« immer schon so gemacht haben. Profisport zu verfolgen, sich dabei sogar in überteuerte Merchandising-Produkte zu kleiden, kalorienreiche Snacks zu konsumieren und wütend den Fernseher anzubrüllen, wenn der Schiedsrichter wieder nicht gemäß unseren Vorstellungen pfeift – ist das wirklich »normaler«, als sich alleine oder gemeinsam anzusehen, mit welchem Geschick und welcher unterhaltsamen Kommentierung ein anderer Computerspiele löst?

Let's-play-Videos sind für mich eine angenehme, »dumme« Unterhaltung. Das kann man ganz gut mal für 15 Minuten gucken, um abzuschalten – und danach wieder was anderes machen. (Alex, 15, Schüler)

Wenn wir ehrlich sind: Es ist genau das Gleiche. Nur: Das eine kennen wir eben schon lange und das andere erscheint uns fremd, kurios, seltsam. Und genau das ist die Juvenoia. Ich glaube, dieses Gefühl setzt irgendwann in den Dreißigern ein. Zumindest habe ich mich in diesem Alter immer öfter dabei erwischt, mich über »die Jugend« zu wundern. Denn »wir früher« haben das anders, besser, richtiger gemacht.

Es hilft sehr, sich dieses Juvenoia-Phänomen einmal bewusst zu machen. Wenn man weiß, dass man davon betroffen ist, ist es leichter, die Perspektive zu ändern. Das heißt natürlich nicht, dass man alles gut oder richtig finden muss, was die Jugend so tut. Nur ist es eben auch nicht prinzipiell falsch, nur weil man es selbst im ersten Moment nicht versteht.

Wir Älteren sind also nicht nur gegenüber den Einstellungen und Werten der jungen Generation skeptisch, sondern auch gegenüber ihren technologischen Gewohnheiten. Diese Skepsis betrifft sowohl die Art der Technologie als auch deren Nutzung. Ein Smartphone besitzen wir mittlerweile alle. Es erleichtert uns den Alltag, hilft uns, in Kontakt zu bleiben. Es ist gleichzeitig Uhr, Wecker, Geldbeutel, Fahrkarte, Kamera, Adressbuch, Einkaufsliste, Fernseher, Fotoalbum, Spielekonsole – ach ja, und natürlich Telefon.

Das Smartphone wird von allen Generationen gleichermaßen genutzt. Und trotzdem blicken ältere Generationen unweigerlich mit Skepsis und voller Sorge auf das Nutzungsverhalten der Generation Z und attestieren allzu gerne eine Smartphone-Sucht, wenn der Enkel das Ding wieder nicht aus der Hand legen kann. Gerüchten zufolge ist es Medizinern der Uniklinik Köln kürzlich erstmalig gelungen, in einer beinahe elfstündigen Operation einen Jugendlichen von seinem Smartphone zu trennen. Ob der Körper das übersteht, ist noch nicht abzusehen …

Lustig. Aber auch ein wenig überheblich, oder? Sind wir damit wirklich anders als unsere Eltern und Großeltern? Zu jeder Zeit wurde vor dem Schlüsselmedium der nachfolgenden Generation gewarnt. Vor welcher Technologie könnte beispielsweise mit diesen Worten gewarnt worden sein: »geistiger Mord, 100 Prozent Kitsch, geistige Verflachung«? Da fällt Ihnen vielleicht Snapchat oder TikTok ein. Oder das Privatfernsehen. Oder das Fernsehen überhaupt. Wenn man jemanden aus der Generation der Traditionalisten die Frage beantworten ließe, dann würde er vielleicht sogar noch mit »Schundromanen« antworten.

In Wahrheit entstammt der Satz aber einem Plakat, mit dem der Deutsche Musiker-Verband für den Erhalt des Stummfilms in den späten 1920-Jahren vor den Folgen des Tonfilms warnte. Charlie Chaplin wird folgendes Zitat zugeschrieben: »Die sogenannte Sprechfilmkunst will die unerhörte Schönheit des Schweigens zerstören. Und Schweigen ist das Wesen des Films.« Heute erscheint das geradezu grotesk, aber damals war der Tonfilm neu und damit eben gefährlich. Eine Bedrohung des Altbekannten, des Status quo. Was die junge Generation eben seit jeher auslöst.

Apropos Fernsehen: Auch hier lohnt es sich, das eigene Weltbild auf Juvenoia abzuklopfen. Bereits 2018 ergab eine Jugendstudie, dass 21 Prozent der Jugendlichen mehr als vier Stunden Online-Videos pro Tag konsumieren.[5] An dieser Stelle ist das entsetzte Einatmen bei meinem Vortragspublikum ein fester Programmpunkt. Vier Stunden am Tag! Schwupps, schon fühlt man sich in seinen Vor- oder sonstigen Urteilen gegenüber »der Jugend von heute« wunderbar bestätigt.

Aber auch hier wieder: Ist das wirklich dramatisch viel? Dazu ziehen wir den Vergleich mit dem klassischen Fernsehen heran. Wie viel sehen Sie so fern? Mal ganz ehrlich, unter uns? Nun, jeder Deutsche guckt jedenfalls im Schnitt 195 Minuten pro Tag in die Röhre. Das sind 3,25 Stunden, die jeder Bundesbürger ab drei Jahren täglich fernsieht. Kinder liegen deutlich darunter, die Altersgruppe über 50 deutlich darüber – jeder von ihnen konsumiert täglich 318 Minuten, also über fünf Stunden Fernsehen.[6] Lustigerweise ist das die gleiche Generation, die uns früher eindringlich vor den Gefahren des Fernsehens gewarnt hat – Stichwort viereckige Augen …

Jetzt lassen wir die Größenordnungen auf uns wirken. Jeder fünfte Jugendliche guckt sich vier Stunden Online-Videos pro Tag an. Jeder Deutsche über 50 sieht jeden Tag mehr als fünf Stunden fern. Da wirken die Jungen plötzlich gar nicht mehr so sonderbar, oder? Ihr Mediennutzungsverhalten hat sich nur verschoben, weg vom linearen TV, hin zu Online-Videos. Ganz so krass, wie die obige Statistik im ersten Moment klingt, ist es dann doch nicht …

Neue Technologie ist uns eben erst einmal fremd. Das geht sogar noch weiter zurück als Let's-play-Videos oder TV. Haben Sie einmal über die Gefahren des Buchdrucks nachgedacht? Falls nicht, der Mönch Johannes Trithemius schon, und er hat uns eindringlich vor dieser neuen Technologie gewarnt. Schließlich halte das Pergament viel länger als Papier. Und: »Auf eine Handschrift wird einfach mehr Fleiß verwandt.«[7] Auch zur Verdummung sollte der Buchdruck beitragen, denn wenn man jederzeit alles nachlesen könne, müsse man sich ja nichts mehr merken oder auswendig lernen.

Das muss man sich in Ruhe klarmachen: Heute halten wir den Anblick eines jungen Menschen mit einem Buch in der Hand für den Inbegriff des Guten – da haben die Eltern aber alles richtig gemacht! Damals war so ein Anblick für viele ein Gräuel – der Bengel soll gefälligst was auswendig lernen und nicht stupide seine Nase in ein Buch stecken!

Ich stelle mir die Zeit, in der meine Eltern jung waren, auf der einen Seite schwieriger vor, zum Beispiel die Kommunikation ohne Social Media. Aber es war bestimmt auch eine coole Zeit, weil man etwas unternommen hat, ohne dass alle am Handy sitzen. (Leni, 16, Schülerin)

Drei Faktoren finde ich an dem mit Juvenoia einhergehenden Technologie-Skeptizismus besonders interessant:

1. Hinter jeder Kritik stehen (mindestens auch) wirtschaftliche und zumeist auch politische Interessen. Die Kritik am Tonfilm ging beispielsweise von Musikern aus, die bis dato den Stummfilm live begleitet hatten. Und auch der zitierte Charlie Chaplin hatte gute Gründe für seine Ablehnung. Buchdruck hat Bücher unglaublich billig gemacht, unschön für Buchhändler oder Sammler von Handschriften (Klöster etc.). Die Einführung des Privatfernsehens zog einen Bedeutungsverlust des öffentlich-rechtlichen Rundfunks nach sich. Der Shift zu Streaming-Medien und zu Online-Videos bedeutet massive Einbrüche für lineare Programmanbieter sowie einen Bedeutungsverlust sowohl für öffentlich-rechtliche als auch für private Anbieter.
2. Die Technologie, deren Nutzung bei der jeweils jungen Generation kritisiert wird, wurde nicht von dieser Generation entwickelt. In den meisten Fällen wurde sie von einem Vertreter der Generation entwickelt, aus der später auch die Kritiker stammen. Zumindest einige Vertreter der »Erfinder-

Generation« haben sich etwas von der Einführung der Technologie versprochen.

3. Es wird nicht die Technologie an sich kritisiert, sondern deren Nutzung. Und in diesem Punkt steckt oft auch eine Kritik an den Nutzern. Wer ARTE guckt, ist schlau, wer RTL2 guckt, ist doof. Kritik am Privatfernsehen impliziert immer auch eine Kritik an dessen Zuschauenden, ohne dass man sie explizit aussprechen muss. Praktisch, oder?

Wir sollten, nein, wir müssen uns also bei jeder Kritik fragen, warum eine bestimmte neue Technologie oder ein neues Medium Unbehagen in uns auslöst. Wenn Sie in einem Unternehmen für das Marketing zuständig sind, dann lehnen Sie TikTok vielleicht ab, weil es einfach ein weiterer Kanal ist, den Sie oder Ihr Team bespielen müssen. Und das, obwohl Sie doch gerade erst in Facebook investiert haben? Vielleicht lehnen Sie eine Technologie ja nur deshalb ab, weil sie Ihnen Kunden auf den etablierten Kanälen entzieht? Und dann besteht noch die winzige Möglichkeit, dass Sie ein neues Medium ablehnen, weil Sie vielleicht jemanden fragen müssen, wie es funktioniert. Und schließlich kommt bei Technologiekritik der vermutlich teuerste Satz in Unternehmen zum Tragen: »Das haben wir immer schon so gemacht.«

Wir haben jahrzehntelang Printwerbung geschaltet, das hat immer gut funktioniert. Und jetzt kommen so ein paar Jungspunde daher und plötzlich soll das nicht mehr gehen?

Für mich gibt es kein besseres Beispiel für diesen Denkfehler als das des‹ Tastaturlayouts. In der westlichen Welt schreiben wir auf der sogenannten QUERTZ-Tastatur (bzw. QUERTY im Englischen). Sie nutzen dieses Ding täglich – am PC, am Laptop (oder Macbook), sogar virtuell auf Ihrem Smartphone. Und mit Ihnen tun das Milliarden Menschen weltweit, viele Milliarden Stunden täglich. Da kann man doch davon ausgehen, dass diese Tastaturbelegung auch die beste ist, die unser geniales Homo-sapiens-Hirn hervorbringen kann, oder? Es wäre doch absurd, wenn wir alle unsere wertvolle Lebenszeit und Unternehmen unendliche Arbeitsressourcen mit einer Tastaturanordnung vergeudeten, die *nicht* die bestmögliche ist.

Dieser Meinung sind zumindest die Verfechter alternativer Tastaturlayouts, zum Beispiel des Dvorak-Keyboards. Bei diesem Layout wurden beispielsweise Buchstaben, die häufig vorkommen, auf die stärkeren Finger und in die mittlere Zeile gelegt. Dadurch müssen die Finger deutlich weniger springen, was über einen Acht-Stunden-Arbeitstag extrem viel Zeit und Kraft spart, die Fehlerquote reduziert und außerdem noch leichter erlernbar ist.

Aber Moment mal, wie kann das sein? Warum benutzen wir alle ein Layout, das offenbar doch nicht das bestmögliche ist? Die Antwort darauf liefert die Herkunft des Layouts: die gute alte mechanische Schreibmaschine. Damals haben die Erfinder die Buchstaben so angeordnet, dass Buchstabenkombinationen, die oft in Texten vorkommen, nicht nebeneinanderliegen, damit sich die Tasten beim Anschlag nicht verhaken. Ein schlauer Schachzug, der das Arbeiten mit Schreibmaschinen weniger fehleranfällig und damit effektiver gemacht hat.

Nur gilt das heute eben nicht mehr, seit digitale Geräte die Schreibmaschinen ersetzt haben (und eigentlich schon vorher, seit es elektronische Schreibmaschinen gibt). Das heißt, wir alle arbeiten mit einem Werkzeug, das zur Zeit seiner Entstehung wirklich sinnvoll und nützlich war, für das es heute aber deutlich bessere Alternativen gibt. Und das nur, weil es nie jemand hinterfragt hat. Weil wir es eben »immer schon so gemacht haben«.

> Jede Veränderung der Mediennutzung von Konsumenten ist für Unternehmen mit Arbeit verbunden. Das ist unangenehm und kostet Zeit, Geld und Nerven. Trotzdem müssen Unternehmen unbedingt in diese Kanäle investieren. Erinnern Sie sich an die Binsenweisheit zum Beginn dieses Buchs: Der Kunde steht im Mittelpunkt. Und der Kunde ist die Gen Z.

Der Autor Douglas Adams, bekannt für seine »Per Anhalter durch die Galaxis«-Bücher, beschreibt die Auslöser von Juvenoia und warum uns diese Neuausrichtung oft schwerfällt, übrigens so:

1. Alles, was es schon gab, als du geboren wurdest, ist normal und gewöhnlich. Diese Dinge werden als natürlich wahrgenommen und halten die Welt am Laufen.
2. Alles, was zwischen deinem sechzehnten und sechsunddreißigsten Lebensjahr erfunden wird, ist neu, aufregend und revolutionär. Und vermutlich kannst du in dem Bereich sogar Karriere machen.

3. Alles, was nach dem sechsunddreißigsten Lebensjahr erfunden wird, ist gegen die natürliche Ordnung der Dinge.[8]

Die Big 10 der Generation Z – Werte, Struktur, Haltung und Besonderheiten

»Die Digitalisierung ändert alles!« Diesen Satz haben Sie sicher schon unzählige Male gelesen, gehört oder gar selbst gesagt. Die meisten Entscheider in Politik und Wirtschaft würden diesen Satz genauso unterschreiben oder in ihre Sonntagsreden vor Verbands- und Branchenvertretern einbauen. Im Brustton der Überzeugung.

Ich selbst eröffne meinen Vortrag zur Generation Z gern ironisch mit diesem Satz. Er klingt so schön dramatisch, nach Zeitenwende und nach »jetzt muss alles anders werden«. Datenautobahn, Cyberspace etc. ...

Der Satz hat nur einen entscheidenden Nachteil: Für die Generation Z trifft er nicht zu. Für sie ändert sich durch die Digitalisierung gar nichts. Für sie gibt es kein Leben vor der Digitalisierung. Sie sind auf der anderen Seite der digitalen Wasserscheide geboren worden. Gerade die jüngeren Vertreter der Generation Z sind mit Google, Smartphone, YouTube und Streaming-Plattformen groß geworden. Sie kommunizierten im Kindergartenalter bereits ganz selbstverständlich mit Alexa und Co., und wenn sie ein Bild in einem Bilderbuch vergrößern wollen, legen sie die Hand darauf und ziehen Zeige- und Mittelfinger auseinander, um wie auf dem Tablet hineinzuzoomen. Siehe Julian und Johanna. Das kann man traurig oder lustig oder seltsam finden. Oder man nimmt es einfach hin. Denn es ist ein Leben, angepasst an die Bedingungen, die wir Älteren geschaffen haben.

Dass diese Generation nicht versteht, warum man ein Formular per E-Mail erhält, es ausdrucken, ausfüllen und zurückfaxen muss, sollte ohne weitere Erklärung verständlich sein. Wenn ab der siebten Klasse erwartet wird, dass Kinder über ein Smartphone verfügen, damit man mit ihnen über WhatsApp in der Klassengruppe kommunizieren kann, wenn man ihnen in der Pandemie Remote-Unterricht (unabhängig von der Qualität) über eigene Geräte »anbietet«, dann können wir uns nicht wundern, wenn diese jungen Menschen auf direkter, digitaler Kommunikation auch in allen anderen Lebensbereichen bestehen. Wenn Shopping-Plattformen wie Amazon und Lieferdienste wie Gorillas Wünsche nahezu in Echtzeit bedienen, ist es schwer zu vermitteln, warum es mehrere Wochen dauern soll, bis man eine Antwort auf seine Bewerbungsunterlagen erhält.

Bevor wir tiefer einsteigen, ist es mir deshalb wichtig, darauf hinzuweisen, dass »wir« es waren und sind, die die Bedingungen geschaffen haben, in denen sich die späten Millennials, die Generationen Z und auch Alpha zurechtfinden müssen. Sie haben sich an diese Bedingungen angepasst. Jetzt müssen wir uns an ihre Bedingungen anpassen. Auch wenn es uns (siehe Douglas Adams) naturgemäß schwerer fällt als denen, die in sie hineingeboren wurden.

Also, was wissen wir?

1. Junge Menschen besitzen ein Smartphone – und zwar alle

Je nach Studie besitzen 94 bis 99 Prozent der jungen Menschen zwischen 12 und 19 Jahren ein Smartphone. Das Smartphone ist ein absolut unverzichtbarer Gegenstand und zentrales Objekt des Alltags. Befragt nach dem prägendsten Element ihrer Lebenssituation nennen 77 Prozent der Generation Z auf Platz eins das Smartphone.[9] Es ist auch kein Klischee, dass Jugendliche im Bett morgens als Erstes und abends als Letztes aufs Handy schauen – 77 Prozent geben diese Verhaltensweise bei sich selbst zu.[10]

Das Smartphone übernimmt Aufgaben, für die früher ein gutes Dutzend von Geräten nötig war. Das Smartphone ist unter anderem: Wecker, Stereoanlage, Versandkatalog, Radio, Buch, Kamera, Fernseher und vor allem ist es als Träger von Messenger-Apps das zentrale Kommunikationsmittel. Nur eins ist es immer weniger: ein Fernsprechgerät. Ganz im Gegenteil. Ein klassisches Telefonat löst bei einigen jungen Menschen inzwischen echte Beklemmungen aus.

Um die zentrale Funktion erfüllen zu können, die das Smartphone im Leben von jungen Leuten hat, gibt es eine ebenso zentrale Voraussetzung: Netz!

54 Prozent der 14- bis 24-Jährigen geben an, »eigentlich immer« online zu sein (bei den 35- bis 54-Jährigen stimmen dieser Aussage nur noch halb so viele zu).[11] Die Zahl zeigt, wie extrem prominent das Internet im Alltag dieser Bevölkerungsgruppe ist und welchen Stellenwert es im Leben vieler junger Menschen einnimmt.

Dabei streben diese Menschen gar nicht bewusst danach, unbedingt online zu sein – wie man etwa unbedingt nach Hause will, um stundenlang ein neues Computerspiel oder mit dem gerade frisch gekauften Hund zu spielen. Das Internet ist einfach »da«, ein normaler Teil des Alltags. Der Gedanke, nicht online zu sein, kommt ihnen einfach nicht in den Sinn, weil es gar keine Trennung zwischen off- und online gibt. Sie gehen nicht online, sie sind es. Und dafür nutzen sie eben das Smartphone – 74 Prozent sogar fast ausschließlich.[12]

Mein Smartphone ist mein zweites Gehirn. Wenn ich das nicht dabeihabe, bin ich echt ein bisschen verloren. Damit mache ich alles, da ist alles drin, was ich brauche. (Alex, 15, Schüler)

Als umso schmerzhafter wird es empfunden, wenn kein Netz zur Verfügung steht, die mobilen Daten aufgebraucht sind, kein WLAN angeboten wird. »Gibt's da WLAN?«, ist eine Frage, von der manch ein Teenager seine Zustimmung zum Urlaubsziel abhängig macht. Eine Umfrage ergab, dass für 40 Prozent der Generation Z funktionierendes WLAN am Arbeitsplatz wichtiger ist als ein funktionierendes WC.[13] (Übrigens liegt dieser Zusammenhang gar nicht so fern – 74 Prozent der 18- bis 29-Jährigen geben an, dass sie ihr Smartphone häufig mit aufs WC nehmen, im Vergleich zu nur 31 Prozent bei allen erwachsenen Deutschen).[14] Finden Sie die Toilettensache verrückt? Was sagen Sie dazu: 39 Prozent aller Deutschen würden eher auf ihr Auto als auf WLAN verzichten.[15]

Die Frage nach kostenlosem WLAN ist nicht nur für junge Kunden relevant, sondern ebenso für junge Mitarbeitende und trägt viel zur Mitarbeiterzufriedenheit bei.

Ob Ihre Website und Ihre Landingpages für Smartphones optimiert sind, können Sie ganz einfach über Google prüfen. Suchen Sie nach »mobile friendly«. Google blendet dann ein Formular ein, in das Sie

Ihre Domain oder URL eingeben können. Danach erhalten Sie von Google direkt den Status Ihrer mobilen Optimierung und wenn nötig Tipps zur Verbesserung.

Was bedeutet das für Sie?

- Wenn Sie junge Menschen mit Ihrem Unternehmen erreichen wollen, muss »mobile first« Ausgangsposition für alle Angebote sein.
- Inhalte müssen technisch und gestalterisch für mobile Nutzung auf verschiedensten Devices optimiert sein. Überprüfen Sie Ihre Online-Assets auf mobile Optimierung: Ihre Website, Landing-pages, Kontakt- und Bewerbungsformulare etc.
- Sie sollten im Idealfall rund um die Uhr reaktionsfähig sein.
- Kommunizieren Sie Erreichbarkeiten klar.
- Denken Sie über den Einsatz von Chatbots und automatisierten Antworten nach.
- Bieten Sie im Brick-&-Mortar- (Gen-Z-Deutsch, wenn Sie ein Ladengeschäft haben) sowie im Gastro- und Tourismus-Business unbedingt WLAN-Hotspots an, die flächendeckend, barrierefrei und kostenlos sind.

2. Die Generation Z will immer und überall vernetzt sein

Die Medien, die Sie nutzen, verraten, wie alt Sie sind. Wenn Sie jung sind, nutzen Sie überdurchschnittlich viele und unterschiedliche Messenger-Dienste und sehr wenig E-Mail oder Telefon. Wenn Sie älter sind, kehrt sich das immer mehr um, und wenn Sie über 60 Jahre alt sind, ist das Telefon Ihr Hauptkommunikationsmedium.

Bereits vor einigen Jahren ergaben Studien: Nur noch 9 Prozent der 14- bis 19-Jährigen kommunizieren privat per E-Mail (zu langsam, zu statisch, zu altbacken), dafür 81 Prozent per Messenger. Bei der Generation Ü60 ist das Telefon mit Abstand das wichtigste Kommunikationsmittel, Messenger liegen dagegen auf dem letzten Platz.

Kommuniziert wird also via Messenger. WhatsApp spielt dabei die wichtigste Rolle – 93 Prozent der Gen Z nutzen den SMS-Killer täglich oder mehrmals pro Woche. So weit, so erwartbar. Dann wird es aber interessant. Denn die nächsthäufigsten Kommunikationskanäle bilden Instagram (62 Prozent), TikTok (54 Prozent), Snapchat (45 Prozent), gefolgt vom nicht totzukriegenden Facebook (immerhin noch 28 Prozent). Der bei über 40-Jährigen nahezu völlig unbekannte Dienst Discord landet mit 16 Prozent auf Platz sechs. Auch Twitch (16 Prozent) und Telegram (8 Prozent) sind vertreten.[16]

Die Kommunikationsplattform Discord ist, wie schon andere ehemals nischige oder jugendspezifische Technologien, durch ein aufsehenerregendes Ereignis plötzlich in einer breiten Öffentlichkeit bekannt geworden: Im April 2023 wurde ein junger amerikanischer Soldat (selbst Vertreter der Generation Z) verhaftet, der geheime Dokumente zum Ukraine-Krieg über Discord geleakt hat. Ihm ging es dabei gar nicht um Whistleblowing oder gar Geheimnisverrat, sondern schlicht und einfach darum, bei seiner Gaming-Community Eindruck zu schinden. Ein Einfall, der wohl eine enorme Haftstrafe nach sich ziehen wird. Viele ältere Menschen haben durch diesen Vorfall erstmals von Discord gehört. Ich selbst habe einige der Interviews mit Gen-Z-Vertretern für dieses Buch übrigens auch via Discord geführt. Aber zurück zur Studie des Kommunikationsverhaltens.

Was an diesen Ergebnissen so interessant ist? Dass hier primär der Nutzungszweck Kommunikation abgefragt wurde. Für Jugendliche sind Social-Media-Kanäle wie Instagram oder TikTok also nicht primär Content-Konsumstätten (wie es für Ältere meist der Fall ist), sondern tatsächlich Kommunikationsmittel. Das sollten wir im Hinterkopf behalten, wenn wir uns über die immense Social-Media-Nutzung der Generation Z wundern. Sie bilden dort eben auch die Brieffreundschaften, stundenlangen Telefongespräche und späteren ICQ-Chats ab, die uns aus »unserer Zeit« vielleicht eher geläufig sind. Falls nicht (mehr) bekannt: ICQ war in den frühen Nullerjahren *das* Chat-Programm, quasi ein Vorläufer der modernen Messenger. Das Programm lief eigentlich immer mit, wenn ich am Rechner war, und das charakteristische »Oh, oh«-Geräusch, wenn eine neue Nachricht einging, hat sich bei mir und unzähligen anderen Nutzern bis heute tief in die Hirnwindungen eingebrannt.

Mit meinen Freunden kommuniziere ich vor allem über SnapChat
und WhatsApp. Telefonieren tun wir selten, Sprachnachrichten nutzen
wir schon eher. (Can, 19, Auszubildender)

Was bedeutet das für Sie?

- E-Mail-Kontakt ist nicht mehr ausreichend, um junge Menschen zu erreichen.
- Binden Sie WhatsApp-Funktionen in Ihre Kommunikation ein. Bereits heute werden wöchentlich 13 Millionen WhatsApp-Nachrichten zwischen Unternehmen und Kunden ausgetauscht.
- Im Recruiting sind Messenger nicht mehr »the next step«, sondern unverzichtbar, um junge Menschen niederschwellig zu erreichen.
- Sie können alternativ auf Chatbots setzen, die Gen Z hat keine Hemmungen, sich mit diesen »zu unterhalten«.

▶ **Im Bonus-Bereich finden Sie eine ausführlichere Checkliste zum Einsatz von Chatbots im Recruiting.**

3. Für junge Menschen ist das Bezahlen mit Apps und Smartphone völlig selbstverständlich

Vielleicht gehören Sie zu der Generation, die sich unwohl fühlt, wenn sie kein Bargeld in der Tasche hat. Für die Generation Z ist bargeldloses und mobiles Bezahlen eine Selbstverständlichkeit. 33 Prozent der 18- bis 29-Jährigen haben in den letzten zwölf Monaten mit dem Smartphone oder der Smartwatch bezahlt, in der Gesamtbevölkerung nur 23 Prozent.[17] Via Paypal werden Klein- und Kleinstbeträge zwischen Freunden hin- und hergeschoben. (»Bekommst du gleich über Paypal wieder.«) Man kann festhalten: Je jünger, desto eher wird mobil bezahlt. Kein Wunder: Wenn das Smartphone in so vielen Lebenslagen das Mittel der Wahl ist, warum sollte Bezahlen dann eine Ausnahme machen?

Schaut man beispielsweise nach China, ist das Bezahlen mit der »Everything App« WeChat dort völlig selbstverständlich – egal, ob beim Online-Shopping, im Ladengeschäft oder sogar beim Straßenmusiker. Ich selbst konnte mich bei einer Chinareise im Jahr 2019 davon überzeugen. Damals war WeChat bzw. die Zahlungsfunktion WeChat Pay bereits überall verbreitet. Durch ein paar Umwege konnte ich mir Geld auf mein WeChat-Konto laden und fortan mit dem Smartphone bezahlen.

Das funktioniert ganz einfach über einen QR-Code. Den sieht man in China wirklich an jeder Ecke: an der Tür des buddhistischen Klosters, auf der Werbung am Flugzeugsitz, auf dem Tablett bei McDonald's, auf nahezu jedem Werbeplakat und in nahezu jedem Ladenlokal. Da kam mir halb im Spaß, halb im Ernst der Gedanke: Wir haben damals immer gesagt: »Der QR-Code ist tot.« Dabei war er gar nicht tot – er war nur in China!

Diesen QR-Code kann man nun mit dem Smartphone abscannen und damit wirklich alles tun: Arzttermine vereinbaren, Fahrräder ausleihen, Essen bestellen, Opernkarten buchen. Oder eben bezahlen. Das Bezahlen funktioniert an jeder Ladentheke, Bargeld oder Kreditkarte nutzen die Allerwenigsten. WeChat wird nicht nur von allen Taxis akzeptiert, sondern auch von jedem Foodtruck, jedem Imbiss, jedem Eisstand. Ich habe – und das ist kein Scherz – mir von einer älteren Dame an der Straßenecke eine Strohfigur für umgerechnet drei Dollar basteln lassen. Bezahlt habe ich mit WeChat. Sogar Musiker stellen in ihren Gitarrenkoffern WeChat-Codes auf.

In Deutschland findet man dagegen noch zahlreiche Betriebe und Lokale, die nicht einmal Kartenzahlung oder diese erst ab einem bestimmten Betrag anbieten. Selbst hier in der Medienmetropole und Millionenstadt Köln ist das immer noch an der Tagesordnung. Sehr zur Belustigung meiner angereisten Seminarteilnehmenden, die sich über die »Keine Kartenzahlung«-Schilder in den Restaurants unserer Mittagspause amüsieren.

Für die Generation Z ist das so absurd wie der Gedanke, eine Pferdekutsche zu benutzen, um zur Schule zu fahren. Und natürlich macht sie einen großen Bogen um Geschäfte, die keine Rücksicht auf ihre Belange nehmen.

In der Corona-Zeit habe ich zum ersten Mal mit dem Smartphone bezahlt. Das habe ich seitdem beibehalten, meine Karten habe ich schon ewig nicht mehr aus dem Portmonnaie geholt. Bargeld nutze ich nur, wenn ich es muss. (Paul, 19, Student)

Die Generation Z wird in Kürze die kaufkräftigste Gruppe von Konsumenten stellen. Sie wird aber nur dort kaufen, wo mobiles Bezahlen selbstverständlich möglich sein wird.

Wie so oft liegen Licht und Schatten auch bei digitalen Zahlungsmethoden nah beieinander. Die Einfachheit der Online-Zahlung mit Klarna und Co. erleichtert nicht nur das Online-Shopping, sondern verführt junge Menschen auch dazu, mehr Geld auszugeben, als sie eigentlich zur Verfügung haben. Klarna spielt dabei mit dem Zahlungsziel von 30 Tagen eine wichtige Rolle.

Anfang 2022 entstand so ein TikTok-Trend, den Ältere wohl kaum nachvollziehen können. Unter dem Hashtag #KlarnaSchulden zeigten junge Menschen Screenshots ihrer Verbindlichkeiten bei Klarna und versuchten, sich gegenseitig zu überbieten. Insgesamt wurden die Videos zu dieser »Challenge« über 51 Millionen Mal angesehen.

Was bedeutet das für Sie?

- Bieten Sie im Ladenlokal und in der Gastronomie unbedingt Mobile-Payment-Lösungen an. Die beiden großen Wallet-Lösungen sind Apple-Pay und Google-Pay.
- Prüfen und optimieren Sie gegebenenfalls die Zahlungsmöglichkeiten Ihres Online-Angebots. Neben Überweisung sind das Kreditkarte und PayPal, gern gesehen sind auch Anbieter wie SOFORT oder Klarna sowie Amazon Pay.

4. Junge Menschen vertrauen Online-Input mehr als Beratung im Geschäft – und mehr als klassischen Medien

Wir haben es mit einer Generation zu tun, die nahezu »always on« ist und in ständigem Online-Kontakt mit anderen Menschen steht. Es ist nicht verwunderlich, dass sich diese zwei Punkte auch auf ihre Kaufentscheidungen niederschlagen. Eine weitere Eigenschaft ist, dass sich Konsumentinnen aus dieser Altersgruppe relativ viel Input wünschen, bevor sie ihre Kaufentscheidungen treffen.

68 Prozent lesen mindestens drei Kundenbewertungen (Re-

views), bevor sie sich für ein Produkt oder eine Leistung entscheiden. 16 Prozent lesen sogar neun oder mehr Kundenbewertungen.[18] Online-Bewertungen stellen für die Generation Z einen zentralen Informationskanal dar. Für 49 Prozent der 14- bis 24-Jährigen als auch für ebenso viele 25- bis 34-Jährige sind Bewertungen im Internet vertrauenswürdiger als Beratung im Geschäft. Auch dieser Fakt ist nicht weiter verblüffend – wenn man zeit seines Lebens online nach Informationen gesucht, eingekauft, sich mit Freunden vernetzt und selbst Inhalte kreiert hat, hält man natürlich auch die Bewertungen von anderen Nutzern für glaubwürdig, vor allem, wenn eine gewisse Menge an Bewertungen vorhanden ist.

Interessant ist die Diskrepanz zu den älteren Generationen. Bei den über 55-Jährigen beträgt die Zahl derer, die Online-Bewertungen einer Beratung im Laden vorziehen, nur noch 23 Prozent, wobei auch hier der große Einfluss von Reviews deutlich wird.[19]

Der überraschendste Fakt ist jedoch, dass Online-Bewertungen laut einiger Studien sogar höheres Vertrauen genießen als eigene Freunde und Bekannte. Bei der Frage »Wem vertraust du?« waren es bisher die eigenen Freundinnen und Bekannten, deren Meinung am höchsten geschätzt wurde. Das ist nun nicht mehr ganz so eindeutig. Zwar gibt es nach wie vor Untersuchungen, die das bestätigen. Andere zeigen eine andere Entwicklung. Diese Trendwende offenbarte sich erstmals um das Jahr 2015. Während ältere Nutzer in verschiedenen Studien angaben, nach wie vor ihren Freunden und der Familie am meisten zu vertrauen, deutet sich bei Millennials und jüngeren Nutzern ein Shift an: Erstmals fiel das Vertrauen in Online-Bewertungen höher aus als das Vertrauen in die Meinung direkter Freunde. Zwar war es nur um 2 Prozent höher, aber nachweisbar.[20]

Auch andere Studien kommen zu diesem Ergebnis. Befragt, was der Gen Z Vertrauen gibt, von einer Marke oder einem Unternehmen zu kaufen, nennen 62 Prozent positive Online-Bewertungen, nur 56 Prozent Empfehlungen von Freunden oder der Familie und nur 53 Prozent Empfehlungen eines Experten. Das sind immer noch sehr hohe Werte, aber eben geringer als die Meinung völlig Fremder.[21]

Was für die mittlere Generation unvorstellbar ist, scheint für Jüngere keinen Widerspruch darzustellen: Fremde genießen mindestens ebenso hohes Vertrauen wie das direkte Umfeld. Die Traditionalisten dagegen waren und sind große Freunde dieses Prinzips. Wer erinnert sich nicht an Waschfrau Clementine, an das Persil-Studio oder an Jacobs-Krönung-Ikone Karin Sommer, die ihrer Freundin diabolischerweise immer erst hinterher mitgeteilt hat, was ihr Kaffee für eine Plörre war.

Zu diesen »völlig Fremden«, denen man sich seltsamerweise doch verbunden fühlt, zählen auch Influencer, denen wir später im Buch noch mehr Raum widmen. Auch diese Personen haben auf die Kaufentscheidungen der Generation Z signifikanten Einfluss, bei älteren Generationen dagegen deutlich weniger. Im Gegenteil, Ältere können den Hype um die Influencer oft nicht im Ansatz nachvollziehen.

Dabei ist das Prinzip »Vorbild beeinflusst die Kaufentscheidung« gar nichts Neues. Nur waren es für frühere Generationen eben die typischen Werbetestimonials, der reiche Onkel aus Amerika oder der Vorstandsvorsitzende im Golfclub, die die Kaufentscheidungen geprägt haben.

Das geschilderte Prinzip gilt genauso im »War for Talents«. In der Gruppe der 14- bis 29-Jährigen hat jeder Zweite (52 Prozent) schon einmal Online-Arbeitgeberbewertungen gelesen, bei den 30- bis 49-Jährigen sind es 46 Prozent, bei den 50- bis 64-Jährigen 39 Prozent.[22] Auch Ihr Unternehmen muss sich als Arbeitgeber der Bewertung stellen. Spezielle Plattformen zur Arbeitgeberbewertung sind im Aufwind. Der Platzhirsch Kununu hat über 4,4 Millionen Bewertungen und bald eine Million Arbeitgeber in der Datenbank. Kennen Sie Ihren Kununu-Eintrag?

Eine Faustregel lautet: Was im Netz steht, stimmt. Eine bereits ältere Statistik, die in meinen Vorträgen für viel Erschrecken sorgt, stammt aus dem Edelman Trustbarometer 2016. Hier zeigte sich, dass erstmals Suchmaschinen klassische Medien als vertrauenswürdiges Medienformat abgelöst haben.[23] Zumindest bei Millennials. Ältere Nutzer bringen dagegen nach wie vor den klassischen Medien das höchste Vertrauen entgegen.

Bei genauerer Betrachtung ist es kein Wunder: Wer von klein auf jede Frage per Google gelöst hat, wer seine Probleme im Computerspiel mit Googles Hilfe behob, wer sein Referat und seine Klassenarbeit mit Google vorbereitete und wer Antworten auf sämtliche Herausforderungen des Lebens in der Suchmaschine fand – der wird dieser Suchmaschine auch ein entsprechendes Vertrauen entgegenbringen. Und wenn ich Suchmaschine schreibe, dann meine ich Google. Im deutschen Suchmaschinenmarkt ist Google sowohl bei der Desktop- als auch der mobilen Suche Marktführer.[24] Je nach Erhebung liegt der Marktanteil zwischen 85 und 97 Prozent. Suchen ist googeln, so steht es sogar im Duden.

Was bedeutet das für Sie?

- Influencer-Marketing ist ein mächtiges Tool, wenn Sie auf jüngere Kunden zielen. Agenturen helfen dabei, den Kontakt zur passenden Online-Persönlichkeit herzustellen. TikTok vermarktet starke Content-Creators sogar aktiv.
- Es ist egal, wie Sie über Influencer denken. Der Köder muss dem Fisch schmecken, nicht dem Angler.
- Online-Reputationsmanagement ist ein Muss. Behalten Sie die entsprechenden Plattformen im Auge und reagieren Sie aktiv und positiv auf negative Bewertungen.
- Bitten Sie zufriedene Kunden, eine positive Bewertung abzugeben.
- Betrachten Sie Online-Reputationsmanagement nicht als Ihren Feind, sondern als Anreiz, Probleme zu minimieren, die dazu führen können, dass Bewertungen und Kommentare, die Ihrer Marke schaden, online veröffentlicht und geteilt werden.

5. Junge Menschen folgen Marken auf sozialen Medien

Die gute Nachricht: Unsere Social-Media-Bemühungen sind nicht vergebens. Junge Menschen sind nicht abgeneigt, auch Marken im Social Web zu folgen und nicht nur Freunden und Influencern.

Bei den Millennials liegt der Anteil derer, die mindestens einer Marke im Social Web folgen, bei 64 Prozent. Bei der Generation Z dagegen bei 73 Prozent. Die Hälfte davon folgt sogar drei oder mehr Marken.[25]

Wenig überraschend: Die Generation Z folgt den Marken am liebsten auf Instagram (2,5-mal häufiger als auf Facebook); Millennials dagegen folgen eher auf Facebook.

Was bedeutet das für Sie?

- An eigener Aktivität auf Social Media geht bei der Ansprache der Generation Z kein Weg vorbei.
- Konzentrieren Sie sich auf die Kanäle, auf denen die Digital Natives am stärksten vertreten sind. Welche das sind, klären wir später im Buch ausführlich.
- Schaffen Sie im Unternehmen Ressourcen und Know-how für professionelles Social-Media-Marketing. Alles an eine Agentur auszulagern ist dauerhaft keine gute Idee.

6. Generation Z hat hohen Anspruch an Content

Content, der die junge Generation wirklich interessiert, muss mindestens vier Grundbedingungen erfüllen:

- Er muss authentisch in der Ansprache sein.
- Er muss glaubwürdig sein.
- Er muss auf das jeweilige Medium angepasst sein.
- Er muss snackable, also zwischendurch und in kleinen Häppchen konsumierbar sein.

Kennen Sie das »How do you do, fellow kids?«-Meme? (Falls nicht, einfach mal googeln.) Das Sharepic (Bild zum Teilen in sozialen Medien) zeigt den Schauspieler Steve Buscemi als Gaststar in der US-Sitcom »30 Rock«, sehr jugendlich gekleidet mit Basecap und mit einem Skateboard in der Hand. Das Originalbild ist normalerweise mit der »How do you do, fellow kids?«-Schlagzeile untertitelt, wird aber oft auch mit Photoshop bearbeitet, um es an eine bestimmte Subkultur anzupassen.

»How do you do, fellow kids?« ist ein Reaktionsbild, das häufig verwendet wird, um auf User und Beiträge von Usern zu reagieren, die vorgeben, Teil einer Gemeinschaft zu sein, mit der sie offensichtlich nicht vertraut sind. Es ist eine der Höchststrafen im Netz. Quasi das »Okay, Boomer« in Bildform. Warum schreibe ich das? Weil Unternehmen zwar sehr viel gewinnen, aber auch extrem viel falsch machen können, wenn sie sich entscheiden, Content selbst zu erstellen. Nichts wirkt hilfloser als ein bemühtes Anbiedern an die Zielgruppe – in »Jugendsprache«.

Ansprache und Ästhetik müssen an den jeweiligen Kanal angepasst sein. Egal, ob Sie auf Facebook (gähn), Instagram, Snapchat oder TikTok unterwegs sein wollen. Insbesondere wenn Sie sich auf das dünne Eis von Memes bewegen und in diesem Bereich mitspielen wollen, benötigen Sie Personal, das sich wirklich in den Trends und auf den verschiedenen Kommunikationsebenen auskennt. Wenn Sie als Reaktion das beschriebene Bild in den Replys haben, wissen Sie, dass Sie besser noch mal nachsteuern sollten. (Falls Sie mit dem Begriff des Memes noch nichts anfangen können – lesen Sie weiter. Wir kommen darauf zurück.)

Legen Sie nicht »einfach mal los«. Ohne Konzept und ohne dass von Unternehmensseite entsprechende personelle und finanzielle Ressourcen zur Verfügung gestellt werden, wird eine Kampagne scheitern und womöglich mehr Schaden anrichten als Nutzen bewirken. Sie bewegen sich möglicherweise in einer Welt, deren Regeln Sie nicht kennen. Die Zeiten, als »das bisschen Facebook« vom Praktikanten oder einfach von der jüngsten Mitarbeiterin übernommen werden konnte, sind seit Langem vorbei.

Content, der die junge Generation wirklich interessiert und anspricht, muss vor allem eines sein: snackable, also zwischendurch und in kleinen Häppchen konsumierbar. Dieses Prinzip zeigt sich beispielhaft in kurzen, knackigen Videoclips (meist unter einer Minute), in Listenbeiträgen (Bulletpoints statt langer Artikel), in Storys, also in Videos von wenigen Sekunden, oder in Infografiken, die Informationen auf einen Blick erfassbar aufbereiten. Achtung: Eine Infografik beispielsweise für »Insta« folgt einer anderen Ästhetik als eine Infografik für eine Vorstandspräsentation.

Längere Inhalte werden meist nur konsumiert, wenn ein sehr starkes Interesse vorhanden ist. So dauern viele YouTube-Videos mit Videospiel-Mitschnitten über 30 Minuten.

Das »Snackable«-Format wirkt sich auf alle Bereiche aus: Bildung, Werbung, Information, Unterhaltung. Mit kurzen, knappen und am besten multimedialen Inhalten fahren Sie am besten – auch wenn gerade Videos verhältnismäßig aufwendig zu produzieren sind. Ein

Artikel der amerikanischen Unternehmensberatung »The Marketing Insider« empfiehlt eine Länge von gerade mal sechs Sekunden, wenn es darum geht, die Botschaft Ihrer Marke effektiv an die Gen Z zu vermitteln.

Mike Fischer, Inhaber der Fischer Academy Fahrschule, der später im Buch noch ausführlicher zu Wort kommt, hat täglich mit jungen Menschen zu tun und lebt davon, ihnen Wissen zu vermitteln. Sein Resümee: »Die Behauptung, dass junge Menschen sich nicht mehr konzentrieren können, ist falsch. Ja, sie haben generell eine kürzere Aufmerksamkeitsspanne oder besser: Es ist schwieriger, ihre Aufmerksamkeit zu gewinnen. Das ist eben unsere Aufgabe. Was sehr wichtig ist, ist, genau zu erklären, warum das, was sie jetzt lernen sollen, wichtig ist. Wenn sie den Sinn in ihrem Tun erkennen und die Materialien und Lernmethoden entsprechend ausgestaltet sind, sind sie sehr lernwillig und -fähig.«

Eine echte Ausnahme vom Snackable-Prinzip bilden Podcasts. So kann eine Folge von »Jung & Naiv« durchaus an drei! Stunden heranreichen. Im Schnitt haben Podcast-Folgen eine Länge um die 60 Minuten.

Es fehlt aus der Aufzählung noch der Punkt »Glaubwürdigkeit«. Es ist ein Vorurteil, dass Zoomer Inhalte wahllos konsumieren und überhaupt nicht (mehr) zwischen guten und schlechten Inhalten unterscheiden können. Die Studienlage sagt etwas anderes. Eine repräsentative Studie der Hochschule Macromedia ergab, dass die Richtigkeit von Sachverhalten im Social Web den jüngsten Zielgruppen (14- bis 17-Jährige) am wichtigsten war – deutlich vor der Generation Y mit 62 Prozent.[26]

Das zeigt, dass trotz aller Unkenrufe auch die ganz Jungen ein Bedürfnis nach guter Recherche und »wahren« Fakten haben. Das sollten Sie sich in der Unternehmenskommunikation zu Herzen nehmen. Denn eins ist sicher: Diese Generation wird Ihnen bei Flunkereien und Übertreibungen auf die Schliche kommen. Diese Generation ist so gut vernetzt, dass Widersprüche sofort auffallen und geteilt und gepostet werden. Der gefürchtete Shitstorm und ein Vertrauensverlust sind die Folge.

Dies kommt umso mehr zum Tragen, als die Generation Z in großen Teilen durchaus auf Themen wie Nachhaltigkeit und Werte achtet, wenn sie Konsumentscheidungen trifft. Ein Viertel konsumiert wiederverwertbare Produkte. Ein Drittel bemüht sich, nur Produkte zu kaufen, die es wirklich braucht. Und auch bei der Auswahl und Bewertung von Marken spielen Themen wie Tierschutz, Nachhaltigkeit, Gleichstellung, Vielfalt und Menschenrechte eine immer wichtigere Rolle. Diese Erkenntnis deckt sich mit den Sorgen der Gen Z: Laut einer Studie des rheingold instituts aus dem Jahr 2021 ist der Umwelt- und Klimaschutz für sie das meistgenannte Problem in der heutigen Zeit: Rund 54 Prozent der befragten Deutschen im Alter von 16 bis 25 Jahren gaben an, dass diese Problematik für sie wichtig sei.[27]

Ein hervorragendes Beispiel für zielgruppengerechten, sympathischen und erfolgreichen Content stellt die Firma ZIEHL-ABEGG dar, die uns in diesem Buch noch häufiger begegnen wird (▶ **im Bonus-Bereich habe ich einige Maßnahmen des Unternehmens für Sie im Video analysiert**). Das Unternehmen ist auf TikTok überaus erfolgreich. Zu einem großen Teil liegt das am Leiter der Öffentlichkeitsarbeit Rainer Grill, der den Kanal mit initiiert hat. Er, als Vertreter der Boomer-Generation mit stilechter Firmenkrawatte, lässt sich in den Videos von seinen jungen Mitarbeitenden auf die Schippe nehmen, persifliert Boomer-Stereotype oder mimt den »Chef«, der je nach Situation mal cool, mal tapsig, mal überfordert ist oder auch einfach mal den Boomer raushängen lässt. Selbstironisch, sich selbst nicht zu ernst nehmend. Und genau das kommt an. Die Kommentare unter den Videos sprechen eine deutliche Sprache: Die Leute lieben »den Chef«, wollen mehr über die Firma wissen. Und das, ohne dass sich die Firma selbst groß in den Mittelpunkt stellt.

Unternehmen können viel von Content Creators, also Personen, die selbst viel Inhalt über soziale Medien erstellen und teilen, lernen. Diese haben oft am besten verstanden, wie die Social Media »ticken« und welche Art von Inhalten ankommt. Unternehmen tun gut daran, sich davon inspirieren zu lassen und sich an solchen Personen zu orientieren – oder sie gleich als Kooperationspartner ins Boot zu holen.

Ein weiteres Beispiel dafür, wie guter Content »ganz nebenbei« Kunden gewinnt, kommt von einem der bekanntesten TikToker überhaupt: Herr Anwalt (@herranwalt). Tim Hendrik Walter, wie er im wahren Leben heißt, ist selbst Millennial und Fachanwalt für Familienrecht. Er hat den TikTok-Trend früh erkannt und seine Content-Arbeit schnell von YouTube auf TikTok verlagert. Dort wuchs sein Kanal rasant, zeitweise war er der deutsche Account mit den meisten Followern überhaupt (Stand April 2023: Über sechs Millionen Menschen folgen seinem Kanal).

Was Tims Videos so besonders macht, ist ein ähnliches Erfolgsprinzip, wie es auch bei ZIEHL-ABEGG zum Tragen kommt: Er nimmt sich selbst nicht zu ernst. Sein Content ist Fachinhalt, auf eine sehr sympathische und hochgradig authentische Art und Weise. Um das zu verstehen, muss man sich besonders seine älteren Videos ansehen, die ihm zu diesem enormen Wachstum verholfen haben. Sein wichtigstes TikTok-Format ist »1 Minute Jura«. Der damaligen erlaubten Clip-Länge von YouTube-Videos folgend erklärte er juristische Sachverhalte Gen-Z-gerecht in 60 Sekunden. Und zwar natürlich als Anwalt seriös mit Anzug und Krawatte – aber eben auch in den unterschiedlichsten Rollen.

Im Kleid und mit blonder Perücke als verwirrte Kaufland-Kundin, als Prolet mit blondem Vokuhila und Unterhemd, als Lehrerin mit Lockenmähne und Tigerkleid, als Polizist mit schusssicherer Weste, als Teenie mit rosa Haaren und Popsocket auf dem Handy (einfach googeln, wenn Ihnen der Begriff nichts sagt …). Allein die Vielfalt an Perücken ist beeindruckend.

Und auch seine Themen sind so bunt wie die Zielgruppe. Müssen Azubis und Praktikantinnen Kaffee kochen und Klo putzen? Darf man eigentlich in der Öffentlichkeit Sex haben? Darfst du dein Kinderzimmer abschließen? Darf man die Polizei belügen? Im Unterricht essen? Eine rote Ampel umfahren? Nachrichten ungefragt weiterleiten? Den Einkaufswagen ausleihen? Und Hunderte Themen mehr. Teils skurril und lustig, teils äußerst alltagstauglich.

Gleichzeitig sind seine Videos eher »hands on«, weniger hochwertige Studioproduktion. Er gibt an, für ein bis zwei Videos nicht mehr als 20 Minuten zu benötigen. Schnitt und Nachbearbeitung kommen noch dazu, aber das fordert ihn nicht persönlich. So ist es möglich, dass der Inhaber einer erfolgreichen Kanzlei trotzdem täglich mindestens ein, oft mehrere TikTok-Videos veröffentlichen kann. Der berühmte Wille, der den Weg findet.

Er geht auch in den Dialog mit der Zielgruppe, was bei TikTok einen wesent-lichen Erfolgsfaktor darstellt. »Ich wurde markiert, Herr Anwalt reagiert, was ist passiert?« – so beginnen seine Reaction-Videos, in denen er Situationen in anderen TikTok-Videos rechtlich beurteilt. So entsteht ein lebendiger Aus-tausch mit der Community, der ihn noch relevanter und vertrauenswürdiger werden lässt. Mit diesen und vielen weiteren Maßnahmen hat er es zu einem der bekanntesten TikTok-Accounts überhaupt geschafft. Während ich die-ses Kapitel schreibe, steht er auf Platz zehn der größten TikTok-Accounts in Deutschland, auf Platz vier der meisten Views und auf Platz zwei der meisten Likes. Er macht also irgendetwas fundamental richtig.

Diese Bekanntheit monetarisiert er natürlich durch diverse Kooperationen, unter anderem mit Kaufland oder Mercedes Benz. Auch sein Buch wurde durch die TikTok-Reichweite direkt zum Bestseller. Spannend ist aber, dass auch seine Kanzlei profitiert. Obwohl er das gar nicht aktiv fokussiert.

Es gibt kein einziges Video, in dem er seine Kanzlei vorstellt. Der Name oder Ort der Kanzlei werden nirgends genannt, es gibt nicht einmal einen Link zur Kanzleiwebsite. Und trotzdem gab Tim bereits 2020 an, dass 10 bis 20 Prozent seiner Mandate über TikTok zustande kommen. Das sind natürlich nicht die Teenager und jungen Erwachsenen selbst, die ihm überwiegend folgen. Aber sein Name spricht sich herum, es entstehen Empfehlungen, die Bekanntheit bringt einen Vertrauensvorschuss mit sich. So ergeben sich Mandanten und damit Kunden quasi als Nebenprodukt. Besser kann es eigentlich gar nicht laufen.

Was bedeutet das für Sie?

- Bereiten Sie neue Kanäle gründlich vor.
- Planen Sie finanzielle und personelle Ressourcen ein.
- Überlegen Sie selbstkritisch, welche Ressourcen überhaupt zur Verfügung stehen, um einen Kanal dauerhaft (!) zu bespielen.
- Wenn Sie niemanden im Unternehmen haben, der den ausge-suchten Kanal privat intensiv nutzt und wirklich verstanden hat, ziehen Sie eine spezialisierte Agentur hinzu.
- Führungskräfte bis hin zur Geschäftsführung als Akteure in sozialen Medien können den entscheidenden Unterschied machen.

- Verlieren Sie nie das Snackable-Prinzip aus den Augen – außer bei Audio-Formaten.
- Denken Sie bereits bei der Content-Erstellung mobile first.
- Bleiben Sie bei der Wahrheit.
- Planen Sie keine Werbespots, denn ...

7. Jugendliche sehen klassische Werbeformate grundsätzlich kritisch

Für Werbende ist es eine der zentralen Fragen: Wie erreiche ich junge Menschen, und was muss ich tun, damit meine Werbung bei ihnen wirkt? Die gute Botschaft: 23 Prozent schauen sich Werbung im Social Web freiwillig an, wenn sie die Inhalte interessieren. Allerdings klicken auch 32 Prozent die Werbung nach Möglichkeit weg. Eine Herausforderung, zum Beispiel für YouTube-Werbung, die ja nach fünf Sekunden überspringbar oder im Abo komplett abschaltbar ist. Für TV-Werbung sieht die Lage übrigens noch düsterer aus: Nur 5 Prozent schauen die Werbung bewusst an. Andere verlassen den Raum (9 Prozent), schalten um (25 Prozent) oder – aufgepasst – beschäftigen sich nebenbei mit dem Smartphone (49 Prozent).[28]

Wer also glaubt, TV-Werbung funktioniere, nur weil die Einschaltquoten gut aussehen, sollte genauer hinschauen. Willige Werbekonsumenten sind die Jugendlichen jedenfalls nicht. Wenn Sie eine Agentur beschäftigen, sollten Sie besonders bei einem Buzzword aufmerksam werden: Storytelling. Das viel gepriesene Storytelling nämlich, also Werbung, die Geschichten erzählt, finden nur 17 Prozent der Jugendlichen gut. Und Ihre Agentur sollte das auch wissen. Was dagegen jeder zweite Jugendliche mag, ist humorvolle Werbung. Auch thematische Relevanz (37 Prozent) oder ein gutes Angebot für ein Produkt, das man sich sowieso kaufen wollte (31 Prozent), werden weitestgehend akzeptiert.[29]

Gute Werbung muss für mich vor allem ehrlich sein. Also Werbung, die ein Produkt gut darstellt, überzeugt mich nicht, wenn das Produkt dann auf anderen Websites oder Apps schlecht bewertet wird. (Isi, 14, Schülerin)

Auch klassische Offline-Werbung kann funktionieren. Je großflächiger, desto positiver nimmt die Generation Z Werbung auf. Außenwerbung und Kinowerbung sind die beiden einzigen Werbeformate (und auch die großflächigsten), die bei jungen Menschen besser abschneiden als bei der Generation Y und / oder X. Alle anderen Formate wie Magazin- oder Zeitungswerbung sowie TV- und Radiowerbung schneiden unterdurchschnittlich ab.

Generation Z akzeptiert »klassische« Werbeformate, wo sie ihnen nicht entkommen kann. Das heißt jedoch nicht, dass Jugendliche zu loyalen Kunden werden. Im Gegenteil, die Markentreue schwindet. Für Brands wird dieses typische Verhalten zum Problem. Was haben sie in den letzten Jahren oder Jahrzehnten nicht an Unsummen in ihren Markenaufbau investiert? Und Marken sind immer noch ein wichtiger Faktor für wirtschaftlichen Erfolg. Nur: Die Markentreue schwindet mit dem Geburtsjahrgang. Junge Menschen zeigen sich deutlich weniger loyal gegenüber Marken.

Das wird am Beispiel der Automobilindustrie sehr gut deutlich. Eine Studie hat die Wechselbereitschaft bei der Fahrzeugmarke untersucht. Das Ergebnis: 42,5 Prozent der unter 30-Jährigen sind bereit, bei einem Auto-Abo die Marke zu wechseln.[30] Bei den 31- bis 50-Jährigen sind es nur 39,1 Prozent, bei Ü50 sogar nur 30,5 Prozent. Wer jung ist, fühlt sich deutlich weniger an seine Marke gebunden. Zu groß sind die Alternativen, nicht nur beim Autokauf, sondern auch bei der Art der Fahrzeugbeschaffung (Carsharing, Auto-Abo, Kurzzeitleasing etc.).

Wenn Sie junge Menschen erreichen wollen, dann müssen Sie den Kontakt dort schaffen, wo die Zielgruppe ist: im Social Web. 40 bis 50 Prozent der Jugendlichen gaben in zahlreichen Studien an, schon einmal einen Kauf getätigt zu haben, weil sie in einem Social-Media-Post auf ein Produkt aufmerksam wurden.

Was bedeutet das für Sie?

- Marken müssen sich darauf einstellen, zukünftig deutlich weniger treue Kunden mit höherer Wechselbereitschaft zu haben.
- Fast noch wichtiger als das Wie wird das Wo. Schichten Sie Ihre Budgets auf die Kanäle um, wo Ihre junge Kundschaft sich aufhält.
- Kommunizieren Sie weniger Produktnutzen, weniger Fakten, weniger Versprechen – lustige Botschaften kommen an.

8. Junge Menschen werden weiter auf Share-Economy und Abo-Dienstleistungen setzen

Ein Prinzip der Gen Z, das sie von den Millennials gelernt hat, lautet: »Ich muss etwas nicht besitzen, um es zu benutzen.« Dieser Grundsatz zieht sich durch sämtliche Lebensbereiche. Waren frühere Generationen stolz auf ihre ausufernden Plattensammlungen (später CDs) und das Regal mit den Videokassetten oder DVDs, hat spätestens die Generation Z dieses Denken hinter sich gelassen. Ihre gesamte Musiksammlung befindet sich auf dem Handy bzw. in der Cloud eines Streaming-Dienstleisters.

Der Gedanke, dass Menschen früher in ein Geschäft gegangen sind, in einem Regal gestöbert und dann mehrere Datenträger mit nach Hause genommen haben, auf denen sich teilweise nur ein einziges Lied befand (plus natürlich einige sinnlose Remixe, die niemand wirklich brauchte), erscheint jungen Menschen heute ebenso unsinnig wie der Gedanke, an einem Auto erst einmal kurbeln zu müssen, damit es anspringt. Für Jugendliche ist Musik kein Produkt, das man kauft und dann irgendwo reinschiebt, damit es aus den Lautsprechern rauskommt, sondern einfach nur ein Klick – oder Teil einer Playlist. 78 Prozent der Generation Z halten es so und streamen mindestens wöchentlich Musik über Streaming-Dienste, im Vergleich zu nur 41 Prozent der gesamten Online-Nutzer.[31]

Dieses Prinzip überträgt sich auch auf andere Lebensbereiche – man muss nicht zwingend ein Produkt kaufen und besitzen, um es zu benutzen. Für die Generation Z ist dieser Gedankengang völlig selbstverständlich und gilt natürlich auch für Video-Streaming. In Deutschland nutzt fast jeder Zweite (42 Prozent) Videos bei Streaming-Diensten. Bei den 14- bis 29-jährigen Zoomern sind es 76 Prozent. Bei den jetzt Jugendlichen werden die Zahlen noch deutlich drastischer steigen, wenn sie selbst ins zahlungskräftige(re) Alter kommen.

Die Gründe dürften vor allem in zweierlei liegen:
- Das lineare TV mit einem vorgegebenen Sendeplan mutet doch recht seltsam an, wenn man mit YouTube und Online-Videos groß geworden ist. Der klassische 20:15-Uhr- bzw. Tagesschau-Break, nach dem man offiziell und ohne schlechtes Gewissen fernsehen durfte, ist Geschichte.
- Die meisten Streaming-Dienste verzichten auf Werbevideos. Und wer nicht über Jahrzehnte darauf geschult wurde, TV-Werbung zu »erdulden«, freut sich eben darüber, wenn er keine nervige Werbung zwischen seinen eigentlichen Wunsch-Episoden ertragen muss – auch wenn Netflix dieses Prinzip nun aufzuweichen beginnt.

In Befragungen zu den Motiven für die Nutzung von kostenpflichtigen Video-on-Demand-Angeboten wurden diese beiden Punkte an erster Stelle genannt, noch vor »hochwertige Inhalte« auf dem dritten Rang.

»Ich muss etwas nicht besitzen, um es zu benutzen« – dieser Slogan trifft auf die bereits genannten Video- und Musikstreaming-Dienste ebenso zu wie auf andere Elemente der Share-Economy. Und das Interessante: Je jünger man ist, desto eher sieht man die Share-Economy als attraktives Konsummodell. Im Schnitt haben 39 Prozent der Deutschen schon Erfahrungen mit Elementen der Share-Economy gesammelt. Vor allem im Bereich Finanzen, Konsumgüter, Unterkünfte und eben natürlich Medien und Unterhaltung.

Eine Auswahl von Branchen, die bereits von dieser Entwicklung betroffen sind und die durch die disruptiven Ansätze teilweise in tiefe Krisen gestürzt wurden, sind:

- Musik (Streaming, Tauschbörsen),
- Filme (Streaming),

- Mobilität (Carsharing, Mitfahrzentrale, Kurzzeitleasing, E-Scooter, Abos etc.),
- Unterkunft (Airbnb, Couchsurfing),
- Mode (Verleih von Kleidungsstücken auf Online-Plattformen),
- Sport (z. B. die Hälfte aller Skier werden nicht verkauft, sondern verliehen).

Die aktiven Nutzer sind klar zuzuordnen. 53 Prozent sind zwischen 18 und 39 Jahre alt (und damit ein Mix aus Millennials und Post-Millennials). Diese Gruppe trägt sogar 62 Prozent zu den Gesamtausgaben bei und nutzt die Angebote deutlich häufiger.[32]

Was bedeutet das für Sie?

- Setzen Sie sich mit diesem Trend strategisch auseinander.
- Überlegen Sie, welche Auswirkungen dieser Trend auf Ihr Unternehmen und auf Ihre B2B-Kunden haben wird und wie Sie partizipieren können.
- Überlegen Sie, welche Dienstleistungen oder Produkte Sie on Demand oder im Abo anbieten können.
- Welche neuen Produkte und Dienstleistungen werden benötigt, um Share-Economy und Abo-Services unkompliziert realisieren zu können?

9. Generation Z shoppt anders

Wir können uns über den vermeintlichen Tod der Innenstädte beklagen oder uns dem »Monster« stellen, das wir geschaffen haben. Für die heutigen Jugendlichen ist eine Welt ohne Online-Shopping nicht mehr vorstellbar. Sie sind von Anfang an mit E-Commerce aufgewachsen. Durch die Pandemie wurde der Online-Handel in der gesamten Bevölkerung noch einmal massiv gepusht, so auch in der Generation Z. Aktuelle Zahlen aus Deutschland sind schwer zu bekommen, aber ein Blick in die USA ist beeindruckend: 68 Prozent der 18- bis 24-Jährigen shoppen mindestens wöchentlich mit dem Smartphone.[33] 7 Prozent tun dies sogar täglich. Die Mobile-Commerce-Zahlen sind deutlich höher als in allen anderen Generationen.

Klar, wer mit dem Smartphone als lebensbestimmendem Element aufwächst, wird es nicht weglegen, wenn er etwas bestellen will. Sogar »noch modernere« Gadgets wie Sprachassistenten oder Wearables wie Smartwatches werden von den Zoomern fürs Shopping genutzt.[34] Zwar noch in geringem Ausmaß, aber auch hier stärker als in den älteren Generationen. Wenn jemand per Siri oder Apple Watch shoppt, dann die Jugend.

Wenn Social Media für Jugendliche so eine enorme Rolle spielt, ist es unvermeidlich, dass die Kanäle auch im Shopping eine wichtige Funktion einnehmen. Hier ist nicht nur die Beeinflussung durch Freunde oder Influencerinnen (oder Ads) gemeint, sondern es geht um direkte Shopping-Möglichkeiten auf den sozialen Plattformen – per Buy- oder Shop-Button. Genau hier liegt ein Trend, der in den letzten Jahren zu erkennen ist. Social-Media-Plattformen bauen Shopping-Funktionen ein, um direkt oder indirekt Teil einer nahtlosen Customer-Journey zu werden. Für Jugendliche dürfte das ein ganz normaler Teil des Shopping-Erlebnisses werden.

Was bedeutet das für Sie?

- »Brick & Mortar« benötigt neue USPs.
- Einen Online-Shop zu haben reicht nicht mehr aus. Sie müssen den Shop auch dorthin bringen, wo die Kundschaft ist.
- Die Zukunft gehört den Händlern, die online und offline vernetzt anbieten können.
- Wenn ein junger Mensch in einen Offline-Store gehen soll, muss es dafür gute Argumente geben. Ein besonderes Einkaufserlebnis kann so ein Argument sein – einfach nur Regale voller Produkte werden nicht ausreichen.
- Auch für Ihren Online-Shop muss mobile first gelten.

10. Generation Z ist auf vielen Ebenen divers

Gut ein Viertel der deutschen Bevölkerung hat inzwischen einen Migrationshintergrund. Entsprechend offen und tolerant ist die Einstellung der Zoomer gegenüber Gleichaltrigen aus anderen Kulturen – gleichzeitig sind sie hellwach für Rassismus oder vermeintlichen

Rassismus. Die Ängste der jungen Menschen vor Ausländerfeindlichkeit sind größer als die Angst vor Zuwanderung. Die Möglichkeit des grenzenlosen Reisens betrachten sie als Geschenk der Europäischen Union. Nationalstaatliche Egoismen stoßen junge Menschen ab.

Nicht nur der kulturelle Hintergrund der Eltern- und Großelterngeneration ist divers, sondern ebenso die sexuelle und geschlechtliche Identität. Immer noch sind die meisten Jugendlichen bei ihren verheirateten Eltern aufgewachsen. In fast jeder fünften Familie sind Mutter oder Vater alleinerziehend. Gleichzeitig erleben junge Menschen den Wandel des traditionellen Verständnisses der Geschlechterrollen.

Der Anteil derjenigen, die sich als heterosexuell identifizieren, sinkt von Generation zu Generation. Sind bei den Millennials noch 70 Prozent cis und hetero, bezeichnen sich in der Gen Z (bzw. genauer bei den 18- bis 24-Jährigen) 39 Prozent als LGBTQ+. Bei den Babyboomern sehen sich noch 87 Prozent als hetero.[35] Wir haben es also in jeder Hinsicht mit der diversesten Generation zu tun, die es je gab.

In den letzten Jahren ist insbesondere Transgender ein heißes Thema, vor allem in sozialen Medien wie YouTube, Instagram, aber auch in linearen Fernsehsendungen wie »Germany's Next Top Model« und US-Serien.

Ich selbst bin hetero, aber ich kenne in meiner Klasse ein paar Leute, die homo- oder bisexuell sind. Einer nennt sich asexuell. Bei uns wird das nicht groß thematisiert, es spielt eigentlich keine Rolle. (Marc, 16, Schüler)

Was bedeutet das für Sie?

- Überlegen Sie, wie gut Ihr Unternehmen auf verschiedene kulturelle Hintergründe eingerichtet ist (Kantine, Feiertagsgrüße).
- Achten Sie darauf, wirklich alle Gruppen anzusprechen (wie gut sind Ihre Formulare auf diese Entwicklungen ausgerichtet, welche Möglichkeiten der Anrede bieten Sie?).
- Beugen Sie Betriebsblindheit vor, indem Sie auf die Dienste spezialisierter Agenturen zugreifen.

Digital leben versus digital können – wo die junge Generation Nachholbedarf hat

Jemand, der so versiert mit dem Smartphone umgeht, der geradezu blind und in rasender Geschwindigkeit Nachrichten tippt und intuitiv jede App versteht, in die sich Ältere erst mühsam einarbeiten müssen – der muss doch über ein enormes Maß an Digitalkompetenz verfügen. Die ist ihm ja geradezu in die Wiege gelegt. Denken Sie an mein Eingangsbeispiel Julian, der bereits mit drei wie selbstverständlich über meine Smartwatch swipte.

Und trotzdem liegen wir mit dieser Annahme komplett daneben. Apps bedienen und Social Media nutzen ist noch lange nicht das, was unter fundierter Digitalkompetenz zu verstehen ist. Und längst nicht alles, was zu diesem großen Begriff gehört, lässt sich durch einfache Nutzung erwerben. Dieser Unterschied lässt sich gut an zwei Beispielen verdeutlichen, die ich vor einigen Jahren erlebt habe.

Ein Kunde, der eindeutig der Generation »Traditionalisten« zuzuordnen ist, erzählte mir von seiner Führerscheinausbildung. Damals hätten sie nach jeder Fahrstunde den Wagen »abschmieren« müssen. Ich nickte zwar wissend, hatte aber überhaupt keine Ahnung, was er damit meinte. Es war mir auch egal, denn ich hatte mein Auto noch nie im Leben abschmieren müssen. Hätte ich ihm das so gesagt, hätte er vermutlich die Augen verdreht und etwas Ähnliches gedacht, wie »Oh Gott, die jungen Leute!«.

Diesen Gedanken hatte ich zumindest kurze Zeit später beim gleichen Kunden, als eine junge Praktikantin mit einem, zugegeben älteren, Ersatzfahrzeug eine Dienstfahrt machen sollte. Zwei Minuten nach ihrem Abschied stand sie wieder im Büro: Das Auto sei kaputt, sie sei gerade mal vom Parkplatz gekommen, jetzt stünde es auf der Straße. Es stellte sich heraus, dass der ältere Golf, den uns der Verleiher in Ermangelung anderer verfügbarer Fahrzeuge hingestellt hatte, zwar nicht über eine Servolenkung, dafür aber über eine etwas hakelige Handschaltung verfügte. Ein älterer Kollege bewegte das Fahrzeug zwar zähneknirschend, aber problemlos. Für den Traditionalisten, der diese Geschichte einleitete, wäre es ein ganz normales Fahrzeug gewesen, für die junge Kollegin war es kaputt – auf keinen Fall fahrbereit.

Ich erzähle diese Geschichte, weil sie sehr gut zwei Umstände zeigt:

1. Etwas zu nutzen – es benutzen zu können –, ist etwas völlig anderes, als seine Funktionsweise zu verstehen. Sonst hätte ich vielleicht gewusst, dass »abschmieren« bei Fahrzeugen mit Schmiernippel so wichtig wie regelmäßiger Ölwechsel ist. Geraten Sie nicht in Panik: Neue Fahrzeuge haben fast ausschließlich gummigelagerte Fahrwerksbuchsen und müssen nicht abgeschmiert werden.

2. Wir können »wie von selbst« nur die Techniken nutzen, deren Stand wir gewohnt sind. Nur diese Version kommt uns »natürlich« vor. Alles andere ist mit Lernaufwand verbunden. Gleichzeitig sind wir mehr und mehr abhängig von unserer gewohnten Technologie und können nicht mehr hinter diesen Stand zurück.

Für unsere Perspektive auf Generation Z bedeutet das, dass wir keine Generation von geborenen Developern und IT-Experten vor uns haben. Wir haben eine Generation vor uns, die sehr natürlich und intuitiv mit Kommunikationstechnologie umgeht, die auf der anderen Seite aber relativ hilflos ist, wenn diese Technologie aus irgendwelchen Gründen nicht mehr zur Verfügung steht.

Gleiches gilt für ein tieferes Verständnis der hinter den digitalen Anwendungen stehenden Prozesse und Mechanismen. Nur weil jemand eine App im Schlaf bedienen kann, kann er oder sie noch lange nicht eine App programmieren. Oder auch nur die in die App integrierten Tricks erkennen, die dazu führen, dass er das Smartphone quasi gar nicht mehr aus der Hand legen kann.

Nur weil eine junge Frau alle Influencerinnen der Branche mit aktueller Followerzahl aufzählen kann, kennt sie noch lange nicht das dahinterstehende Geschäftsmodell und die Methoden, die die Influencerinnen für die mehr oder weniger offensichtliche Werbung einsetzen.

Und nur weil jemand viel Zeit in sozialen Medien verbringt und problemlos schöne Bilder und Videos erstellt, hat er noch lange nicht verstanden, wie Algorithmen sein Weltbild formen und natürlich auch verzerren.

Für all das sind eigentlich wir Älteren zuständig. Es wäre unsere Aufgabe, der nächsten Generation all das beizubringen. Die Vermittlung von Digitalkompetenz ist Aufgabe der Eltern, der Schule, »des Systems«.

Und hier liegt der Hund begraben. Denn ein großer Teil unserer Generation ist selbst nicht fit im Umgang mit digitalen Medien. Auch wenn wir das gern glauben. Wer fällt denn reihenweise auf die Viagra- und Prinz-aus-Nigeria-Spammails herein? Doch eher Boomer als Zler. Wer verbreitet denn Fake News bei Facebook oder folgt dubiosen Hetzern bei Telegram? Der Anteil an Teenagern dürfte überschaubar sein. Wie soll also eine Generation, die digitale Medien großenteils kaum durchdringt, der nachfolgenden Generation erklären, worauf sie bei der Nutzung zu achten hat, welche Gefahren wirklich lauern und wie sie diese Medien für den persönlichen und beruflichen Erfolg – bei Wahrung der eigenen psychosozialen Gesundheit – einsetzt?

Gleichzeitig steht das Thema Digitalkompetenz nur ganz am Rande auf dem Lehrplan. Zwar erkennen die Bildungsverantwortlichen diesen Missstand mittlerweile, passiert ist bisher aber viel zu wenig. Eine überzeugende Strategie, ein abgestimmtes Vorgehen und ein Maßnahmenpaket, um mit der radikalen Entwicklungsgeschwindigkeit der digitalen Welt Schritt zu halten, fehlen großenteils.

Ausreichend über digitale Themen aufgeklärt wird in der Schule absolut gar nicht. Wir hatten einmal in der sechsten Klasse einen Vortrag, der aber ausschließlich um Cybermobbing ging. Über zum Beispiel das falsche Selbstbild, das Instagram vermittelt, haben wir nie etwas gelernt. Die Aufklärung ist für Jugendliche absolut mangelhaft.
(Alex, 15, Schüler)

Teilweise waren und sind die Schülerinnen und Schüler den Schulen schon weit voraus. Bereits 2020 zeigten Studien, dass 42 Prozent der Achtklässler sich mit digitalen Medien auf die Schule vorbereiten. In der Schule selbst nutzten aber nur 23 Prozent diese Medien, gar nur 4 Prozent täglich.[36]

Die Corona-Pandemie hat den Missstand bei der Digitalisierung an deutschen Schulen eindeutig gezeigt, wie alle Eltern, die sich zwei Jahre lang mit Remote-Learning ihrer Kids herumärgern durften, bezeugen können. Ich habe große Achtung vor Lehrern und Lehrerinnen, aber Digitalkompetenz ist leider nicht das, was mir bei vielen als Erstes einfällt. Das ist nicht meine persönliche Erfahrung, sondern auch die von Studien.

Beispiel Fake News: Nach der Studie »Infodemie« fühlt sich ein Drittel (34 Prozent) der Lehrkräfte eher oder sehr unsicher beim Erkennen von Falschnachrichten. Das ist wenig verwunderlich, denn 70 Prozent geben an, dass das Thema Fake News und der Umgang damit nicht in ihrer Schule behandelt wurde. Dabei steht die Schule bei der Frage, von wem sich die Jugendlichen Hilfe beim Erkennen von Fake News wünschen, an erster Stelle.[37]

Und auch viele Lehrende selbst sind über das System und größere Teile des Lehrkörpers frustriert. Da ich mehrere Lehrer und Lehrerinnen in meinem engsten Bekanntenkreis habe – sowohl altgediente mit 20 Jahren Berufserfahrung als auch junge, motivierte, die erst vor wenigen Jahren das zweite Staatsexamen abgelegt haben –, bekomme ich die Enttäuschung über so manche Kollegen hautnah mit. So kam mir die Idee, eine dieser Lehrpersonen um einen kleinen Gastbeitrag zu bitten.[38] Ich nehme sie als sehr engagiert, mit vollem Elan und noch nicht vom System Schule zermürbt wahr. Umso verständlicher finde ich den Frust, der aus ihren Zeilen spricht. Den Beitrag veröffentliche ich anonym, da nicht jeder Dienstherr solche direkten Aussagen seiner Beamten gern sieht oder auch nur erlaubt.

Exkurs: Gastbeitrag einer frustrierten Lehrkraft

Schule – die Bubble, in der Medienkompetenz und Urteilsfähigkeit gelehrt, gelernt und erprobt werden … naja, theoretisch zumindest.

Die meisten von uns verbinden nicht die allerbesten Erinnerungen und Assoziationen mit der Institution Schule, anderen hat sie eigentlich ganz gut gefallen und ein paar wenige Verrückte bleiben ihr ein Leben lang treu und werden Lehrer. Dieser ganz speziellen Gruppe obliegt es nun, kommende Generationen auf das sogenannte reale Leben vorzubereiten, das sie eigentlich selbst nur vom Hörensagen kennen. Ideale Voraussetzungen also.

Eigentlich könnte Schule viel mehr sein als das, was leider überwiegend daraus gemacht wird. Sind die Schulen doch der einzige wirkliche »Happy Place« in unserer Gesellschaft, wo Demokratie, demokratisches Handeln, Urteilsbildung und Partizipation gelernt und relativ frei von Konsequenzen erprobt werden können ..., wenn man von den wenig aussagekräftigen Zahlen auf einem Blatt Papier absieht, auf das paradoxerweise alles ausgerichtet wird.

Diese Zahlen, die bei genauerer Betrachtung nicht viel mehr Objektivität als Berichterstattungen bei Fox News bereithalten, halten Schülerinnen und Schüler, Lehrkräfte, Eltern und letztendlich unsere Gesellschaft davon ab, nachfolgende Generationen wirklich auf die Herausforderungen vorzubereiten, die unsere Demokratien bereits jetzt massiv unter Druck setzen.

Ich will gar nicht beanstanden, was in der Schule an Wissen vermittelt wird oder eben nicht. Einen Kanon zu erarbeiten, der gesellschaftlich verbindlich gewusst oder gekonnt werden soll, ist eine Aufgabe, die Menschen obliegen sollte, die intelligenter sind als ich. Was ich darlegen kann, ist ein kurzer Abriss hinsichtlich verpasster Chancen, die uns als Gesellschaft vermutlich mehr bringen würden, als sechs Wochen Strahlensätze in rauchende Köpfe zu prügeln, weil am Ende ja wieder die Sachen mit den Zahlen und dem Blatt Papier stehen.

Was ist denn überhaupt der Anspruch, den die Institution Schule an sich selbst und an die Lehrenden richtet? Im Vorwort des Bildungsplans steht: »Schulen sind als zentrale Orte des Kompetenzerwerbs von Kindern und Jugendlichen daher gefordert, die Demokratiebildung wieder mehr in den Fokus zu rücken.« Klingt logisch, kommen doch in den Schulen deutschlandweit täglich Millionen Menschen mit verschiedenen Backgrounds, Interessen und Bedürfnissen zusammen und bilden so in einer geschützten Umgebung die Gesellschaft im Kleinformat ab.

Wir haben also eine Modellversion von dieser »realen Welt« außerhalb der Schule, in der politisches Handeln gelernt und geprobt werden soll. Bei diesem »soll« bleibt es dann auch meistens, denn Gremien, die eigentlich der Schülermitbestimmung dienen, werden in aller Regel nicht für wirkliche Mitbestimmung genutzt, sondern allenfalls für die Verwirklichung von Ausflügen und in ganz verwegenen Fällen einer Party zum Jahresabschluss. Diese Scheinmitbestimmung legt dann den Grundstein für das »Wir gegen die«, die von oben herab über uns bestimmen. Zu lesen in unzähligen Kommentaren überall im Internet. Aber das ist heute noch immer Neuland für viele von uns.

Ein großer Teil der Lehrenden hat wenig bis gar nichts mit Internet, Smart Devices oder Social Media am Hut. Wer heute ein Klassenzimmer betritt, trifft da mit großer Wahrscheinlichkeit auf Tafel und Overheadprojektor, was für Jugendliche ähnlich innovativ sein dürfte, wie Buchstaben mit einem Faustkeil in eine Tontafel zu ritzen. Keine Idealvoraussetzungen also für die Vermittlung von Medienkompetenz an zukünftige Generationen.

Wir müssen aber verstehen, dass sich der Medienkonsum und die Medien an sich so grundlegend gewandelt haben, dass Medienkompetenz wichtiger ist denn je. Individualisierte Newsfeeds in den sozialen Netzwerken bestätigen immer wieder, was wir sowieso schon zu wissen glauben. Wieso sollten wir das denn auch hinterfragen – es ist doch schön, bestätigt zu werden.

Genau an diesem Punkt sollte die Medienbildung einhaken, aber anstatt das zum Thema zu machen, verbannen wir lieber Smartphones generell aus dem Unterricht und widmen uns den wichtigen Dingen, die im Schulbuch stehen. Nachdem wir den Schülern also schon die Chance auf echte Mitbestimmung nicht zugestehen, lassen wir sie auch noch mit den Medien, die sie wirklich nutzen, allein und hoffen, dass Medienkompetenz irgendwie nebenher passiert.

Medienkompetenz hat viel mit Urteilskompetenz zu tun. Dazu muss man aber verstehen, dass ein Urteil nicht das Gleiche wie eine Meinung ist. Aber was unterscheidet überhaupt Meinungen von (hoffentlich) begründeten Sach- oder Werturteilen und wieso müssen wir das überhaupt trennen, wenn »Entschuldigung, aber das ist eben meine Meinung« häufig als »Argumentation« völlig ausreichend zu sein scheint?

Ein Urteil ist eben nicht das bloße Entscheiden aus dem Bauch heraus. Es ist definiert durch das Abwägen verschiedener Argumente, Informationen aus unterschiedlichen Quellen sowie Interessen, die, man mag es kaum glauben, auch andere Menschen haben und die ebenso wichtig sind wie die Befriedigung der eigenen Bedürfnisse. Man könnte das Ganze auch als Multiperspektivität bezeichnen, was umso wichtiger wird, wenn uns Algorithmen nur immer wieder die eigene Perspektive vor Augen führen.

Wir müssen es also schaffen, dass eine Gesellschaft, die mehr und mehr dazu »erzogen« wird, ihre scheinbare Individualität über alles zu stellen, über den eigenen Tellerrand schaut, die eigenen Bedürfnisse zurückstellt, nachdenkt und Entscheidungen trifft, die sich an einem wie auch immer gearteten Gemeinwohl orientieren.

Ganz schön viel verlangt von einer Institution, die eigentlich ... ja, was soll und will diese Institution denn eigentlich? Sie will bestenfalls mündige Demokraten heranbilden, die idealerweise die Werte einer freiheitlich-demokratischen Gesellschaft vertreten und leben, also auch aktiv am politischen Willensbildungsprozess beteiligt sind.

Das alles kann aber nur sehr bedingt funktionieren, wenn Demokratie nicht gelernt, geprobt und gelebt wird. Ohne wirkliches Interesse an den Wünschen und Vorstellungen der Schülerinnen und Schüler und ohne wirkliche Auseinandersetzung mit den Medien, die jeden Tag auf sie einwirken, werden wir das nicht erreichen.

Wir müssen den geschützten Raum Schule nutzen, den Lernenden die Möglichkeit zum Ausprobieren und Mitgestalten geben und ein Bewusstsein dafür schaffen, dass es außerhalb der eigenen Bubble viele Perspektiven gibt, die es wert sind, eingenommen zu werden.

Demokratie war nie einfach und das wird sie vermutlich auch nie sein. Trotzdem ist sie die Form des Zusammenlebens, die jedem Einzelnen ein Maximum an Freiheit und gleichzeitig ein Minimum an Restriktionen beschert. Deshalb sollten wir vor allem in der Schule alles oder zumindest möglichst viel daransetzen, mündige, also urteilsfähige Menschen heranzubilden, die den Demagogen dieser Welt eher den Mittelfinger zeigen, als ihre einfachen Wahrheiten zu teilen.

Recruiting: Wie man die Generation Z als Arbeitskräfte gewinnt

Wir haben festgestellt, dass die Generation Z den Älteren in vielen Dingen fremd erscheint. Dabei unterscheiden sich viele ihrer Ansprüche und Wünsche an einen Arbeitgeber im Großen und Ganzen gar nicht so sehr von denen ihrer Vorgänger. Fremd oder neu sind vor allem die Informations- und Kommunikationskanäle, die die auf der »anderen Seite« der digitalen Wasserscheide geborene Generation Z nutzt. Ja, Generation Z verspürt ein großes Bedürfnis nach freier Entfaltung, zugleich ist sie von einer großen Sorge um die Zukunft geprägt. Neu ist, dass diese Sorge aber nicht das eigene Erwerbsleben betrifft, sondern sich in einem viel größeren Sinne auf grundlegende Lebensbedingungen bezieht.

Noch etwas ist neu und für viele Unternehmen gewöhnungsbedürftig: das berechtigte Gefühl der Generation Z, aus dem Vollen schöpfen zu können. Letzteres hat zur Konsequenz, dass es für Unternehmen nicht nur darum geht, potenzielle junge Mitarbeitende zu verstehen und für sich zu gewinnen, sondern ebenso darum, diese Mitarbeitenden zu halten.

Ich weiß noch nicht, ob ich selbstständig oder angestellt arbeiten will. Vielleicht will ich beides mal ausprobieren und gucken, was mir besser gefällt. (Isi, 15, Schülerin)

Bisher waren Bewerberinnen oft Bittstellerinnen

Erinnern wir uns zunächst an »früher«, an per Post verschickte Bewerbungsmappen. »Mit großem Interesse habe ich Ihre Anzeige im

Neustädter Tagblatt zur Kenntnis genommen, bla, bla ... Hiermit bewerbe ich mich um ...« Mit dem Verschicken des dicken Umschlags war der junge Mensch dem intransparenten Prozess hilflos ausgeliefert. Vielleicht erhielt man irgendwann eine Antwort, vielleicht bekam man sogar seine Bewerbungsmappe mit dem eigenen Anschreiben zurück. Im beiliegenden Lebenslauf standen gern auch noch die Berufe der Eltern. »Vater: Michael Körner – Metallfacharbeiter bei Bosch, Mutter: Sieglinde Körner, geborene Schubel – Hausfrau.« (So lange ist das eigentlich gar nicht her – in meinen ersten Bewerbungen um Nebenjobs standen auch die Berufe meiner Eltern im Lebenslauf, wenn mich die Erinnerung nicht trügt.)

Später dann: Bewerbungsportale mit der Möglichkeit – grafisch hochwertig gestaltete – PDF hochzuladen. Nach Anmeldung. Mit Passwort-Registrierung und Double-Opt-in. Spätestens da wurde es Zeit, sich neben bussybaerchen2000@web.de noch die Adresse simone.mueller@web.de zu sichern. Seriös sollte es ja doch sein.

»Achtung: Bitte laden Sie keine Dokumente über 6 MB hoch.« Leider war alles umsonst, weil Simone auf ihrem eingescannten Bewerbungsbild (dynamisch, offen – frisch, aber nicht zu frech) die gleiche Frisur trägt wie die ehemalige Mathelehrerin des Personalers und deshalb direkt aussortiert wurde. Wer hat schon Zeit, sich den ganzen Quatsch en detail durchzulesen? Und erzählen Sie mir bitte nicht, dass es nicht wirklich so lief.

Natürlich ist diese Darstellung pointiert. Aber in jedem Fall befand man sich als Bewerber in einer Position des Bittstellers. Man versuchte, mehr oder weniger verzweifelt, das Unternehmen von den eigenen Vorzügen zu überzeugen. Immer in dem Wissen, dass die Konkurrenz erdrückend groß war. Wer eine oder sogar seine Wunschstelle ergattert hatte, war einfach froh und hielt die Füße still. Ein Wechsel galt als biografischer Bruch. Es drohte die gefürchtete »Lücke im Lebenslauf«: »Was haben Sie denn eigentlich zwischen September 1999 und März 2000 gemacht?«

Ich selbst hatte nur einen einzigen Job als angestellter Arbeitnehmer. Und den habe ich direkt bekommen. Aber zu Studienzeiten durfte ich wie alle zahlreiche Bewerbungen für Praktika schreiben. Ich erinnere mich gut an dieses »Bittsteller«-Gefühl. Hoffen, überhaupt eine Antwort zu bekommen. Hoffen, zu einem Gespräch eingeladen zu werden. Hoffen, nach dem Gespräch noch einmal vom

Unternehmen der Wünsche zu hören. Die Hoffnung starb zuletzt – meist starb sie aber trotzdem.

Für die Unternehmen war das eine ziemlich bequeme Ausgangslage. Bewerber als austauschbares Gut mit stetigem Nachschub, die sich ihrer schwachen Position völlig bewusst waren. Wenn die Unternehmen heute »Ghosting« seitens ihrer Bewerber nach einem stattgefundenen Gespräch beklagen – genau so ging es jahrzehntelang den Arbeitnehmerinnen.

Langsam, aber stetig fand hier eine fundamentale Veränderung statt. Im »War for Talents« haben sich Unternehmen immer frühzeitiger und intensiver um potenzielle Mitarbeitende bemüht und darum, diese durch Praktika oder Werkstudentenstellen möglichst früh möglichst fest ans Unternehmen zu binden. Inzwischen steuern wir auf einen Kipppunkt zu: Die Unternehmen finden sich plötzlich – oder werden dies in kurzer Zeit tun – in der Position des Bewerbers wieder.

Für viele Betriebe hat diese Zukunft bereits begonnen: Der Anteil der Betriebe, die gar keine Bewerbungen mehr erhalten, steigt seit Jahren an. Die Zahl der IHK-Betriebe, die bereits 2018 keine einzige Bewerbung mehr erhalten haben, hat sich seit 2012 nahezu verfünffacht.[39]

Heute beklagen die Unternehmen, dass sie von der Generation Z »geghostet« werden. Nach einem durchgeführten Bewerbungsgespräch melden die sich einfach nicht mehr und reagieren nicht auf Rückfragen oder weitere Einladungen. Klar, das ist nicht die feine Art. Aber sind wir mal ehrlich: Es entbehrt nicht einer gewissen Ironie, denn das ist genau das, was frühere Generationen von Arbeitnehmern seitens der Unternehmen erleben mussten ... Tables have turned, wie man im Englischen so schön sagt.

Es ist schon vorgekommen, dass ich mich bei einem Unternehmen nicht mehr gemeldet habe, wenn es mir irgendwie nicht gefallen hat. Ich hab es dann einfach vergessen. Ich mache das nicht mit Absicht – es war irgendwie einfach nicht mehr wichtig. (Louisa, 22, Kauffrau)

Es wundert mich immer wieder, dass systematische, geschweige denn strategische Personalplanung bei vielen Unternehmen nicht ganz oben auf der Prioritätenliste steht. Selbst wirkliche Top-Unternehmen werden immer wieder von der Verrentung absoluter Führungskräfte überrascht, deren exaktes Datum seit fünf Jahren bekannt ist. Der Rollout eines über mehrere Ebenen führenden Programms für Top-50-Talente zeigt erfahrungsgemäß frühestens nach drei Jahren Wirkung. Ein Culture-Change benötigt sieben Jahre. Und dann sind wir bereits im Jahr 2030.

Wer jetzt noch kein umfassendes Verständnis davon hat, was Digitalisierung für ihn bedeutet, welche Fähigkeiten er aufbauen muss, um die Ressource Generation Z nutzen zu können, und welche Herausforderungen die demografische Entwicklung für das eigene Unternehmen oder die eigene Branche mitbringt: Jetzt ist der letzte Moment der Weichenstellung.

Warum sich Unternehmen zukünftig bei Mitarbeitenden bewerben müssen

Eins ist bei aller Unsicherheit, die Prognosen immer auszeichnet, gewiss: Die Zeit und die demografische Entwicklung spielen für Generation Z. Dieser Trend ist trotz aller paar Prozentpunkte hin oder her und aller unterschiedlichen Berechnungsweisen der verschiedensten Institute so sicher wie das Amen in der Kirche. Sicher ist auch, dass dieser Trend regional unterschiedlich hart zuschlagen wird. Das heißt, hart wird er überall zuschlagen. In manchen Regionen aber noch härter. Außerhalb der Ballungszentren werden Unternehmen noch größere Anstrengungen vornehmen müssen, um Nachwuchs zu gewinnen.

»Bis auf Berlin wird die Bevölkerung der ostdeutschen Länder bis 2030 um zwischen 8 und 18 Prozent schrumpfen. In Westdeutschland wächst die Bevölkerung in den bislang wirtschaftsstärkeren Bundesländern (z. B. in Bayern) bzw. bleibt konstant (z. B. in Baden-Württemberg), während sie in anderen Bundesländern, etwa in Nordrhein-Westfalen, sinkt. (…) Die großen Agglomerationsräume werden vermutlich in Zukunft eher die Orte der wirtschaftlichen Entwicklung sein, ihre Bevölkerungsstruktur ist jünger und sie verfügen in der Regel über eine gute Bildungsinfrastruktur. In den Flächenstaaten hingegen – selbst in den wirtschaftsstarken Bundesländern – wird die Altersstruktur ungünstig sein: Die Anzahl der Jugendlichen und der Personen im Alter zwischen 25 und 54 Jahren wird abnehmen, die Anzahl der 55- bis 69-Jährigen hingegen wachsen – besonders in Bayern und Baden-Württemberg.«[40]

Ganz besonders betroffen werden die akademischen Berufe und der Dienstleistungssektor sein. Die größten Fachkräfteengpässe sind zu erwarten in den IT-Berufen, den technischen Berufen, im Baugewerbe sowie in den Gesundheits- und Sozialberufen. Wenn das Ihre Branche ist: Schnallen Sie sich an.

2023 gehören erst 14,5 Prozent der Beschäftigten in den Top-1000-Unternehmen und 13,3 Prozent der Beschäftigten in IT-Unternehmen der Generation Z an. Vier von zehn der Top-1000-Unternehmen und sechs von zehn der IT-Unternehmen versuchen, bereits jetzt vermehrt Kandidaten der Generation Z einzustellen. Für neun von zehn der Top-1000-Unternehmen ist die Rekrutierung von Kandidatinnen und Kandidaten aus der Generation Z wichtig. Allerdings sehen sich die Unternehmen bei der Rekrutierung von Personen dieser Generation nur befriedigend aufgestellt.[41] Das reicht nicht. Denn die Arbeitnehmenden der Zukunft sind ein rares Gut.

2030 werden 45 Prozent aller Arbeitnehmerinnen und Arbeitnehmer der Generation Z oder jünger angehören.[42] Das endgültige Ausscheiden der Babyboomer aus dem Erwerbsleben wird dazu führen, dass bis zum Jahr 2040 die Zahl der Erwerbspersonen von derzeit 44,92 Millionen Personen um etwa 600.000 auf etwa 44,32 Millionen zurückgeht.[43]

Diese Entwicklungen verändern selbstverständlich die Rolle der Unternehmen. Arbeitgeber, die bereits heute händeringend Nachwuchs suchen, müssen sich verstärkt an die Ansprüche und Bedürfnisse der Generation Z anpassen, etwa durch Angebote wie die Vier-Tage-Woche oder die Möglichkeit zu einem Sabbatical.

Und wissen Sie, was? Alles, was ich Ihnen hier verrate, wissen auch die jungen Leute. Enzo Weber vom Institut für Arbeitsmarkt- und Berufsforschung (IAB) drückt es so aus: »In den 2000er-Jahren hätte die Generation Z auch nichts gefordert. In Zeiten eines Personalmangels, den man so noch nie beobachtet hat – zwei Millionen freie Arbeitsplätze im August 2022 – sitzen Arbeitnehmer:innen eindeutig am längeren Hebel. Und wenn man einen Hebel in der Hand hat, betätigt man den auch.«[44]

Mich persönlich ärgern Schlagzeilen nach dem Motto: »Die Jugend von heute ist faul, nicht belastbar und will nicht arbeiten.« Solche Narrative bringen Klicks und verkaufen Zeitschriften, entsprechen aber einfach nicht der Wahrheit. Sowohl die Studienlage als auch persönliche Erfahrungen zeigen: Ein Großteil der Jungen ist motiviert, leistungsbereit und zielstrebig.

Simon Schnetzer, Jugendforscher und Herausgeber der Trendstudie »Jugend in Deutschland«[45], sagte mir im Interview auf die Frage, ob »die heutige Jugend« wirklich nicht mehr leistungsbereit ist: »Ein Teil der Erklärung ist sicher die Verklärung der Vergangenheit. Ältere Meister haben auch früher über ihre Lehrlinge geschimpft. Was sich grundlegend geändert hat, ist die Anspruchshaltung junger Menschen, die es früher in der Form nicht gab, weil man als Berufseinsteiger:in keine Forderungen zu stellen hatte, sondern sich gemäß dem Motto ›Lehrjahre sind keine Herrenjahre‹ angepasst und stillgehalten hat. Die Jugend heute ist nicht weniger belastbar als früher, doch es ist anspruchsvoller geworden, sie dafür zu motivieren. Und genau darüber ärgern sich Führungskräfte, die gerne in ihrer Komfortzone weitergemacht hätten wie bisher.«

Das trifft den Punkt. Ein »Weiter so« gibt es bei den Zoomern nicht. Und wir als Arbeitgeber haben keine Chance, als das zu akzeptieren und uns darauf einzustellen. Worauf genau, erfahren Sie auf den nächsten Seiten.

Was erwarten Digital Natives von Arbeitgebern?

Die Gen Z ist entgegen allen Klischees und Vorurteilen ziemlich heterogen. Und genauso divers und teilweise widersprüchlich sind die Ansprüche an die Unternehmen, die für ihre Mitglieder als Arbeitgeber infrage kommen. Wir werden diese Ansprüche auch in späteren Kapiteln noch unter die Lupe nehmen. In diesem Abschnitt geht es um Werte. Werte, die für viele Vertreter der Gen Z eine Grundvoraussetzung sind, damit sie ein Unternehmen überhaupt als Arbeitgeber in Betracht ziehen. Welche Werte das genau sind – da gehen die Studien und Meinungen deutlich auseinander. Oder besser: Sie zeigen, wie groß die Bandbreite und wie hoch die Diversität in der Generation Z wirklich ist.

Mir sind bei meinem künftigen Arbeitgeber vor allem flexible Arbeits-zeiten wichtig, aber auch eine gute Atmosphäre. Die Arbeit muss auch Spaß machen, ich will mich darauf freuen. (Isi, 15, Schülerin)

Homeoffice oder Inklusion?

Einige gute Anhaltspunkte finden wir zum Beispiel in der Randstad Employer Brand Research Studie von 2022 **(die ich im ▶ Bonus-Bereich zum Buch auch für Sie ausführlicher analysiert habe).** Für diese Analyse wurden 3727 Arbeiternehmerinnen und Arbeitnehmer sowie Arbeit Suchende in Deutschland befragt. Für uns ist hier besonders die Auswertung der wichtigsten Kriterien bei der Arbeitgeberwahl interessant.[46] Für die Generation Z gehören Arbeitsplatzsicherheit (60 Prozent), attraktives Gehalt und Sozialleistungen (56 Prozent) und finanzielle Stabilität (50 Prozent) zu den wichtigsten Faktoren bei der Arbeitgeberwahl. Moment mal – sind das nicht genau die Dinge, die eigentlich alle ansprechen? Was soll denn dann an der Gen Z so besonders sein?

Wie so oft, geht es weniger um eine fixe Zahl als um einen Trend. Und der ist deutlich. Denn allen anderen Generationen sind diese Faktoren deutlich wichtiger – die Differenz zwischen den Jüngsten und den Ältesten beträgt bis zu 18 Prozentpunkte. Es sind für die Gen Z also wichtige Werte, aber längst nicht mehr so wichtig, wie sie für ältere Semester sind (siehe Grafik nächste Seite).

Auch die Möglichkeit zu Homeoffice und Remote Work und der Standort des Arbeitgebers sind den Digital Natives zwar wichtig, aber auch hier von allen Generationen am wenigsten ausgeprägt. Generell ist der Generation Z Homeoffice nicht so wichtig, wie man es vielleicht erwarten würde – 53 Prozent gehen lieber in ein Büro, als von zu Hause aus zu arbeiten.[47]

Spannend wird es bei der gesellschaftlichen Verantwortung des Arbeitgebers. Dieser Faktor ist der Generation Z deutlich wichtiger

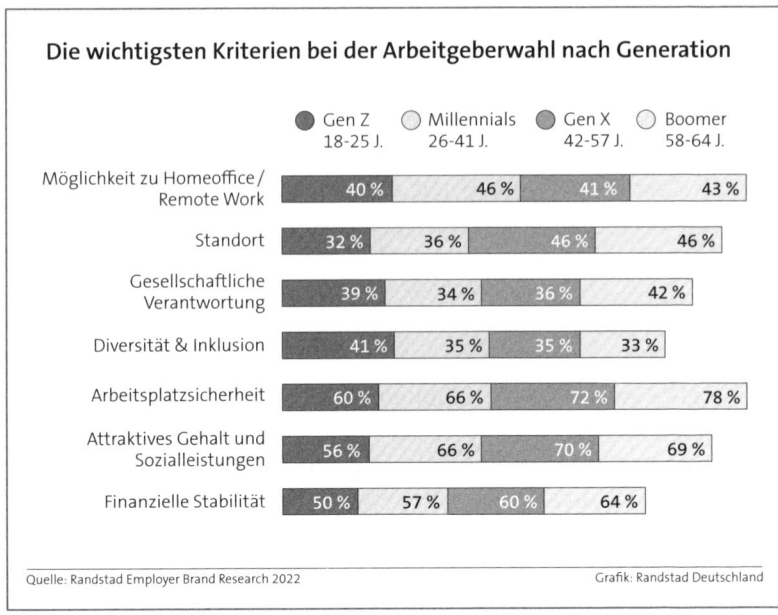

Die wichtigsten Kriterien bei der Arbeitgeberwahl nach Generation

● Gen Z   ○ Millennials   ● Gen X   ○ Boomer
18-25 J.   26-41 J.   42-57 J.   58-64 J.

	Gen Z	Millennials	Gen X	Boomer
Möglichkeit zu Homeoffice / Remote Work	40 %	46 %	41 %	43 %
Standort	32 %	36 %	46 %	46 %
Gesellschaftliche Verantwortung	39 %	34 %	36 %	42 %
Diversität & Inklusion	41 %	35 %	35 %	33 %
Arbeitsplatzsicherheit	60 %	66 %	72 %	78 %
Attraktives Gehalt und Sozialleistungen	56 %	66 %	70 %	69 %
Finanzielle Stabilität	50 %	57 %	60 %	64 %

Quelle: Randstad Employer Brand Research 2022   Grafik: Randstad Deutschland

(39 Prozent) als den Millennials (34 Prozent) und der Generation X (36 Prozent). Einzig den viel gescholtenen Boomern ist dieser Faktor noch wichtiger (42 Prozent). Wer hätte das gedacht? Allerdings scheinen die Zoomer konsequenter zu sein: 50 Prozent würden einen Job nicht annehmen, wenn sich das Unternehmen nicht proaktiv für mehr Nachhaltigkeit einsetzt.[48]

Den eigentlichen Unterschied aber macht der Faktor Diversität und Inklusion aus. Für Boomer (33 Prozent) und Gen X (35 Prozent) ist dieses Kriterium das unwichtigste. Auch bei den Millennials liegt es knapp auf dem vorletzten Platz (35 Prozent). Ganz anders bei der Generation Z: Für sie sind Diversität und Inklusion mit 41 Prozent innerhalb der Generationen der wichtigste Faktor – der höchste Wert in allen Generationen.

Damit lässt sich festhalten: Die Generation Z will natürlich immer noch ein gutes Einkommen und eine stabile Arbeitsplatzsituation. Das haben wir ja in unserer Eingangsanalyse bereits festgestellt – sie fühlt eine starke Unsicherheit und wünscht sich daher auch vom Arbeitgeber ein hohes Maß an Sicherheit. Das sind aber nicht die Faktoren, mit denen sich Arbeitgeber wirklich abheben können. Sie werden vielmehr einfach erwartet. Von den Jüngeren weniger als von den Älteren, aber dennoch. Auch Homeoffice und Remote sind eher Standard als ein echter Benefit. Anders sieht es bei der gesellschaftlichen Verantwortung und Diversität/Inklusion aus. Wer hier glaubhaftes Engagement vorzeigen kann, stärkt seine Employer-Brand bei der jungen Generation tatsächlich. **Eine Checkliste zur Gewinnung der Zoomer als Arbeitskräfte finden Sie im ▶ Bonus-Bereich.**

Mir ist Empathie bei meinem Arbeitgeber sehr wichtig, dass er bei Fehlern nicht gleich ausrastet. Meinen Ausbildungsplatz habe ich über eine Messe gefunden. Mich hat überzeugt, dass ich in der Firma auch weiterkommen kann, zum Beispiel den Meister machen.
(Can, 19, Auszubildender)

Sinn als Motivationsfaktor

In vielen Studien, aber auch in Gesprächen mit jungen Menschen zeigt sich immer wieder: Das Thema Sinn ist für die Gen Z enorm wichtig. Im Kontext »Was erwartet die Generation Z von ihrem Arbeitgeber« heißt das vor allem: Sie möchte einen Sinn in ihrer Tätigkeit sehen. In einer großen Studie des Personaldienstleisters Randstad von 2021 gaben ganze 74 Prozent an, dass sie einen Sinn ich ihrer Arbeit sehen möchten.[49]

Das geht eng einher mit der beschriebenen Werteorientierung und ist für Arbeitgeber sehr wichtig: Der Sinn eines Jobs muss bereits im Recruiting vermittelt werden. Zeigen Sie in Ihrer Stellenanzeige zum Beispiel, wie die Tätigkeit auf ein großes Ganzes einzahlt. Das kann etwa in Bezug auf Umweltschutz und Nachhaltigkeit der Fall sein, aber auch in Hinsicht auf gesellschaftliche Veränderungen wie Gleichberechtigung oder Stärkung der Demokratie. Hauptsache, die Tätigkeit »macht Sinn« – und dieser Sinn besteht eben nicht (nur) darin, eine bestimmte Anzahl an Stunden abzuleisten, die nächste Gehaltsstufe zu erklimmen oder mehr Umsatz zu machen als der Wettbewerb.

Ich will schon das Gefühl haben, etwas zu machen, was irgendwie
was bringt. Also wenn ich wüsste, mein Job macht die Welt irgendwie
ungerechter oder schlechter, würde ich das nicht machen wollen.
Dann lieber gar nichts arbeiten als sowas. (Jan, 19, Arbeit suchend)

Übrigens kann der Sinn bei vielen Vertretern der Gen Z durchaus auch eigennützig motiviert sein. Der Sinn kann auch darin liegen, selbst etwas Nützliches zu lernen, sich zu entwickeln oder seine künftigen Chancen zu verbessern. Diese Generation bringt allgemein ein hohes Interesse an Persönlichkeitsentwicklung und Weiterbildung mit (wenn sie unterhaltsam, kurzweilig und praktisch ist). Auch das lässt sich als Arbeitgeber nutzen.

Corporate Social Responsibility als Türöffner zur Gen Z

Werte wie Diversität, Inklusion und gesellschaftliche Verantwortung fallen unter den Begriff der Corporate Social Responsibility (CSR). Genau das erwartet die Gen Z von den Unternehmen, die sie als Arbeitgeber in Betracht zieht. Unter Corporate Social Responsibility versteht man die Verantwortung von Unternehmen gegenüber der Gesellschaft und der Umwelt, die über die reine Erzielung von Gewinnen hinausgeht. Das bedeutet, dass Unternehmen bei ihren Geschäftsentscheidungen nicht nur ökonomische Faktoren berücksichtigen sollten, sondern auch soziale und ökologische Aspekte.

CSR umfasst eine Vielzahl von Themen, wie zum Beispiel Umweltschutz, Menschenrechte, Arbeitsbedingungen, soziale Gerechtigkeit, Transparenz und Ethik in der Geschäftsführung sowie das Engagement in gemeinnützigen Projekten. Inwieweit die jungen Bewerberinnen und Bewerber bereit sind, in diesen Bereichen Kompromisse zu machen, hängt von vielen weiteren Faktoren ab. Aber ausgehend von ihrem Selbstverständnis ist es ihnen wichtig, dass jedes Unternehmen Googles ehemaliges Mission-Statement »Don't be evil« (jetzt: »Do the right thing«) so weit wie möglich beherzigt.

Wofür stehen Sie als Arbeitgeber nach innen und nach außen? Setzen Sie sich für Klimaneutralität ein, für CO_2-Reduktion, wie unterstützen Sie Transpersonen, wie wird in Ihrem Unternehmen überhaupt Diversität gelebt und gefördert etc.? Für viele Unternehmen kommen konkrete Fragen nach diesen Bereichen noch immer überraschend. Und konkret sollten die Antworten hier schon sein – mit einem Feigenblatt aus wohlklingenden Buzzwords lassen sich kritische Zler nicht mehr abspeisen.

In einem Gespräch schilderte mir eine erfahrene Personalerin und Global-Talent-Managerin, die weltweit auf Head- und C-Level gearbeitet hat, in einer Mischung aus Erstaunen und Empörung, wie sie von Gen-Z-Vertretern quasi zur Gesprächseröffnung gefragt wurde, warum auf der Unternehmenshomepage eigentlich nicht gegendert würde. Aus dieser Episode können wir mehrere Dinge ersehen: Erstens: Titel und Hierarchieebenen erschrecken die Gen Z nicht wirklich. Zweitens: Dass ihre Werte auch auf diese Weise nach außen getragen werden, ist ihnen wichtig.

Ich habe den zweiten Punkt bewusst vorsichtig formuliert, denn inwieweit Werte wie Diversität dadurch im Unternehmen auch tatsächlich gelebt werden müssen, ist – wir werden das sehen – Verhandlungsmasse. Trotzdem warne ich davor, Werte nach außen zu kommunizieren, die nach innen nicht gelebt werden. Ihre Zielgruppe hat ein feines Gespür für Authentizität und Vorwürfe wie Green- oder Pinkwashing sind schnell erhoben und noch schneller im Netz geteilt.

Pinkwashing und Greenwashing sind zwei Begriffe, die verwendet werden, um Praktiken von Unternehmen zu beschreiben, die versuchen, sich ein positives Image zu verschaffen, indem sie sich auf Themen wie Umweltschutz oder soziale Gerechtigkeit beziehen, aber in Wirklichkeit keine tatsächlichen Veränderungen vornehmen.

Pinkwashing bezieht sich auf den Versuch von Unternehmen, ihre Produkte oder Dienstleistungen durch die Verwendung von Symbolen oder Botschaften zu vermarkten, die mit der Unterstützung der LGBTQ+-Gemeinschaft assoziiert werden. Oftmals sind diese Marketingkampagnen jedoch nicht mit tatsächlichen Spenden oder Aktivitäten verbunden, die die jeweilige Organisation unterstützen. In anderen Fällen beschränkt sich der Aktivismus in diese Richtung auf die bekannten Aktionstage – abseits davon ist im Unternehmen wenig von Diversität und Akzeptanz zu spüren.

Greenwashing bezieht sich auf den Versuch von Unternehmen, ihre Produkte oder Dienstleistungen als umweltfreundlich zu bewerben, indem sie zum Beispiel bestimmte Umweltzertifikate tragen oder ihre Verpackungen als biologisch abbaubar oder recycelbar kennzeichnen. Oftmals sind diese Aussagen jedoch nicht durch tatsächliche Maßnahmen oder Praktiken gestützt und sollen nur das Image des Unternehmens verbessern. Und das hat vielleicht bei Babyboomern funktioniert und Generation X war es egal. Generation Z meint es ernst. Zumindest in Teilen.

Dr. Martin Emrich, Geschäftsführer von EMRICH Consulting und erfahrener Führungskräfte-Coach, berichtete mir im Interview aus seinem Berufsalltag: »Wenn in diesem Bereich wenig passiert, dann haben sie (die Gen Z) ein ganz großes Problem, dort zu arbeiten. Ich arbeite gerade für einen multinationalen Süßwarenhersteller in Italien. Ich nenne jetzt nicht den Namen, aber wir kennen ihn alle. Dort wird bei einer beliebten Schokoladencreme zum Beispiel Palmöl verarbeitet. Das ist ein Riesenproblem für die jungen Führungskräfte in diesem Unternehmen, weil sie privat dann eben von ihren Freunden – ich sage jetzt mal anderen 20-Jährigen – angefeindet werden. ›Was? Du arbeitest da?! Du weißt schon, dass in Indonesien der Tropenwald abgeholzt wird und Orang-Utans den Lebensraum verlieren, damit dein Palmöl hergestellt werden kann?!‹, hört man sich im privaten Umfeld nicht gerne an. Der Arbeitgeber hat auf diese Situation noch nicht wirklich reagiert. Das heißt, das Palmöl wird nicht substituiert, sondern es wird weiterhin verwendet, weil es eben günstig ist. Für viele dieser jungen Führungskräfte, mit denen ich dort arbeite, ist das ein riesiges Problem und hat bei manchen dazu geführt, dass sie einfach gegangen sind und woanders arbeiten.« **Das vollständige Interview mit Dr. Martin Emrich finden Sie im ▶ Bonus-Bereich zum Buch.**

Mangelnde Corporate Social Responsibility ist also für viele Vertreterinnen der Generation Z tatsächlich ein K.o.-Kriterium. Ebenso sind Inklusion und Vielfalt entscheidende Faktoren für die Generation Z bei der Entscheidung für oder gegen einen Arbeitgeber. Wenn Ihr Führungsteam ziemlich homogen (männlich, weiß, deutsch) ist, sollten Sie an Ihrer Diversität arbeiten, was allerdings Arbeitnehmern aller Generationen zugutekommt.

Fazit: Während auch das Gehalt für die Generation Z eine große Rolle spielt, gibt es viele andere Werte, die ihr wichtig sind. Vor allem, in Unternehmen zu arbeiten, deren Werte mit ihren eigenen übereinstimmen. Vielfalt ist für sie in vielerlei Hinsicht wichtig und bezieht sich nicht nur auf Ethnie und Geschlecht, sondern auch auf Identität und Orientierung. Kombiniert man diese Erkenntnisse mit ihren Vorlieben, wie sie arbeiten, wo sie arbeiten und mit wem sie arbeiten, bedeutet das, dass die allermeisten Unternehmen grundlegend ändern müssen, wie sie für Talente attraktiv werden und wie sie sie einstellen, binden und entwickeln.

WiFi ist wichtiger als WC

Ich habe es in diesem Buch schon einmal erwähnt, aber weil es so kurios ist, hier noch einmal: 40 Prozent der Generation Z ist ein funktionierendes WLAN am Arbeitsplatz wichtiger als ein funktionierendes WC.

Damit will ich nicht sagen, dass Sie auf die Funktionalität Ihrer Toilettenräume keinen Wert mehr legen sollten. Wir nehmen diesen Fakt mal mit einem Augenzwinkern auf. Er deutet aber auf etwas Wichtiges hin: Die Generation Z will auch am Arbeitsplatz nicht auf den gewohnten technischen Komfort verzichten, der sie von Kindesbeinen an begleitet hat. Diese Tatsache kann für Sie als Arbeitgeber entscheidend sein.

Besonders plakativ kommt diese Entwicklung in einer Studie zur Geltung, die DELL mit über 12.000 Schülern und Studierenden der Generation Z durchgeführt hat.[50] Für ganze 80 Prozent ist es bei ihrer Arbeitgeber- und Jobwahl wichtig, mit moderner Technologie zu arbeiten. Diese Haltung kommt auch in anderen Untersuchungen immer wieder zum Ausdruck. Wer privat das neueste iPhone besitzt und zu Hause Playstation VR zockt, wird beruflich kaum mit einem in die Jahre gekommenen Laptop und einer wackeligen Internetverbindung glücklich. Stattdessen sollte der Arbeitgeber Technologie und technologische Innovationen priorisieren, um das Interesse der Generation Z zu wecken. Das fängt bei der Ausstattung an und hört bei schlanken Prozessen und Weiterbildung in diesem Bereich nicht auf. Denn: 91 Prozent der Befragten geben an, dass die Technologie des potenziellen Arbeitgebers ihre Entscheidung bei der Stellenwahl beeinflusst. Das Smartphone, das im Bewerbungsgespräch neben der

HR-Verantwortlichen auf dem Tisch liegt, oder die Monitore, die der Bewerber beim Weg durch das Büro gesehen hat, können sich also durchaus positiv oder negativ auf das Recruiting auswirken. Und darüber hinaus: Die Nutzung moderner Apps wie Slack oder Notion, der Einsatz von AR, VR und KI, smarte Whiteboards oder generell ein hoher Digitalisierungsgrad sind für die Generation Z attraktiv, ja geradezu entscheidend. Solche Investitionen sind also nicht nur wichtig für die unternehmerische Tätigkeit, sondern auch für das Recruiting.

Auch Social Media kann wichtig sein. 82 Prozent geben an, dass sie Social Media bei der Arbeit für nützlich halten. Schnell mal einen Bekannten per LinkedIn nach einem Tipp gefragt, ein kurzes Tutorial bei YouTube angeschaut, eine Inspiration bei Instagram abgeguckt oder sich ein paar Minuten mit lustigen TikTok-Videos abgelenkt, um wieder Energie zu tanken: Social Media kann unglaublich zeitfressend und schädlich sein, aber ebenso wertvoll und nützlich. Der Gedanke jedenfalls, die Social-Media-Nutzung am Arbeitsplatz verbieten zu können, ist komplett sinnlos.

Bei aller Technologie-Affinität möchte die Gen Z trotzdem weiterhin menschlichen Kontakt. Und sie ist auch willens, ihr Wissen weiterzugeben. 77 Prozent der Befragten sind bereit, als Technologie-Mentoren für andere, auch Ältere, zu fungieren. Das kann die Grundlage für sehr werthaltige Weiterbildungsprogramme sein, wenn nicht nur die Neuen und Jungen von den Alten lernen sollen, sondern auch andersherum Offenheit besteht. Das trägt nicht nur zur Wertschätzung und Akzeptanz bei (zwei Werte, die der Gen Z sehr wichtig sind), sondern schöpft auch die Potenziale aller Generationen voll aus. Dieser Kontakt darf übrigens sehr gern von Mensch zu Mensch stattfinden. 75 Prozent erwarten, direkt von ihren Kollegen oder anderen Menschen zu lernen und nicht nur über Online-Programme.

Wylde Marke – Employer-Branding für die Generation Z

Eines der mächtigsten Instrumente, um junge Menschen als Mitarbeitende zu gewinnen, ist eine starke, bekannte und attraktive Arbeitgebermarke. Employer-Branding heißt das Zauberwort, da es die Situation umkehrt. Statt dass ein Unternehmen verzweifelt nach Arbeitskräften sucht, wird eine Employer-Brand von den potenziellen Bewerberinnen gefunden. Und auch alle anderen Recruiting-Maßnahmen werden leichter und erfolgreicher, wenn die Arbeitgebermarke »zieht«.

Warum überhaupt Employer-Branding?

Die Vorteile einer starken Employer-Brand sind mannigfaltig:

- *Mehr aktive Bewerbungen:* Unternehmen mit bekannten Marken verzeichnen mehr Bewerbungen, auch ohne selbst auf Bewerbersuche zu gehen. Bei Zalando, Kaufland oder Siemens wollen Menschen eher arbeiten als bei völlig unbekannten Marken. Dieser Effekt zeigt sich aber auch bei Marken, die weniger für ihre Produkte als für ihre Eigenschaft als Arbeitgeber bekannt sind. Ein hervorragendes Beispiel dafür ist die Firma ZIEHL-ABEGG, die in diesem Buch bereits angesprochen wurde und in diesem Kapitel noch vertieft vorgestellt wird.
- *Erleichterung beim Recruiting:* Auch wenn das Unternehmen Jobanzeigen schaltet oder Jobpostings in den sozialen Medien erscheinen, hilft eine gut positionierte und bekannte Arbeitgebermarke, dass die Entscheidung für eine Bewerbung schneller und leichter fällt. Employer-Branding unterstützt also auch die diversen Recruiting-Bemühungen.
- *Mitarbeiterbindung:* Ähnlich wie bei der Kundenakquise ist es deutlich günstiger und effektiver, einen Mitarbeiter zu halten, als einen neuen zu gewinnen. Eine hohe Fluktuation ist eines der Kernprobleme vieler Unternehmen. Auch hier hilft Employer-Branding. Die Deutsche Telekom ist ein gutes Beispiel. Mit den verschiedensten Maßnahmen wird die Arbeitgebermarke gestärkt, sodass die Mitarbeitenden stolz auf ihren Arbeitgeber sein können. Ich durfte in meinen Trainings im

Konzern viele Mitarbeitende kennenlernen, die seit Jahrzehnten im Magenta-Umfeld arbeiten. Klar, das hat viele Gründe. Eine starke Arbeitgebermarke ist aber sicherlich einer davon.

Auch abseits davon hilft eine Employer-Brand. Sie kann zum Beispiel zur Kostensenkung beitragen, die Zufriedenheit der Mitarbeitenden steigern (was wiederum die Bindung erhöht), die allgemeine Bekanntheit des Unternehmens steigern (ich hätte von ZIEHL-ABEGG nie etwas gehört und Tausenden Menschen und jetzt Ihnen davon erzählt, wenn das Unternehmen nicht durch seine Employer-Branding-Aktivitäten bei mir aufgeschlagen wäre) und ganz allgemein mehr Kontrolle über die Imagebildung und öffentliche Wahrnehmung in die Hand des Unternehmens legen. Wer also mehr als zwei oder drei Stellen pro Jahr zu besetzen hat, tut gut daran, an seiner Arbeitgebermarke zu arbeiten. Für die Ansprache der Generation Z gilt das ganz besonders.

Es lohnt sich also, nicht nur auf das Branding im Marketing besonderen Wert zu legen, sondern auch die Employer-Brand aktiv auf- und auszubauen. Und zwar so, dass das bei der Generation Z auch ankommt (mehr dazu finden Sie in der Checkliste »Employer-Branding für die Generation Z« im ▸ Bonus-Bereich).

Employer-Branding am Beispiel ZIEHL-ABEGG

Eines der besten Beispiele für genau dieses Prinzip ist das württembergische Familienunternehmen ZIEHL-ABEGG, auf das ich in diesem Buch bereits hingewiesen habe.

ZIEHL-ABEGG stellt als klassischer mittelständischer Hidden Champion Ventilatoren für die Industrie her. Nicht gerade ein sexy Produkt. Und sitzt in Künzelsau. Nicht gerade Berlin-Mitte. Und ist eben auch nicht Zalando, Google oder Lufthansa. Alles in allem nicht gerade der Arbeitgeber, der einem jungen Menschen als Erstes einfällt, wenn es an die Jobsuche geht.

Aus diesem Grund wagte ein kleines Team um Rainer Grill, den Leiter der Öffentlichkeitsarbeit, 2020 ein für den B2B-Sektor unerwartetes Experiment: Es eröffnete einen TikTok-Account. Damals war TikTok noch als Teenie-App für Tanzvideos, Lippensynchronisationen (»Lip Sync«) und vielleicht ein paar mutige hippe Brands bekannt. Ganz bestimmt aber nicht als Ort, an dem ein seriöses, international tätiges Familienunternehmen aus der Industrie auftreten sollte.

Aber es war eben auch die App, bei der die jungen Zielgruppen anzutreffen sind. TikTok stand monatelang auf Platz eins der Download-Charts in den App-Stores, immer mehr Jugendliche wanderten von Instagram zu TikTok und Eltern bekamen erste Nervenzusammenbrüche, weil ihre Kids offenbar nicht wussten, dass man die App auch wieder schließen konnte.

Also entschlossen sich Rainer und eine Handvoll Mitarbeitende, einen Versuch zu starten und erste TikTok-Videos zu produzieren. Um bürokratische Hürden, Abstimmungsschwierigkeiten und lange Dienstwege zu vermeiden, taten sie das (nach dem generellen Go durch einen Vorstand) nach Dienstschluss und mit privaten Smartphones.

Wenn Sie es noch nicht getan haben, empfehle ich Ihnen sehr, sich durch ein paar TikTok-Videos des Unternehmens zu klicken. So sehen Sie schnell, warum die Firma so erfolgreich ist. Sie spricht genau die Sprache des Kanals, macht keine plumpe Werbung, sondern greift Trends und Memes auf, persifliert Bürosituationen und präsentiert sich als Team und Unternehmen auf sehr sympathische Weise.

Dabei sind sich das Team und vor allem Rainer (selbst ja der Generation Ü50 angehörig) nie zu schade, sich selbst nicht zu ernst zu nehmen. So bestehen viele Videos aus »Pranks«, also Streichen, die »dem Chef« gespielt werden, oder aus überspitzten Büroerlebnissen. Und der Chef tanzt auch gern mal in Anzug und Krawatte mit seinen Mitarbeitenden. Dass er dabei etwas »fremd« wirkt, ist ein bewusst eingesetztes Stilmittel – dass er es trotzdem tut, macht ihn erst so sympathisch.

Das Ergebnis: über 100.000 Follower, diverse Erwähnungen in großen Medien (unter anderem in der FAZ, in der ARD, bei RTL und sogar bei der ZDF heute-show), der Deutsche Preis für Online-Kommunikation, der begehrte German Stevie Award und natürlich zahlreiche neue Bewerbungen und Einstellungen.

Wir werden in diesem Buch noch an der einen oder anderen Stelle

auf diesen Case zurückkommen. **Ein Interview mit Rainer Grill finden Sie im ▶ Bonus-Bereich zu diesem Buch.**

Was ist an dem Case von ZIEHL-ABEGG so besonders?

- Die Initiative kam von den Mitarbeitenden, die selbst der Generation Z angehörten. Sie war also ganz klar »bottom up« statt »top down«, was erstaunlich viele gut funktionierende Initiativen gemeinsam haben.
- Es gibt keine Strategie, keine Ziele und keine Erfolgskennzahlen. Das Team hat freie Hand und muss sich nicht vor Marketing, HR oder gar der Unternehmensführung für seine Ergebnisse verantworten. So gelingt Kreativität.
- Es fand sich mit Rainer Grill schnell eine Führungskraft, die offen war und den »Spaß« mitgetragen hat.
- Rainer Grill hat äußerst klug gehandelt. Er hat gar nicht erst groß gefragt, sondern ist einfach gestartet. Gleichzeitig hat er die Risiken für das Unternehmen minimiert, indem er selbst die Verantwortung übernommen, private Geräte und keine offizielle Arbeitszeit verwendet hat.
- Das Team besteht aus unterschiedlichen Charakteren – von jungen Mitarbeitenden der Gen Z bis hin zum stets Krawatte tragenden Rainer (der übrigens mittlerweile als »der Rainer von TikTok« bekannt ist und stets für den Chef des Unternehmens gehalten wird). Dadurch lassen sich verschiedenste Szenarien darstellen und die Charaktere ergänzen sich ideal.
- Das Unternehmen greift TikTok-typische Inhalte auf wie Sketche, die nachgespielt, oder virale Gags, die auf die eigene Situation angepasst werden. Dadurch entsteht ein hohes Identifikationspotenzial auf der Plattform, das Unternehmen wird als »einer von uns« angesehen anstatt als werbender Fremdkörper.

Mittlerweile haben auch andere Marken das Potenzial erkannt. So finden sich immer mehr Kommentare anderer Brands unter den Videos von ZIEHL-ABEGG. Die Marken nutzen die Aufmerksamkeit der Community – eine beliebte Maßnahme im Social-Media-Marketing und ein klares Signal für die Beliebtheit, die das Unternehmen mittlerweile aufgebaut hat.

Erfolgreiches Employer-Branding und Social-Media-Marketing leben auch von spontanen Chancen, wenn diese clever genutzt werden. Eine solche ergab sich im März 2023, als Rainer, Rebecca (der kreative Kopf des TikTok-Teams) und Co. nach Wien flogen, um sich ihren Employer Branding Award in Gold abzuholen. Die Deutsche Lufthansa nutzte diese Gelegenheit für einen gemeinsamen Livestream. Und erfüllte Rainer sogar einen Kindheitstraum, als er eine Durchsage am Gate machen durfte. Auch hiervon gibt es natürlich ein TikTok-Video, das mit knapp 30.000 Views nochmals einiges an Aufmerksamkeit auf die Marke gelenkt hat.

Bei TikTok ist ZIEHL-ABEGG nun schon seit einigen Jahren erfolgreich. Zeit, neue Gefilde zu erkunden. Warum also nicht BeReal ausprobieren?

BeReal gilt als *die* neue App der Generation Z. 2022 war sie unter den am meisten heruntergeladenen Apps der großen App-Stores, oft sogar auf Platz eins. Die App macht sich den Wunsch vieler Userinnen nach mehr »Echtheit« abseits von Filtern und übertriebener Inszenierung zunutze und führte dafür innovative Funktionen ein. Mittlerweile haben auch Instagram und TikTok die Kernfunktionen kopiert und in ihre Apps übernommen. Trotzdem genießt BeReal immer noch regen Zulauf.

Das Grundprinzip ist schnell erklärt: Einmal am Tag verschickt die App eine Benachrichtigung an alle User. Dann haben diese zwei Minuten Zeit, ein Foto in der App aufzunehmen und zu posten – gleichzeitig mit der Vorder- und Rückkamera des Smartphones. Nur wer gepostet hat, kann auch sehen, was andere gepostet haben. Nach 24 Stunden werden alle geposteten Inhalte wieder gelöscht und das Spiel geht von Neuem los.

Der Reiz? Da jeder nur zwei Minuten Zeit hat, bleibt kaum Raum für eine bewusste Inszenierung. Stattdessen soll die App echte Einblicke in das Leben der Menschen bieten und zeigen, was die eigenen Kontakte (oder völlig Fremde) *jetzt* gerade tun. Da jeder aktiv posten muss, um überhaupt teilnehmen zu können, ist die Quote der inaktiven Beobachter-Accounts gering. Ein ziemlich interessantes Konzept also, das bei der Generation Z enormen Anklang findet.

Lässt sich das auch im Employer-Branding einsetzen? Das wollte ZIEHL-ABEGG herausfinden und startete einen Testballon. Auch hier wieder in der bewährten Manier: Einfach mal loslegen, ohne das im Unternehmen groß anzukündigen, ohne Zielvorgabe, ohne Strategie. Das Kernteam aus TikTok legte sich Accounts an, in einem TikTok-Video wurde das neue Engagement auf der beliebten Plattform verkündet. Den ganzen Januar 2023 hindurch wurde BeReal täglich von den beteiligten Mitarbeitenden bespielt, bevor es in eine Auswertungsrunde ging.

Die Erfahrungen waren tatsächlich gemischt, »von bis«, wie Rainer es formuliert. Für das Employer-Branding allerdings war der Kanal zum damaligen Zeitpunkt nur eingeschränkt zu gebrauchen, da jeder Account ein Kontaktlimit von 200 Personen hat und die mögliche Reichweite daher gering ausfällt. Das kann sich aber jederzeit ändern. Und immerhin: Noch im Januar gingen zwei Bewerbungen ein (darunter ein ausgebildeter Ingenieur), die sich eindeutig auf BeReal und die Aktivitäten des Teams dort bezogen. Beide Personen wurden tatsächlich eingestellt. Das ist für einen reinen Test auf einer eigentlich recht abwegigen Plattform ein beachtliches Ergebnis.

Das möchte ich Ihnen als Meta-Botschaft an dieser Stelle mitgeben: Mir geht es nicht so sehr darum, dass TikTok jetzt der einzig wahre Kanal für die Ansprache der Generation Z ist oder dass Sie Ihre Mitarbeitenden verpflichten müssen, sich bei BeReal zu präsentieren, um junge Menschen zu erreichen. Das ist ständig im Fluss. Es ist denkbar, dass TikTok bereits verboten ist, wenn Sie dieses Buch in den Händen halten. Oder dass BeReal Corporate Accounts eingeführt hat und ausgefeilte Werbesysteme für Unternehmen anbietet, die aktuell noch gar nicht absehbar sind.

Es geht vielmehr darum, ständig die Augen offen zu halten, am Puls der Zeit zu sein und neue Dinge auszuprobieren. TikTok dürfte – wenn die Verbotsdebatte zugunsten der Plattform ausgeht – noch eine Weile relevant bleiben. BeReal kann schon bald wieder vergehen oder zum nächsten großen Ding aufsteigen. Das lässt sich unmöglich voraussagen. Unternehmen wie ZIEHL-ABEGG, die trotz gewachsener Strukturen und konservativer Tradition agil genug sind, schnell Neues zu testen, Erfahrungen zu sammeln und sich zu positionieren, werden da aber enorme Vorteile haben. Auch wenn morgen die nächste aufstrebende Social-Media-Plattform am Horizont erscheint – was spricht dagegen, einfach mal einen Testballon zu starten, die App und ihre Funktionen auszuprobieren und auszuloten, ob sich dort eine Chance für das Employer-Branding der

Generation Z bietet? Genau so hat ZIEHL-ABEGG angefangen. Heute blickt die Konkurrenz neidisch auf den Erfolg; den Mut und die Weitsicht, den dubiosen Teenie-Kanal früher als alle anderen zu testen, hatte allerdings damals niemand.

TikTok und BeReal sind nicht die einzigen Maßnahmen, die ZIEHL-ABEGG für das Employer-Branding in Richtung Generation Z einsetzt. Ein weiteres, sehr beliebtes Hobby gerade männlicher Vertreter unter den Digital Natives ist E-Sports. Was hierzulande oft immer noch als sinnlose Ballerei und Zocken zum Zeitvertreib betrachtet wird, ist weltweit bereits ein gigantischer Wirtschaftszweig. Das Asiatische Olympische Komitee nahm E-Sports 2022 als offizielle Sportart in die Asienspiele auf. Für 2025 prognostizieren Experten weltweite Zuschauerzahlen von über 640 Millionen Personen bei E-Sports-Turnieren, der weltweite Umsatz in diesem Bereich soll auf über 1,87 Milliarden Dollar steigen. Teilweise schütten Turniere bereits Preisgelder in zweistelliger Millionenhöhe aus.[51]

Auch in Deutschland sind E-Sports-Spiele wie CS:Go oder League of Legends bei jungen Menschen äußerst beliebt. Das haben mittlerweile auch Unternehmen entdeckt. Marken wie ALDI oder Kaufland sponsern eigene Teams, Pringles hat bereits vor Jahren seine Werbebudgets von der Bundesliga in E-Sports und Gaming umgeschichtet. Selbst Luxusmarken wie Gucci oder Louis Vuitton werben im E-Sports-Umfeld und ein Match zwischen dem FC Bayern München und dem FC Barcelona muss heute nicht mehr in der Fußball-Champions-League ausgetragen werden, sondern kann auch im Rahmen eines E-Sports-Turniers stattfinden.

ZIEHL-ABEGG nutzt diesen Hype, obwohl es nicht in die Riege der genannten Mega-Marken gehört. Aber sie setzen dort auch nicht auf die große Markenbekanntheit, sondern eben auf Employer-Branding. Denn junge, IT-affine Männer (und zunehmend auch Frauen, wenn auch noch in der starken Minderheit) lassen sich über das Thema E-Sports auch für potenzielle Arbeitgeber interessieren.

Bei ZIEHL-ABEGG treffen sich Mitarbeitende schon länger nach Feierabend zu gemeinsamen Gaming-Runden, ganz im Stile einer Betriebssportgruppe, nur eben digital. Das zahlt sicher auch auf das Wohlbefinden der Mitarbeitenden und damit auf die Mitarbeiterbindung ein, hat aber wenig Außenwirkung. So entstand die Idee, einen Schritt weiter zu gehen und ein eigenes E-Sports-Turnier anzubieten.

Dieses erste Turnier fand 2021 in den Hallen des Unternehmens statt. Gezockt wurden Rocket League und League of Legends, zwei der beliebtesten E-Sports-Spiele überhaupt. Die Überlegung, stattdessen ein bestehendes Turnier oder Team zu sponsern, wurde schnell verworfen. Etwas Eigenes bot ein viel attraktiveres Kosten-Nutzen-Verhältnis.

Wie sehr auch hier das Vertrauen in die Kompetenz der Mitarbeitenden gefragt ist, zeigt das Beispiel der Logos. Bei ZIEHL-ABEGG gibt es, wie bei jedem Industrieunternehmen, für jedes Detail Regeln. Unter anderem auch dafür, wie Logos auf T-Shirts zu platzieren sind, nämlich klein auf der linken Brust. So waren auch die Shirts für das Turnier designt. Bis Rainers Sohn – ebenfalls Mitarbeiter bei ZIEHL-ABEGG und begeisterter E-Sportler, ihn darauf aufmerksam machte, dass im E-Sports die Logos großflächig auf dem Bauch der Spielershirts platziert werden. Nach Rücksprache stellte sich heraus, dass die E-Sportler im Unternehmen bereits darauf hingewiesen, aber vom Marketing mit »Das Corporate Design gilt für alle« überstimmt wurden. Jetzt wäre Rainer nicht Rainer, wenn er sich nicht (erfolgreich) für das abweichende Design eingesetzt hätte. Und damit dem Unternehmen eine ziemliche Blamage als offensichtliche »Noobs« im Gaming-Bereich erspart hat. Corporate Design ist wichtig, aber kein Selbstzweck. In diesem konkreten Fall war es eine gute Entscheidung, auf die jungen Mitarbeitenden zu hören, die sich besser mit der »neuen« Materie auskennen als die alteingesessenen Hüter der Marke.

Mittlerweile fanden bereits mehrere Turniere bei ZIEHL-ABEGG statt. Die Teilnehmenden kommen inzwischen aus ganz Europa, was der schwäbischen Provinz sofort ein internationales Flair verleiht.

Es ist eine Sache, dass sich so plötzlich Dutzende junger Menschen in die Werkshalle verirren, die sonst nie Kontakt zu diesem Unternehmen gehabt hätten. Noch mal eine andere ist die allgemeine Außenwirkung auf junge Menschen. ZIEHL-ABEGG hat uns verstanden. ZIEHL-ABEGG macht etwas, was andere Unternehmen nie machen würden. ZIEHL-ABEGG ist »einer von uns«. Coolness-Faktor 100.

Was bringt das alles für ZIEHL-ABEGG? Inwiefern profitiert ZIEHL-ABEGG nun von all diesen Maßnahmen? Wenn man von der medialen Berichterstattung (ganzseitige Artikel in der FAZ, diverse Features bei ARD, ZDF, Spiegel TV, RTL, N-TV, ARTE etc.) und den zahlreichen gewonnenen Awards absieht, zahlen alle Maßnahmen stark auf die Employer-Brand ein, was ja auch das Ziel dieser ganzen Aktivitäten ist. Das wirkt sich auf verschiedene Weise aus. Zum einen unterstützt die Employer-Brand alle sonstigen Recruiting-Maßnahmen. Ein Stand auf einer Azubi-Messe oder Maßnahmen in Schulen und Hochschulen sind deutlich effektiver, weil das »ja die von TikTok sind«. So ist das Unternehmen nicht nur von vornherein attraktiver und ein Gesprächseinstieg viel leichter zu schaffen, sondern die Gesprächspartner haben zudem das Gefühl, ZIEHL-ABEGG schon lange zu kennen.

Ein lustiger Nebeneffekt der Aktivitäten des Unternehmens ist übrigens, dass Rainer Grill, der ja eigentlich »nur« Pressesprecher und Leiter der Öffentlichkeitsarbeit ist, mittlerweile für den »Chef« von ZIEHL-ABEGG gehalten wird. So wurden offenbar schon Vorstände des Unternehmens gefragt, ob sie unter Rainer arbeiten, was intern heiß diskutiert wurde. Rainer wird mittlerweile auch regelmäßig beim Einkaufen oder auf der Straße erkannt (»Hey, ich kenne Sie von TikTok!«) und auf Messen angesprochen als »der von TikTok«. Und natürlich, wie es sich für einen Promi gehört, um Selfies gebeten. Hier zeigt sich, wie schnell sich ein Gag aus den Videos (Rainer als der »Chef«) im echten Leben verselbstständigen kann. Aber auch, wie mächtig TikTok und andere Social-Media-Kanäle bei der Gestaltung der öffentlichen Wahrnehmung sind.

Ein weiterer Nebeneffekt, der Rainer begeistert hat: Große Kunden kommen auf ZIEHL-ABEGG zu und laden das TikTok-Team ein, zusammen beim Kunden Videos zu drehen. Auch wenn es hier nicht um Kundenbindung geht – schädlich sind solche ungeplanten Effekte sicherlich nicht …

Dass die Attraktivität als Arbeitgeber steigt, zeigt sich auch deutlich in den Kommentaren. Der Nutzer »Torstenmayen« schreibt zum Beispiel am 21.01.2023 unter einem Video: »Ich bin Industriemechaniker-Meister. Berufserfahrung 33 Jahre. Hätte ich Chancen bei euch?« Sollte das etwa eine dieser viel gesuchten Fachkräfte sein, die gerade aktiv Interesse an einer Bewerbung gezeigt hat, und das auf einer vermeintlichen Teenager-Plattform? Solche Kommentare finden sich reichlich, oft auch von Personen, die gerade ihre Bewerbung abgeschickt haben, was den Vertrauenseffekt auf andere potenzielle Bewerberinnen nochmals verstärkt.

Denn das ist der größte Nutzen: Es bewerben sich spürbar mehr Menschen. Und das laut Rainer Grill auch für Jobs, die äußerst schwer zu besetzen sind, wie IT-Fachkräfte, strategische Einkäufer oder Fachkräfte für Zoll- und Außenwirtschaft. Überwiegend junge Menschen mit Berufserfahrung. Hier lag nämlich der größte Irrtum, dem ZIEHL-ABEGG anfangs erlegen ist. Da TikTok als reine Teenager-App verrufen war (zu ihren Anfangszeiten 2020 noch mehr als heute), ging das Unternehmen davon aus, vor allem Schüler zu erreichen. Das wäre dann eben für Praktika, dual Studierende oder Ausbildungsstellen interessant gewesen.

Schnell hat sich aber gezeigt, dass die Interaktionen unter den Videos eher von Young Professionals kommen, also längst nicht nur von Teenagern (die den Großteil der Bürowitze und Sketche ja gar nicht nachvollziehen können). Auf TikTok ist eben die komplette Generation Z unterwegs, vom Fast-Schon-Gen-Alpha-Teenie bis hin zum Endzwanziger, der bereits eine Führungsrolle im Unternehmen ausfüllt. Und jeder Account findet seine Zielgruppe, richtige Maßnahmen und Durchhaltevermögen vorausgesetzt. Der Algorithmus analysiert die Watchtime und die Interaktionen und spielt die Videos entsprechend aus. So sehen eben 15-Jährige keine Videos über Büro-Situationen mehr, sondern diese Videos erreichen eher Menschen Anfang 20.

Bei ZIEHL-ABEGG führt das Employer-Branding in all seinen Facetten zu nachweisbar mehr Bewerbungen und direkten Einstellungen. Es geht dabei gar nicht darum, klassische Maßnahmen wie Stellenanzeigen auf Jobportalen oder Berufsmessen zu ersetzen, sondern zu ergänzen und mehr Kontrolle und Reichweite zu bekommen. Besser kann es für ZIEHL-ABEGG gar nicht laufen. **Ein Interview mit Rainer Grill finden Sie im ▶ Bonus-Bereich zum Buch.**

Und es ist bei Weitem nicht das einzige Unternehmen, das die Macht von Tiktok & Co. nutzt. Es gehörte nur zu den ersten. Mittlerweile sieht man ähnliche Maßnahmen auch bei vielen anderen Unternehmen und Organisationen, die TikTok für ihre Employer-Branding-Strategie nutzen. Hier nur ein paar Beispiele, alle Zahlen sind vom April 2023:

- Polizei Nordrhein-Westfalen (@polizei.nrw), 530.000 Follower, 6,4 Millionen Likes
- Würth Elektronik (@wuerth_elektronik_group), 4588 Follower, 134.000 Likes
- REWE Karriere (@rewekarriere), 103.000 Follower, 3,2 Millionen Likes
- Volksbank Mittelhessen (@vbmittelhessen), 42.000 Follower, 738.000 Likes
- Klinikum Dortmund (@klinikumdo), 78.000 Follower, 1,4 Millionen Likes

So unterschiedlich die Branchen dieser Unternehmen und Organisationen auch sind, auf TikTok setzen sie alle auf eine ähnliche Strategie: authentische Einblicke in den Arbeitsalltag, lustige Inszenierungen, das Aufgreifen von TikTok-Trends. In der Regel mit Akteuren aus der Generation Z vor und/oder hinter den (Smartphone-) Kameras, gern aber auch im Zusammenspiel mit älteren Semestern. Sie fügen sich also nativ in den Kanal ein, sprechen die Sprache der Zielgruppe, stellen Unterhaltung und Spaß in den Vordergrund. Eins sucht man dabei vergeblich: direktes In-den-Vordergrund-Stellen der vermeintlich tollen Arbeitgeberleistungen oder plumpe Jobbeschreibungen. Diese Inhalte werden, wenn überhaupt, elegant in Storys verpackt. Nur so gelingt authentisches Employer-Branding in Social Media.

Ich habe meinen aktuellen Job über eine Stellenanzeige bei einer großen Jobbörse gefunden. Bevor ich mich beworben habe, habe ich aber schon geschaut, was die so in Social Media machen. Über Instagram habe ich ein gutes Gefühl bekommen, dass das Unternehmen zu mir passen könnte. Besonders die Storys fand ich sehr aufschlussreich. Dort wurden echte Eindrücke aus dem Arbeitsalltag gezeigt. Das hat mich neugierig gemacht. Ja, ich würde schon sagen, dass Instagram einen wichtigen Einfluss auf meine Bewerbung bei dem Unternehmen hatte. (Hannah, 23, Projektmanagerin)

- In den meisten Fällen funktioniert es besser, dem Employer-Branding klare und wiedererkennbare Gesichter zu widmen. So bauen die Zuschauerinnen eine Beziehung zu den Personen in den Videos auf, es entsteht eine ähnliche Verbundenheit wie bei einer TV-Serie. Dafür benötigen Sie natürlich Personen, die überhaupt das Gesicht des Unternehmens werden wollen.
- Freiraum und Vertrauen für innovative Ideen zu schaffen, ist essenziell für erfolgreiches Employer-Branding (nicht nur) in den sozialen Medien. Viele der Kanäle funktionieren anders, als man es aus dem klassischen Recruiting gewöhnt ist.
- Es ist eine gute Idee, junge Mitarbeitende in die Employer-Branding-Aktivitäten einzubeziehen. Sie bringen viele Ideen mit, sprechen die Sprache des Kanals, wirken vertrauenssteigernd. Trotzdem sollten Sie das Ganze nicht an die sprichwörtlichen Praktikanten »auslagern«. Im Team sollten immer auch erfahrene Unternehmensveteranen vertreten sein, die die Unternehmenswerte kennen, die Branche verstehen und auf die Einhaltung der verschiedenen geschriebenen oder ungeschriebenen Regeln achten.

Influencer als Botschafter der Arbeitgebermarke?

Die Stellung von Influencern in der Generation Z gehört zu den Phänomenen, die älteren Generationen oft nur schwer zu vermitteln sind. Warum sollte man irgendeine fremde Person anhimmeln, die sich mit ihren seltsamen Videos in einem schwer zu ertragenden Maße selbst inszeniert?

Wir gehen auf das Prinzip Influencer im Marketing-Kapitel noch vertieft ein. Denn da verortet man diese Beeinflusser – wenn überhaupt – noch am ehesten als für Unternehmen interessant. Doch auch im Kontext von Recruiting und Employer-Branding sind Influencer ein mächtiges Werkzeug. Denn auch hier entfalten sie ihre Wirkung: Sie bringen Reichweite und Vertrauen in einer Zielgruppe mit, in die das Unternehmen, dem beides fehlt, gerne vordringen möchte. Also kauft man sich diese Reichweite durch eine Influencer-Kooperation ein. Und das funktioniert im Arbeitgebermarketing ebenso gut wie für die Bewerbung von Produkten.

Ein beliebtes Format besteht darin, eine Influencerin einzuladen, die dann für einen bestimmten Zeitraum einen bestimmten Beruf ausprobiert und von den Erfahrungen berichtet. Bereits vor einigen Jahren kooperierte die Bundespolizei auf diese Weise mit dem bekannten YouTuber Felix von der Laden. So verbrachte Felix im gleichnamigen Video einen Tag als Bundespolizist und ließ sich vom Polizeipräsidenten persönlich durch den Berliner Hauptbahnhof führen. Ein Jahr später verbrachte er einen Tag als Bundespolizeianwärter inklusive Sport- und Selbstverteidigungstraining, Theorieunterricht und Einsatzszenarien.

Die Meinung von Influencern, denen ich selbst folge, hat schon einen Einfluss bei mir. Wenn da jemand ein Unternehmen vorstellt, schaue ich mir das an. Das ist auf jeden Fall interessanter, als eine Website zu besuchen oder so. (Felix, 17, Schüler)

Die Videos im Vlog-Stil (eine Art Video-Tagebuch) wurden auf Felix' YouTube-Kanal hochgeladen und erreichten 570.000 und eine Million Aufrufe (wobei hier gesagt werden muss, dass bei YouTube ein View erst bei 30 Sekunden gezählt wird, im Gegensatz zu TikTok oder Instagram Reels, wo direkt das Starten des Clips als Aufruf zählt). Neben dem quantitativen Erfolg durch die hohe Reichweite zeigt ein Blick in die Kommentare auch das qualitative Ergebnis: Jeweils weit über 1.000 Kommentare, in denen junge Menschen sich weiter über den Polizeiberuf austauschen, von ihrer gerade abgeschickten Bewerbung berichten oder erzählen, dass dieses Video ihren Entschluss, sich zu bewerben, noch verstärkt habe.

Hier zeigt sich, wie mächtig dieses Instrument ist. Es entfaltet eine völlig andere Wirkung, wenn eine beliebte Identifikationsfigur wie Felix von einem potenziellen Arbeitgeber berichtet, in seiner Sprache und im Stil seiner Videos, als wenn die Polizei selbst einen aufwendigen Imagefilm produzieren lässt und versucht, darüber junge Interessenten für sich zu gewinnen. Letzteres wird auch immer ein Teil des Employer-Brandings bleiben; der Vertrauensvorschuss, den ein Influencer mitbringt, bleibt dabei aber außen vor.

Einen völlig anderen Ansatz verfolgt die Deutsche Bahn bei ihrer Kooperation mit Uschi. Uschi ist 82 und Teil des überaus sehenswerten YouTube-Kanals »Senioren zocken«, auf dem, nun ja, Senioren zocken. Über 750.000 Abonnenten feiern die Gaming-Videos der Rentner und bescherten dem Kanal eine Gesamt-Aufrufzahl von etwa 80 Millionen Views. Daneben ist Uschi auch auf dem Kanal »Oma geht steil« aktiv, dem nochmals 180.000 Menschen folgen.

Die Bahn produzierte mit Uschi Anfang 2021 eine Reihe von kurzen Clips im Rahmen der Recruiting-Kampagne »Willkommen, du passt zu uns«. Im Vordergrund standen Ausbildungsberufe und duale Studienplätze, bevorzugt angesprochen werden sollten junge Frauen.

Die Uschi-Kampagne umfasste 16 hochformatige Video-Ads für Instagram, Facebook und Snapchat. Jedes Video hob spezifische Vorteile und Leistungen der Deutschen Bahn als Ausbildungsbetrieb und Arbeitgeber hervor, wie die garantierte Übernahme mit Jobgarantie im Anschluss an Lehre oder Studium oder Freifahrten. Dadurch, dass Uschi schon eine hohe Bekanntheit in der Zielgruppe mitbrachte und in den Video-Ads ihre gewohnt sympathische, flapsige Art einbringen konnte, ist sie als Influencerin eine ideale Kooperationspartnerin für die Bahn. Natürlich könnte das Unternehmen auch eine Schauspielerin als »Oma« engagieren. Das Ergebnis wären sicherlich witzige Clips. Die eigentlichen Vorteile des Influencer-Marketings – Wiedererkennungseffekt, Sympathieübertragung und Reichweitenbonus – würden dabei aber wegfallen.

Wie weit man den Spielraum des Influencer-Marketings im Recruiting und Employer-Branding ausreizen kann, zeigt EDEKA regelmäßig. Nie aber so deutlich wie beim Video mit den Ost Boys.

Die Ost Boys waren ein Influencer-Duo auf YouTube, die etwas überzogen und klischeehaft, aber durchaus intelligent-humoristisch Berlin-Marzahn-Stereotype darstellten. Auf den Boden spucken, pausenlos fluchen oder Erzählungen von ihren Erfahrungen mit Prostituierten waren wiederkehrende Elemente von »Deutschlands asozialster Webserie«, wie die beiden Protagonisten Vladik und Slavik ihren Kanal bezeichneten. Ist das wirklich ein gutes Umfeld für seriöse Marken?

EDEKA schien dieser Ansicht gewesen zu sein. Immerhin können die beiden Hunderttausende Abonnenten auf YouTube und Instagram vorweisen. Ihre Rollen sind gespielt, im echten Leben sind Vladik und Slavik Schauspieler bzw. Regisseur. Vielen der Anhänger ist das bekannt, sie schätzen das Format als Unterhaltung ein, weniger als Real-Life-Doku aus der Berliner Unterschicht. Die ZEIT bezeichnete die Ost Boys als »brutal lustig«[52], auch im PRO7-Format »Late Night Berlin« waren die beiden zu sehen. Unbestreitbar bringen die zwei also Reichweite, Bekanntheit und vor allem »street credibility« mit und erreichen junge Zielgruppen direkter und besser, als EDEKA selbst es kann. So kam es zur Kooperation – einer der mutigsten, die ich je gesehen habe.

Die Story des Videos ist simpel: Die Ost Boys bekommen von EDEKA Geld, um dafür ein Video aufzunehmen und die Jobmöglichkeiten im Lebensmittel-konzern vorzustellen. Entsprechend beginnt das Video mit einem Blick in eine EDEKA-Tüte voller Bargeld und der Off-Stimme »Guck, wie viel Kohle haben wir bekommen, um einen Film zu machen!« Die nächsten 60 Sekunden sind ein wilder Zusammenschnitt, wofür die beiden das Geld auf den Kopf gehauen haben – ein gemieteter Lamborghini, Gucci-Taschen und Luxusuhren, Cham-pagner in XXL-Flaschen, Bikini-Mädchen, Königsmantel mit Krone, Helikopter-flüge – nur der Versuch, im Tierpark einen Tiger zu kaufen, endete mit dem Rauswurf aus dem Zoo. Wird geflucht? Klar. Wird auf den Boden gespuckt? Nicht nur einmal.

Schnitt – nächste Szene Besprechung in einem EDEKA-Meetingraum, bei dem die beiden ihr Werk vorstellen. Die kritische Nachfrage einer EDEKA-Personal-verantwortlichen, was denn die Aussage des Films sei und wo die gewünschte Vorstellung der Berufe bleibe, wird mit einem tiefgründigen »Wenn man Geld ausgeben will, muss man Geld verdienen oder so« und einem mit dem rest-lichen Budget von augenscheinlich null Euro zusammengestümperten Handy-video einiger Ausbildungsberufe beantwortet. Am Ende bleibt der Zuschauer mit offenem Mund zurück, wovon er gerade Zeuge geworden ist (bevor noch mal kräftig auf den Boden gespuckt wird, natürlich).

Meine kurze Beschreibung hier klingt verrückt? Das Video ist noch viel verrück-ter. Sie können es sich unter https://Genzbu.ch/ostboys ansehen.

Aber genau das macht es so genial. EDEKA überschreitet mit dieser Koopera-tion die Grenzen all dessen, was man üblicherweise von einer bekannten Marke aus dem Einzelhandel erwarten würde. Witz ja, aufsehenerregende

Stunts klar, aber so was? In meinen Vorträgen erntet das Video oft Szenen-
applaus, aber auch viel Ablehnung. Und genau das macht es ja so erfolgreich.
Denn es fügt sich nahtlos in die Videos der Ost Boys ein und damit in das, was
die Zuschauer erwarten. Es ist übertrieben krass, respektlos, hart – ein Unternehmen, das so etwas mitmacht, *muss* einfach cool sein. Wäre es EDEKA lieber,
wenn die hübsch gestalteten Stellenanzeigen und Imagevideos genauso gut
ankommen würden? Vermutlich. Das tun sie aber nicht. Also überschreitet das
Unternehmen Grenzen. Und das sehr erfolgreich: über eine Million Aufrufe
(dazu weitere fünf Millionen bei Facebook), mehr als 25.000-mal wurde der
Like-Daumen gedrückt. Auch ein Blick in die Kommentare zeigt, wie gut die
Kampagne ankam. »EDEKA ist plötzlich legit [cool] geworden« ist nur eine von
Hunderten positiven Anmerkungen. Einige Kommentatoren berichten davon,
dass EDEKA an ihren Schulen war und das Video vorgeführt habe. Wie gut das
bei den Teenagern ankam im Vergleich zu den üblichen Hochglanzformaten
und Corporate-Wording-verseuchten Imagefilmen, kann man sich gut aus-
malen. Auch die Anzahl der Bewerbungen sei nach dem Video gestiegen, wie
EDEKA auf einem Branchenevent verriet.[53]

Als Marketing-Experte habe ich noch einen anderen Blick auf das
Video. Ich möchte Ihnen dringend raten, das Video mehrmals anzusehen (es tut mit jedem Mal weniger weh, versprochen). Es ist
so vollgepackt mit kleinen versteckten Gags und kleinen Anspielun-
gen, die man unmöglich beim ersten Mal mitbekommt. Ist Ihnen die
Shisha im EDEKA-Meetingraum aufgefallen? Oder dass der Protago-
nist, der den Beruf des Frischespezialisten vorstellt, in einem kurzen
Schnitt vom Handy abliest? Und wie subtil die EDEKA-Botschaften
im zweiten Teil des Videos eingebaut wurden? Ganz großes Kino!

Muss man also so weit gehen, wie EDEKA es bei dieser Kooperation tat? Nein, bestimmt nicht. Sie bestimmen, wo Ihre Schmerz-
grenze liegt, was andere mit Ihrer Marke assoziieren sollen, welche
Influencer zu Ihrer Recruiting-Strategie passen und wie Sie am Markt
auftreten wollen. Aber es lohnt sich, sich bis zu einem gewissen Grad
auf die Sprache, die Erwartungen und die Gewohnheiten der Generation Z einzustellen. Allein schon, um das Rauschen zu durchbre-
chen, das in Form von unzähligen Werbeanzeigen, Postings, Direct
Messages und sonstigen Botschaften auf jeden User einprasselt. EDE-
KA ist das definitiv gelungen.

Die junge Generation fordert »Authentizität« – doch was heißt das eigentlich? Ein Faktor, der authentisch macht, ist Konsistenz. Definieren Sie Ihre Kernwerte und kommunizieren Sie diese stringent und ausdauernd. Ein Unternehmen, das heute über Umweltschutz postet, morgen mit einem LGBTQ+-Influencer zusammenarbeitet und übermorgen eine Aktion zugunsten von Flüchtlingen sponsert, tut sicher viel Gutes – wirkt aber weniger authentisch als eine Firma, die sich einem oder zwei »Causes« verschrieben hat und diese konsequent und dauerhaft verfolgt. Vor allem kleinere Unternehmen sollten sich auf spezifische Werte fokussieren.

Wesentlich für Authentizität ist der englische Sinnspruch »Walk the talk«, also das zu tun, was man predigt. Achten Sie darauf, dass Ihr Außenauftritt, Ihre Produkte und Leistungen und Ihre gesamte Kommunikation die gleiche Botschaft senden. Kongruenz macht authentisch.

Und schließlich: Verstellen Sie sich nicht. Nicht jeder kann cool sein. Aber jeder kann den Auftritt, den Content und die Sprache finden, die zu ihm passen. Das dann stringent durchziehen und dazu stehen – das macht authentisch.

Influencer-Marketing im Recruiting

- *Auswahl des passenden Influencers:* Wählen Sie einen Influencer aus, der zu Ihrer Branche, Unternehmenskultur und Ihren Werten passt. Achten Sie auf die Authentizität und Glaubwürdigkeit des Influencers, um Vertrauen bei den potenziellen Bewerberinnen und Bewerbern aufzubauen.
- *Follower-Analyse:* Prüfen Sie die Follower-Basis des Influencers, um sicherzustellen, dass dessen Reichweite und Interaktionen tatsächlich das gewünschte Publikum erreichen und eine gute Passform für Ihr Unternehmen darstellen. So schützen Sie sich auch vor Fake-Influencern, die mit gekauften Likes und Followern Reichweite vorgaukeln.
- *Klare Kommunikation der Erwartungen:* Definieren Sie die Ziele und Erwartungen an die Zusammenarbeit mit dem Influencer. Stellen Sie sicher, dass beide Parteien die jeweiligen Rollen, Verantwortlichkeiten und die gewünschten Ergebnisse verstehen.

- *Content-Strategie:* Entwickeln Sie eine kohärente Content-Strategie, die sowohl die Bedürfnisse Ihres Unternehmens als auch die Stärken und den Stil des Influencers berücksichtigt. Planen Sie eine Mischung aus informativen, unterhaltsamen und authentischen Inhalten, um das Interesse der Generation Z zu wecken.
- *Professionelle Partner:* Je nach Zielsetzung und Ressourcen ist es eine gute Idee, sich erfahrene und professionelle Partner ins Boot zu holen. Sowohl die EDEKA-Kampagne als auch das Bahn-Beispiel wurden mit Agenturen umgesetzt, die viel Expertise im Influencer-Marketing mitbringen.
- *Monitoring und Erfolgskontrolle:* Setzen Sie Key Performance Indicators (KPIs) fest, um den Erfolg der Influencer-Kampagne im Hinblick auf die gewünschten Ziele zu messen. Verfolgen Sie die Performance der Kampagne und passen Sie Ihre Strategie bei Bedarf an.
- *Langfristige Partnerschaften:* Betrachten Sie die Zusammenarbeit mit Influencerinnen und Influencern als langfristige Partnerschaft, um eine nachhaltige Beziehung und ein kontinuierliches Engagement mit der Zielgruppe aufzubauen. Pflegen Sie die Beziehung zur Influencerin und evaluieren Sie regelmäßig die Ergebnisse der Zusammenarbeit.

Corporate Influencer sind die neuen Influencer

Es ist manchmal kompliziert. Gerade hat man sich an die Jobbezeichnung »Influencer« gewöhnt, da kommt schon das nächste große Ding: Corporate Influencer.

Corporate Influencer – oder Markenbotschafter – unterscheiden sich von den Influencern, die wir üblicherweise von Plattformen wie Instagram, YouTube oder TikTok kennen, in mehrfacher Hinsicht. Es sind nämlich keine externen Personen, die gegen Bezahlung Werbung für ein Unternehmen oder Produkt machen. Vielmehr handelt es sich bei ihnen um Mitarbeitende des Unternehmens, die sich als Personenmarken und damit Gesichter des Unternehmens positionieren. Es geht nicht um die beliebte Praxis, alle Mitarbeiter und

Mitarbeiterinnen mit sanftem Druck dazu zu verpflichten, sämtliche Social-Media-Beiträge der offiziellen Unternehmensseite zu teilen und zu liken. Das funktioniert nach meiner Erfahrung sowieso nicht.

Es ist wichtig für das Verständnis des Konzepts, dass Corporate Influencer nicht als offizielle Vertreter *für* das Unternehmen sprechen, sondern über das Unternehmen. Sie haben ihre eigene Meinung und das Vertrauen des Unternehmens, diese auch auszudrücken. Durch Corporate Influencer erhält man als Nutzer einen unverfälschten, authentischen und persönlichen Einblick hinter die Kulissen des Unternehmens. In diesem Zusammenhang sind sie eher als Influencer zu betrachten.

Sie sind also keine Klonkrieger der Pressestelle und sollten inhaltlich weitgehend unabhängig von dieser arbeiten. Dazu braucht es von Unternehmensseite Vertrauen in die Mitarbeitenden. Dieses Vertrauen zeigt sich beispielsweise darin, dass nicht jeder Beitrag, den Markenbotschafter veröffentlichen möchten, von der Presseabteilung genehmigt und bis ins kleinste Detail geprüft werden sollte. Eine solche Vorgehensweise signalisiert mangelndes Vertrauen seitens des Unternehmens in die Kompetenz und Integrität der Markenbotschafterinnen.

Wenn Sie also der Ansicht sind, dass sich das im vorigen Kapitel dargestellte Influencer-Marketing für Ihr Recruiting oder Ihr Employer-Branding weniger eignet, sollten Sie über den Aufbau einer Corporate-Influencer-Strategie nachdenken. Corporate Influencer werden oft als die »besseren« Influencer bezeichnet, weil sie oft glaubwürdiger vom Unternehmen berichten können. Klar, ein Felix von der Laden oder eine zockende Oma Uschi bringen deutlich mehr Reichweite – aber sie arbeiten eben nicht Tag für Tag im vorgestellten Unternehmen. Insofern dienen sie eher als Eyecatcher, fallen auf, machen neugierig, bringen Sichtbarkeit und Sympathie, aber authentische Einblicke in den Arbeitsalltag können sie nur sehr begrenzt liefern.

Dazu kommt, dass Menschen generell Personen mehr vertrauen als Marken »ohne Gesicht«. Dies lässt sich zum Beispiel daran erkennen, dass Bill Gates es bei Twitter auf 65 Millionen Follower bringt, während Microsoft »nur« 13 Millionen Follower hat. Menschen wollen Menschen sehen. Menschen glauben Menschen. Und Menschen folgen Menschen.

Das lässt sich an unzähligen Beispielen zeigen. Ich nehme in meinen Seminaren dafür immer Screenshots der Digital-X-Konferenz 2021. Diese Digitalkonferenz wird von der Deutschen Telekom veranstaltet. Natürlich ist der Presserummel groß, da ganz Köln im Zeichen der Konferenz steht und 2021 zum Beispiel Arnold Schwarzenegger als Keynote-Speaker auf der Bühne stand.

Mein LinkedIn-Newsfeed war jedenfalls tagelang voll von Beiträgen zu dieser Konferenz. Ich habe mir die Postings genauer angeschaut und den angesprochenen Effekt sehr deutlich beobachtet. Exemplarisch mache ich das an drei Postings fest. Alle drei Postings beinhalten eine Bildergalerie mit verschiedenen Aufnahmen der Konferenztage.

Ein Beitrag der Deutschen Telekom mit damals 143.983 Followern konnte immerhin 279 Likes und vier Kommentare einsammeln. Nicht schlecht, aber auch nicht überragend. Der Beitrag des Telekom-CEOs Tim Höttges kam da schon auf 1151 Likes und 29 Kommentare. Seine Followerzahl betrug knapp unter 100.000, sodass sich hier schon zeigt, dass seine Interaktionsrate und vor allem die Kommentarquote deutlich höher liegen als die des Konzerns.

Noch interessanter aber waren Postings »ganz normaler« Mitarbeitender. Exemplarisch habe ich einen Beitrag von Oliver Kepka, begeisterter Digitalisierer innerhalb der Telekom, aber eben kein C-Level-Executive, sondern Senior-Marketingmanager. Sein Beitrag zur Digital X erzielte etwa 80 Likes und neun Kommentare – er hatte zum damaligen Zeitpunkt aber auch nur 1500 Follower! Während die Konzernseite also auf eine Interaktionsquote von ungefähr 0,19 Prozent kam, erreichte Höttges als Person immerhin schon knapp unter 2 Prozent. Kepka aber als »einer wie du und ich« konnte über 5 Prozent seiner Follower aktivieren. Man kann sich leicht ausrechnen, wie viel erfolgreicher ein gemeinsames Engagement der Führungskräfte und Mitarbeitenden ist im Vergleich zu einem reinen Auftreten als Marke oder Unternehmen. Genau hier liegt die Macht der Corporate Influencer. Sie potenzieren die Reichweite des Unternehmens und wirken vor allem viel vertrauenswürdiger, nahbarer, authentischer und echter.

Meine ersten Kontakte mit einem Corporate-Influencer-Programm hatte ich vor einigen Jahren, als ich bei OTTO einen Vortrag halten durfte. OTTO war damals Vorreiter beim Einsatz der Mitarbeitenden als Markenbotschafter im Employer-Branding, gerade für die Ansprache jüngerer Zielgruppen. Bereits 2017 machte der Konzern Schlagzeilen mit der Überschrift »OTTO bildet 100 Influencer aus«. Dahinter steckte ein gut organisiertes Schulungsprogramm für Mitarbeitende, die in den digitalen Medien größere Reichweite erzeugen und diese natürlich auch für den Konzern einsetzen wollten. Dazu gehörten Workshops in Social Media, aber auch in Kommunikation oder Arbeitsrecht.

Das Konzept war aus mehreren Perspektiven genial. Erstens ist »Influencer« einer der am häufigsten genannten Berufswünsche junger Menschen. Wenn man nun die Wahl hat zwischen einem x-beliebigen Arbeitgeber und einem, bei dem man neben der Arbeit sogar an diesem Ziel arbeiten kann, ist das möglicherweise ein starkes Argument. Außerdem hat die Generation Z viel Spaß an der Mitgestaltung von Prozessen und möchte Einfluss nehmen, statt nur Aufgaben abzuarbeiten. Als reichweitenstarker Kommunikator geht das besonders gut. Und je mehr die Mitarbeitenden das Gelernte aktiv ausprobieren, desto mehr steigt die Reichweite auch für den Konzern als Arbeitgeber an.

Eine frühe Maßnahme bei OTTO waren sogenannte Takeover. Auszubildende »übernahmen« den Karriere-Account @ottoinside bei Instagram und berichteten einen Tag lang in den Storys von ihrer Ausbildung. So entstanden sehr authentische und persönliche Einblicke in Berufe, die sonst auf den ersten Blick wenig aussagekräftig sind. Welcher Jugendliche weiß schon, was eine Referentin im Supply-Chain-Management so macht?

Heute ist der OTTO-inside-Kanal bei Instagram auf 7663 Follower gewachsen. Und bis heute zeigt der Kanal vor allem Mitarbeitende und gibt Einblicke in ihren Arbeitsalltag. **Eine Analyse zum Recruiting-Kanal finden Sie im ▶ Bonus-Bereich zum Buch.**

Das Corporate-Influencer-Konzept funktioniert umso besser, je erkennbarer im Unternehmen Werte bekannt sind und gelebt werden. Mitarbeiterinnen müssen sich mit der Organisation identifizieren und wissen, wofür sie steht, um glaubwürdig als Markenbotschafterinnen agieren zu können.

Wenn es um Werte und Unternehmenskultur geht, müssen Sie unbedingt authentisch bleiben. Versuchen Sie also nicht, etwas vorzugeben, was in der Praxis nicht haltbar ist. Auch ZIEHL-ABEGG stellt sich nicht als hippes Start-up, sondern als ganz normales Unternehmen dar, »in dem die Mitarbeiter auch teils in Anzug und Krawatte herumlaufen und nicht in Jogginghose – wir haben keine anderen Leute in der Firma, nur weil wir TikTok bespielen«, warnt Rainer Grill.

Wenn Sie ein Corporate-Influencer-Programm bei sich im Unternehmen installieren möchten, sollten Sie dabei strategisch und planmäßig vorgehen und die Unterstützung von auf solche Programme spezialisierten Fachleuten einholen. Ich habe schon einige solcher Bemühungen gesehen, die nach anfänglicher Begeisterung schnell wieder im Sande verlaufen sind, weil grundsätzliche Fehler gemacht wurden und notwendiges Know-how nicht vorhanden war.

Die folgenden fünf Schritte können Ihnen dabei helfen, solche Fehler zu vermeiden:

1. *Ziele definieren:* Zunächst sollten Sie klare Ziele festlegen, die mit dem Corporate-Influencer-Programm erreicht werden sollen. Mögliche Ziele sind zum Beispiel die Steigerung der Bekanntheit oder Attraktivität als Arbeitgeber, ein besseres Image, eine Reduktion der Kosten bei Recruiting-Bemühungen oder ganz spezifisch die Steigerung der Bewerbungen in Quantität oder Qualität.
2. *Mitarbeitende identifizieren:* Als Nächstes sollten geeignete Mitarbeiterinnen und Mitarbeiter als potenzielle Markenbotschafter identifiziert werden. Diese sollten über eine gewisse Reichweite auf Social-Media-Plattformen verfügen und bestenfalls eine Leidenschaft für bestimmte Themen haben, die mit dem Unternehmen in Verbindung stehen. In den meisten Unternehmen gibt es solche Mitarbeitenden, die bereits aktiv in den sozialen Medien posten und oft über eine beträchtliche Reichweite verfügen. Für die Ansprache der Generation Z sollten Sie idealerweise (auch) jüngere Mitarbeitende auswählen, die selbst aus dieser Generation stammen. Eine Kommunikation auf Augenhöhe und ein höheres Identifikationspotenzial sind so eher gegeben.

3. *Schulungen und Unterstützung:* Den ausgewählten Mitarbeitenden sollten regelmäßige Schulungen angeboten werden. Das muss nicht den Umfang des OTTO-Programms erreichen, aber grundsätzliche Tipps und Informationen (auch in rechtlicher Hinsicht) sind unerlässlich. Darüber hinaus müssen die neuen Corporate Influencer vom Unternehmen unterstützt werden, etwa durch die Bereitstellung von Ressourcen und Zeit für ihre Aktivitäten als Markenbotschafter.
4. *Content-Strategie entwickeln:* Ein wichtiger Teil des Corporate-Influencer-Programms ist die Entwicklung einer Content-Strategie. Diese sollte sicherstellen, dass die Inhalte relevant, ansprechend und mit den Werten und Zielen des Unternehmens im Einklang sind. Übertreiben Sie es nicht. Wenn die Inhalte den Corporate Influencern vorgegeben werden, leiden die Kreativität, die Motivation und vor allem die Glaubwürdigkeit. Ein Corporate Influencer darf nicht verlängerter Arm der PR-Abteilung sein.
5. *Erfolg messen:* Am Ende müssen Sie den Erfolg des Corporate-Influencer-Programms regelmäßig messen und bewerten. Dies kann beispielsweise durch die Überwachung der Reichweite, des Engagements und der Conversions auf den Social-Media-Kanälen der Markenbotschafter erfolgen. Auf dieser Grundlage lassen sich Anpassungen an der Strategie vornehmen, um sicherzustellen, dass die gesteckten Ziele erreicht werden.

Das Allerwichtigste für Ihr Programm: Freiraum und Vertrauen. Das erfordert natürlich Mut, aber als Entscheider im Unternehmen müssen Sie den Leuten einfach den Freiraum lassen, Dinge zu tun, die Sie gar nicht verstehen.

Ihre Mitarbeitenden können als Markenbotschafter unschätzbar wertvoll sein. Wer seine Corporate Influencer sorgfältig auswählt und dabei seine Unternehmens- und HR-Strategie im Blick behält, hat gute Chancen auf Erfolg. Auf diese Weise wird sich ein »persönlicher Draht« zu Ihrem Unternehmen nicht nur in der Kommunikation mit der Generation Z, sondern auch darüber hinaus auszahlen.

Active Sourcing – wo findet man die Generation Z?

Active Sourcing ist ein Recruiting-Ansatz, bei dem Personalverantwortliche aktiv auf potenzielle Kandidatinnen und Kandidaten zugehen, um sie für offene Stellen in ihrem Unternehmen zu gewinnen. Diese Form des Recruitings soll vor allem »passive« Kandidaten zum Wechsel motivieren – im Gegensatz zum passiven Sourcing, bei dem Personalverantwortliche auf Bewerbungen auf Stellenanzeigen warten.

Um Mitarbeitende aus der Generation Z zu gewinnen, ist es für Unternehmen unerlässlich, im »natürlichen Lebensraum« der jungen Menschen präsent und aktiv zu sein, das bedeutet: online. Direkt fallen einem beim Thema Recruiting als Erstes vermutlich die »klassischen« Berufs- und Business-Portale XING und LinkedIn ein. Menschen legen dort Profile an, um sich zu vernetzen, aber auch, um auffindbar zu werden und sich potenziellen Arbeitgebern zu präsentieren. Nicht umsonst sind die Lebenslauf-Funktionen beider Plattformen mittlerweile sehr ausgereift. Mit Filtern etwa nach Ausbildungsstand, bisherigen Arbeitgebern oder Berufserfahrung kann man gezielt nach passenden Kandidatinnen suchen. Active Sourcing umfasst daher typischerweise Methoden wie die Suche nach möglichen Beschäftigten in den Datenbanken der beiden Netzwerke und auf Jobportalen.

Active Sourcing für Generation Z ist aufgrund ihres Nutzungsverhaltens vor allem ein Social Sourcing. In diesem Teilbereich des Active Sourcings konzentrieren Sie sich auf den Einsatz von sozialen Medien als Hauptmethode, um potenzielle Kandidaten zu identifizieren und anzusprechen. Ihre Unternehmenspräsenz erfüllt also nicht reine Marketingzwecke, sondern kann zugleich ein Instrument des Active Sourcings sein.

Das Problem ist, dass Sie auf den typischen Social-Media-Plattformen keine Profile nach bestimmten Qualifikationen durchsuchen können und dass die Nutzerinnen sich dort in ihrer Freizeit aufhalten. Sie können dort im Grunde nur einen Köder legen. Ziel ist es, eine Beziehung zu den Kandidaten aufzubauen, um Interesse am Unternehmen zu wecken und sie für zukünftige Stellen zu gewinnen. Dabei kommt Ihnen allerdings zugute, dass junge Menschen soziale Netzwerke nicht nur zur Unterhaltung nutzen, sondern sie für diese Generation auch eine ernst zu nehmende Informationsquelle darstellen. Darüber hinaus ist Generation Z viel stärker als alle Generationen vor ihr dazu bereit, mit Marken, Unternehmen und Organisationen zu interagieren. Auch ist die Generation Z offen für unternehmerische Ansprache im Kontext der Jobsuche. Von Unternehmen auf Facebook, Instagram oder den Business-Netzwerken angeschrieben zu werden, wird sogar positiv aufgenommen, wenn es sich um eine individuelle und keine Standard-Ansprache mit erkennbaren Textbausteinen handelt.[54]

Wichtig ist, dass Sie zunächst klären, welche Zielgruppen Sie ansprechen möchten und welche Netzwerke diese Zielgruppen typischerweise nutzen. Beispielsweise könnte LinkedIn eine geeignete Plattform für die Ansprache von Fachkräften sein, während Instagram eher für die Ansprache von kreativen oder jungen Talenten geeignet sein könnte.

Lassen Sie sich vom Networking-Gedanken leiten und treten Sie mit Bewerberinnen (oder Menschen, die Ihnen passende Kandidaten empfehlen können) locker in Kontakt. Dazu gehört, dass Sie wertschätzend auftreten. Stellen Sie Gemeinsamkeiten her, zeigen Sie Einfühlungsvermögen und begegnen Sie Kandidaten auf Augenhöhe. Wer mit der Tür ins Haus fällt oder mit Marketingtexten um sich wirft, erstickt jedes Gespräch im Keim. Begegnen Sie den Angesprochenen respektvoll und höflich. Mit einer pseudocoolen Ausdrucksweise oder allzu legerer Ansprache vergraulen Sie Bewerberinnen eher, als eine Verbindung zu schaffen – auch bei jungen Menschen!

Die wichtigsten Kanäle zum Ansprechen der Generation Z sind folgende:

Instagram

Etwa 71 Prozent der 18- bis 29-Jährigen nutzen Instagram – nicht nur, um Urlaubsbilder anzusehen und zu posten. Generation Z verbringt ihre Zeit auf Instagram ausdrücklich gerne damit, mit Marken und Organisationen zu interagieren. So geben 78 Prozent dieser Generation an, die Plattform zu nutzen, um sich über neue Marken zu informieren, und 76 Prozent, um mit Unternehmen zu kommunizieren.

Das sind für Sie gute Nachrichten. Denn wenn Sie es schaffen, diese Interaktion ins Laufen zu bringen, haben Sie direkten Zugang zu den Fans Ihres Unternehmens. Sie wissen bereits aus den einleitenden Kapiteln, dass Gen Z am liebsten für Marken und Unternehmen arbeitet, die Teil ihrer Lebenswelt sind. Ein großer Vorteil von Instagram in diesem Zusammenhang ist die Direct-Messaging-Funktion, die für jüngere Menschen ohnehin zu den wichtigsten Kommunikationswegen gehört. Sie als Unternehmen können dort in den 1:1-Kontakt mit potenziellen Bewerberinnen treten und sogar via Chatbot Gespräche initiieren. Instagram bietet hierfür mehr Möglichkeiten als jeder andere Social-Media-Kanal.

Snapchat und TikTok

Snapchat und TikTok sind in erster Linie soziale Netzwerke, die sich auf das Teilen von kurzen Videos und Bildern konzentrieren. Während Snapchat eher auf den Austausch von privaten Inhalten zwischen Freunden ausgerichtet ist, hat TikTok eine breitere Nutzerbasis.

Obwohl es keine ausführlichen Profile wie etwa bei Facebook gibt, können Unternehmen dennoch auf Snapchat und TikTok aktiv werden, um ihre Marke bekannter zu machen und potenzielle Kandidaten anzusprechen. Unternehmen können beispielsweise Influencerinnen auf den Plattformen beauftragen, um ihre Zielgruppen zu erreichen.

YouTube

Videoinhalte sind zweifelsohne der Schlüssel zur Kontaktaufnahme mit den jüngsten Arbeit Suchenden. So nutzen beispielsweise 89 Prozent der Generation Z YouTube und machen es damit zu einer ihrer bevorzugten sozialen Plattformen. YouTube ist auf dieser Liste ein Sonderfall, weil es weniger Interaktionsmöglichkeiten bietet.

Nutzen Sie eine Präsenz auf diesem Kanal, indem Sie Tutorials, Mitarbeiterinterviews und Videotouren durch Ihr Unternehmen anbieten. YouTube bietet unendlich viele Möglichkeiten, Ihr Employer-

Branding zu verbessern und sich als attraktiver Arbeitgeber zu präsentieren.

Twitter

Ist die Generation Z wirklich auf Twitter unterwegs? Zumindest ein Teil von ihr. Untersuchungen zeigen, dass fast die Hälfte aller zwischen Mai 2020 und Mai 2021 gesendeten Tweets von Nutzern zwischen 16 und 24 Jahren stammen.

Wenn Sie besonders progressive und meinungsstarke junge Erwachsene ansprechen wollen, können Sie diese Plattform nicht auslassen. Zumal kein anderes Netzwerk so stark auf direkter Interaktion aufbaut. Verwenden Sie relevante Hashtags, um Ihre Inhalte gezielt für Ihre Zielgruppen sichtbar zu machen.

Facebook

Babyboomer und Generation X sind die am stärksten vertretene Bevölkerungsgruppe auf Facebook. Aus diesem Grund sollte Facebook nicht Ihr primärer Kanal sein, um die Generation Z zu gewinnen. Doch obwohl die Zahl der jungen User zurückgeht, nutzen immer noch 69 Prozent der Generation Z diese Plattform, wenn auch nur gelegentlich. Tipp: Suchen Sie Gruppen, in denen Ihre Bewerberinnen oder Umworbenen ihre Zeit verbringen.

Ein »Trick«, der oft übersehen wird, ist das Recruiting über Facebook – aber eben nicht an die Generation Z selbst gerichtet, sondern an die Eltern (oder sogar Großeltern). Menschen zwischen 40 und 60 sind genau die Gruppen, die man auf Facebook ideal erreicht – und gleichzeitig auch die Zielgruppe, die Kinder im Alter der Generation Z hat. Es kann sich also lohnen, gezielt Postings oder Werbeanzeigen auf Facebook zu platzieren, in denen die Eltern angesprochen werden, deren Kinder gerade die Schule abschließen oder auf der Suche nach einer Ausbildungsstelle sind. Eltern gehören schließlich zu den wichtigsten »Influencern«, warum also diesen Einfluss nicht auch bei der Jobsuche einsetzen?

LinkedIn / XING

Während diese Netzwerke bei älteren oder berufserfahrenen Kandidaten erste Wahl sind, sind sie auch für die Ansprache der Gen Z geeignet – zumindest für die etwas älteren Jahrgänge.

Genaue Altersstrukturen werden weder von XING noch von LinkedIn veröffentlicht. Externe Befragungen von XING-Nutzern zeigen aber: 46 Prozent sind zwischen 16 und 29 Jahre alt und damit unsere Kern-Zielgruppe.[55] Der Schwerpunkt liegt zwar bei Millennials und älter (allein 38 Prozent zwischen 30 und 39 Jahren), aber auch jüngere Fachkräfte lassen sich via XING gut erreichen.

Auch LinkedIn hat viele jüngere Nutzerinnen. 20 Prozent sind zwischen 18 und 24 Jahre alt, der Löwenanteil (60 Prozent) entfällt auf die 25- bis 34-Jährigen.[56]

Der große Vorteil der beiden Plattformen im Gegensatz zu allen anderen Kanälen ist, dass hier Business und Karriere im Vordergrund stehen und für viele die Selbstpräsentation als potenzieller Arbeitnehmer das wichtigste Motiv darstellt. Eine Ansprache durch Recruiterinnen oder Unternehmen wird also deutlich weniger als seltsam oder gar störend gewertet, sondern oft sogar erwartet.

LinkedIn und XING sind in erster Linie Kanäle für das Employer-Branding und das Veröffentlichen von Stellenanzeigen. Aber auch Active-Sourcing-Ansätze können hervorragend funktionieren und sollten zum Recruiting der Generation Z unbedingt einbezogen werden.

Mitarbeiterempfehlungen

Niemand kennt ein Unternehmen besser als seine Mitarbeitenden. Daher wissen sie auch, wer gut zu Ihrem Unternehmen passt.

Nutzen Sie die sozialen Netzwerke Ihrer Mitarbeiterinnen und Mitarbeiter, indem Sie ein Mitarbeiterempfehlungsprogramm einrichten und Ihre Mitarbeitenden ermutigen, Kandidaten zu empfehlen. Anreize (finanzieller oder anderer Art) können Ihre Beschäftigten zusätzlich motivieren. Auch hier gilt wieder der Grundsatz, dass Generation Z sich stark auf Empfehlungen verlässt – das gilt sogar bei der Jobsuche.

Online-Communitys

Generation Z ist auch aktiv in Online-Communitys, die sich auf bestimmte Themen oder Interessen konzentrieren. Unternehmen könnten sich in solchen Communitys engagieren und gezielte Kampagnen starten, um potenzielle Kandidatinnen und ihre Aufmerksamkeit zu gewinnen.

Jobbörsen und Messen

Auch wenn Generation Z häufig über persönliche Empfehlungen oder soziale Netzwerke Jobs findet, können Jobbörsen eine gute Möglichkeit für direkte, persönliche und niedrigschwellige Ansprache sein. Die Generation Z schätzt es, persönliche Beziehungen aufzubauen und neue Leute kennenzulernen.

Und nie vergessen: Google

Social Media bietet beste Möglichkeiten, junge Bewerberinnen zu finden und von sich zu überzeugen. Trotz dieser »shiny glitzernden« relativ neuen Welt sollten Sie die klassischen Online-Maßnahmen nicht vergessen, allen voran: Google.

Denn wenn es um das Finden von Jobs geht, steht Google nach wie vor an der Spitze der Maßnahmen von Bewerberinnen. 27 Prozent suchen hier nach offenen Stellen, gefolgt von Jobportalen (23 Prozent), persönlichen Empfehlungen (22 Prozent) und Social Media (21 Prozent).[57]

Sorgen Sie also dafür, dass sowohl Ihre Karriere-Seite als auch Ihre Stellenanzeigen bei Google auffindbar sind. Dafür hilft klassische Suchmaschinenoptimierung (SEO), aber auch speziell die Optimierung für Google Jobs. Und auch die Listungen in den Stellenportalen helfen gleich zweifach – erstens, da die Bewerber wie gesehen dort suchen. Und zweitens, weil auch diese Seiten bei Google ranken und so Ihre Sichtbarkeit noch vergrößern.

Für diejenigen, die den Aufwand scheuen, denn Active Sourcing ist insbesondere in den sozialen Netzwerken mit nicht unerheblichem Aufwand verbunden, stehen zahlreiche Recruiting-Agenturen und Personalvermittlungsunternehmen bereit, die sich auf Active Sourcing spezialisiert haben und in der Lage sind, Kandidaten aus der Generation Z gezielt anzusprechen. ·

Einige bekannte Unternehmen in diesem Bereich sind:
- Honeypot,
- Campusjäger,
- YoungCapital,
- Global Success Solution,
- Potentialpark,
- Betreut.de.

Mobile Recruiting – nice to have oder Pflichtprogramm?

Wenn die Generation Z als wichtigstes, lebensprägendes Element das Smartphone benennt und sie einen großen Teil ihrer Online-Aktivitäten über das Smartphone erledigt, wäre es dann eine gute Idee, den Bewerbungsprozess über das Smartphone absolvieren zu können? Zumal viele Haushalte heute überhaupt keinen Laptop oder gar Desktop-Computer zur Verfügung haben. Diese Tatsache wurde zu Zeiten der Corona-Lockdowns mehr als deutlich: Ein Smartphone haben fast alle Vertreter der Generation Z, aber Zugang zu einem Computer gibt es in vielen, vor allem einkommensschwächeren Haushalten nicht.

Natürlich kann ein Jugendlicher auch in die nächste Bibliothek, in die Schule oder zu Verwandten gehen, um den dortigen PC zum Erstellen und Absenden seiner Bewerbung zu nutzen. Aber wie wir jetzt schon mehrfach festgehalten haben: Wir befinden uns in einem Anbietermarkt. Die Macht liegt bei den Anbietern der Arbeitskraft, in unserem Fall konkret bei der Generation Z. Die Jugendlichen also zu »zwingen«, sich an unsere Strukturen anzupassen und die von uns vorgegebenen Wege der Bewerbung zu nutzen, wäre wenig zielführend. Das nächste Unternehmen ist ja nur einen Klick entfernt. Und vielleicht stellt dieses weniger Hürden auf ...

Mobile Recruiting ist also kein nettes Angebot, kein Special Benefit und auch kein Nice-to-have, sondern absolute Grundvoraussetzung. Zu dieser Einschätzung kam bereits vor einigen Jahren die »Recruiting Trends 2020«-Studie, die unter anderem die Top-1000-Unternehmen in Deutschland sowie über 3500 Kandidaten befragte.

Die Generation Z war die einzige befragte Kohorte, bei der der Anteil derjenigen, die sich lieber mobil bewerben möchten, größer war (53,5 Prozent) als derjenigen, die eine traditionelle Bewerbung bevorzugen (46,5 Prozent). Bei allen anderen Generationen fiel der Anteil der Mobil-Willigen deutlich geringer aus, bei den Babyboomern lag er nur bei 27,8 Prozent.[58] Mittlerweile sind einige Jahre vergangen, damit dürften sich diese Werte bei der Gen Z nochmals deutlich in Richtung mobile only verschoben haben. Idealerweise bieten Sie aber beide Optionen an, damit Sie wirklich 100 Prozent der Bewerbungswilligen erreichen und möglichst wenige auf dem Weg zur Bewerbung verlieren.

Was heißt Mobile Recruiting denn im Einzelnen? Zum einen sollten Sie sicherstellen, dass Ihr gesamter Bewerbungsprozess auf dem Smartphone auch wirklich funktioniert. Testen Sie also Ihre Landingpage, Ihre Formulare und alles, was dazugehört, mit diversen Smartphones (Android und iOS). Wird alles sauber dargestellt? Passt sich die Website an das Endgerät an? Lädt alles schnell und ohne größere Verschiebungen? Sind die Formularfelder problemlos auszufüllen?

Wenn diese Grundlagen gelegt sind, sollten Sie Ihren Bewerbungsprozess weiter mobil durchdenken. Dazu gehört zum Beispiel: Die wenigsten haben ihren Lebenslauf oder gar ein Anschreiben (brauchen Sie das wirklich?) auf ihren Smartphones gespeichert. Zwingen Sie also Ihre Bewerbenden per Pflichtfeld, direkt einen Lebenslauf anzuhängen? Dann werden Sie hier viele verlieren. Vielleicht geht es ja auch eleganter oder erst im zweiten Schritt, wenn Sie zumindest die Kontaktdaten des Bewerbers eingesammelt haben, bevor er abbrechen kann?

Stellen Sie auch die Anzahl der Formularfelder auf den Prüfstand. Wie viele davon brauchen Sie wirklich? Was davon können Sie im persönlichen Gespräch klären? Jedes zusätzliche Formularfeld erhöht die Abbruchrate und verringert damit die Zahl derer, die sich überhaupt bei Ihnen bewerben werden.

Leider ist die Generation Z wenig großzügig, wenn im Bewerbungsprozess etwas nicht reibungslos funktioniert. Mit fast 25 Prozent ist der Anteil derjenigen, der bei Darstellungsproblemen auf mobilen Endgeräten den Bewerbungsversuch dauerhaft abbrechen, deutlich höher als in der Generation Y (19,3 Prozent) oder X (15,7 Prozent). Bei den Boomern würden sogar nur 11,1 Prozent die Stellensuche deshalb abbrechen.[59] Und auch der Anteil derjenigen, die sich beim Fehlen einer mobilen Bewerbungsoption gar nicht bewerben, steigt stetig und hat sich seit 2017 von 4 Prozent auf ganze 14,2 Prozent mehr als verdreifacht.

Bieten Sie zudem verschiedene Möglichkeiten der Bewerbung an. Die Bewerbung per E-Mail ist immer noch sehr beliebt, interessanterweise auch unter der Generation Z, die sonst nicht mehr so sehr auf E-Mail steht. Eine Kombination aus beispielsweise E-Mail, Formular, App einer Online-Stellenbörse und eventuell einer unternehmenseigenen App deckt das komplette Spektrum ab und stellt sicher, dass Sie so viele Bewerbungen wie möglich erhalten.

Zusätzlich können Sie modernere Versionen der Bewerbung anbieten. Gegenüber Chatbots sind Vertreterinnen der Generation Z zum Beispiel sehr viel aufgeschlossener als ältere Personen. 23,4 Prozent der Generation Z haben 2020 bereits einen HR-Chatbot im Rahmen ihrer Jobsuche genutzt – im Vergleich zu nur 5,6 Prozent bei allen Generationen.

So ein Chatbot kann zum Beispiel in einer Unternehmens-App, auf einer (mobilen) Website, aber auch direkt in den sozialen Medien genutzt werden. Vor allem Meta (Facebook & Instagram) bietet hier durch die offenen Schnittstellen zu Chatbot-Tools viele Möglichkeiten. So lässt sich mit Tools wie ManyChat oder Sendinblue ein leistungsstarker Chatbot ganz ohne Programmierkenntnisse erstellen und mit Facebook oder Instagram verknüpfen. Dieser Bot kann dann etwa automatisiert wiederkehrende Fragen beantworten (»Welche Voraussetzungen brauche ich für …?«), die Interessenten zu den passenden offenen Stellen führen oder bei Bedarf direkt zu einem menschlichen Ansprechpartner weiterleiten. Die Kosten dafür betragen nur wenige Euro im Monat. Und selbst ein professionell von einem Dienstleister programmierter Chatbot kann ein sehr kosteneffizientes Werkzeug sein, wenn man bedenkt, wie hoch die Kosten im Recruiting generell ausfallen.

Auch WhatsApp bietet sich für das mobile Recruiting an. Das geht sogar kostenlos: Mit WhatsApp Business, einer direkt von Meta angebotenen kostenfreien WhatsApp-Version für Unternehmen, können datenschutzkonform Unterhaltungen via WhatsApp geführt werden. Dafür ist nicht einmal eine Handynummer nötig – WhatsApp Business kann mit einer Festnetznummer und am Desktop betrieben werden. Für die Bewerbenden ist es ein ganz normaler WhatsApp-Chat in ihrer gewohnten App, nur dass sie eben nicht mit der Freundin oder dem Opa chatten, sondern mit der Recruiterin eines Unternehmens. Wenn Sie die Augen offen halten, werden Sie immer häufiger gerade bei kleineren lokalen Unternehmen wie Friseuren, Bäckereien, Restaurants oder Einzelhandelsgeschäften Hinweise auf Bewerbungsmöglichkeiten per WhatsApp stoßen – oft in Form von Aufstellern, Hinweisen auf Prospekten oder Aushängen in den Ladenlokalen. Dahinter stecken meistens WhatsApp-Business-Accounts der Unternehmen, die auf diese Weise Bewerberinnen und Bewerbern den ersten Schritt zur Bewerbung erleichtern möchten.

Auch für WhatsApp sind professionelle Lösungen verfügbar. Der Messenger-Dienstleister messengerpeople by sinch bietet beispielsweise mit »WhatsCareer« einen fertig programmierten Chatbot für WhatsApp an, speziell für Recruiting und HR. Dieses Tool deckt den kompletten Bewerbungsablauf ab – vom Stellenangebot über Beratung zu den passenden Jobs, dem Bewerbungsprozess an sich bis hin zum Onboarding. Alles innerhalb von WhatsApp, teilweise automatisiert, teilweise mit menschlichem Zutun, je nach Wunsch und Situation. Der Bewerber muss WhatsApp bei all dem nicht verlassen – geringer kann man die Einstiegshürde nicht setzen.

Dass das funktioniert, zeigen in vielen Fällen nicht nur die eingehenden Bewerbungen, sondern auch andere Kennzahlen wie zum Beispiel die Öffnungsraten der Nachrichten. Im Gegensatz zu E-Mail-Newslettern werden Chat-Nachrichten zu 70 bis 100 Prozent geöffnet. Der Dialog fühlt sich viel intensiver, direkter und persönlicher an. Genau das also, was die Generation Z von Unternehmen erwartet.

Geht es eigentlich nur online?

Sie haben ja bereits aus den Big 10 mitgenommen, dass die Gen Z klassischer Werbung eher misstraut, wenn sie sie überhaupt wahrnimmt. Zeitung liest sowieso keiner mehr, oder? Dass man sich im Recruiting deshalb aber allein auf eine Website mit Karriere-Segment oder ein vereinsamtes Facebook-Profil konzentrieren kann, ist dennoch ein Trugschluss. »Post and pray« ist vorbei. Eine Stellenausschreibung zu posten, und dann kommen die Bewerbungen schon – das funktioniert nicht mehr. Aktive Präsenz mit gutem Content und einem angeschlossenen, möglichst unkomplizierten Bewerbungsvorgang ist Pflicht, denn auch alle analogen Bemühungen führen Ihre Kandidaten eher früher als später auf die Online-Kanäle. Der rein analoge Bewerbungsprozess über die Stellenanzeige in der Tageszeitung und ein klassisches Anschreiben ist Geschichte. Diese Bewerbungen bekommen Sie höchstens noch als Pflichtbewerbung über die Agentur für Arbeit. Aber die wollen Sie vermutlich nicht.

Geht es also wirklich nur noch online? Jein, denn wenn es darum geht, sich über einen potenziellen Arbeitsplatz zu informieren, verlassen sich Zler auf Freunde, Bekannte und auf ihre Eltern! Und die Eltern – und die Großeltern – erreichen Sie durchaus noch über die klassische Stellenanzeige in der Lokalzeitung. Sie spielen in diesem Fall quasi über Bande. Aber auch wenn Sie noch eine gewisse Aufmerksamkeit offline schaffen können: Am Ende Ihres Funnels steht dennoch ein Online-Bewerbungsprozess.

Freunde und Bekannte stehen bei über 60 Prozent aller für eine Umfrage interviewten Abiturienten an erster Stelle, wenn es darum geht, sich über mögliche Ausbildungsunternehmen zu informieren. Direkt danach kommen die Eltern. Und auch Lehrkräfte finden sich weit oben. Überhaupt finden sich unter den Top Ten in dieser Umfrage sechs nichtdigitale Informationsquellen. Fünf davon sind dadurch charakterisiert, dass es Face-to-Face-Angebote sind. Erstaunlich genug: Im Falle der Jobsuche sucht die Gen Z das persönliche Gespräch bzw. den Austausch. Sogar mit ihren Lehrerinnen und Lehrern.[60] Noch erstaunlicher: Auf Platz acht findet sich in dieser Umfrage die gute alte Zeitung.

Achtung: Jeder dritte Kandidat der Generation Z hat seinen aktuellen Job durch eine Mitarbeiterempfehlung erhalten. 60 Prozent der Generation Z fragen wahrscheinlich oder sehr wahrscheinlich Freunde oder Verwandte nach offenen Stellen, und 57 Prozent werden jemanden fragen, der bereits in dem Unternehmen arbeitet. Und zwei Drittel der Kandidaten der Generation Z bewerben sich nicht bei einem Unternehmen, wenn Freunde von schlechten Erfahrungen im Bewerbungsprozess bei diesem Unternehmen erzählen. Das bedeutet, dass Sie, um neue Mitarbeitende gewinnen zu können, vor allem Ihre aktuellen Beschäftigten ebenso sorgfältig pflegen müssen wie Ihre Online-Kanäle.

In Ihren aktuellen Mitarbeitenden schlummert also ein gewaltiges Recruiting-Potenzial, das Sie heben können, beispielsweise durch Empfehlungsprogramme. Die Generation Z ist jedoch äußerst vorsichtig, wenn es um Empfehlungen innerhalb der eigenen Kohorte geht.

Die Hälfte der Mitarbeitenden fürchtet, dass eine eventuell schlechte Leistung ihrer Kandidaten auf sie zurückgeführt werden könnte. Das ist signifikant mehr als bei ihren Vorgängern. Übrigens ist diese Angst bei einem Viertel aller Unternehmen sogar berechtigt. Bei Ihnen auch? Denn dann wird es nichts damit, dieses Potenzial zu heben. Weiter sorgt es für Frustration, wenn die empfohlenen Kandidatinnen und Kandidaten nicht eingestellt werden. Die Mitarbeitenden hören dann einfach damit auf, neue Kolleginnen zu empfehlen.[61]

Wenn Kandidaten der Gen Z das direkte Gespräch suchen, rückt das einen während der Pandemie geschlossenen Kanal wieder ins Blickfeld: Berufsmessen und Events sind wieder relevant. Hier kommt Ihnen als Unternehmen entgegen, dass der Besuch der Veranstaltungen häufig in das schulische Programm integriert ist. Ihr Stand sollte auf alle Fälle Social-Media-tauglich sein. Und weil Gen Z am liebsten dahin geht, wo Gen Z bereits ist, sollten Sie auf junge Mitarbeiterinnen und Mitarbeiter achten.

Ich würde mich nie bei einer Firma bewerben, die online nur zwei oder drei Sterne hat. Es wird schon seinen Grund haben, warum Mitarbeiter das Unternehmen so schlecht bewerten. (Lisa, 24, Master-Studentin)

Recruiting in der Generation Z

- Den Schwerpunkt sollten Sie auf digitale Maßnahmen legen. Besonders in den Social Media (TikTok, Instagram) haben Sie gute Chancen, Bewerberinnen der Gen Z zu erreichen.
- Bauen Sie eine starke Arbeitgebermarke über Social Media auf. Dies ist Ihr wichtigstes Werkzeug zur Gewinnung neuer Mitarbeitenden.
- Nutzen Sie die Business-Plattformen XING und LinkedIn für eigene Präsenz und Stellenausschreibungen, aber auch für Active Sourcing.
- Active Sourcing ist auch auf anderen Social-Media-Plattformen möglich und durchaus erfolgversprechend.
- Minimieren Sie Hürden im Bewerbungsprozess. Bieten Sie mobile Bewerbungsmöglichkeiten an, auch via WhatsApp oder Chatbot.
- Nach wie vor spielen Jobportale und die Google-Suche eine große Rolle. Seien Sie hier präsent und sichtbar.
- Offline-Instrumente wie Jobmessen, Schulveranstaltungen und ähnliche Events gehören nach wie vor zu einem guten Recruiting-Mix, werden aber durch eine starke Online-Präsenz deutlich effektiver.
- Eltern als »Influencer« erreichen Sie nach wie vor über Facebook, aber auch klassische Maßnahmen wie Stellenanzeigen in Zeitungen.
- Junge Menschen vertrauen noch mehr als ältere Bewertungen und Empfehlungen. Sorgen Sie dafür, dass Sie als Arbeitgeber online positive Bewertungen haben, und setzen Sie auch auf persönliche Empfehlungen, beispielsweise durch entsprechende Programme.
- Sprechen Sie online die Sprache der jungen Generation. Seien Sie authentisch, zeigen Sie Ihre Werte und passen Sie sich an den Geschmack und die Vorlieben der Gen Z an. Idealerweise holen Sie dazu junge Menschen ins Team, um nicht an der Zielgruppe vorbeizuagieren.

Führung und Zusammenarbeit: Arbeiten mit der Generation Z

Teamfähigkeit als Schlüsselqualifikation wird bei Gen Z unwichtiger

Wenn Sie einem Millennial eine Aufgabe geben, wird er – im Idealfall – sofort ein Team von Kolleginnen und Kollegen zusammenstellen, die Stärken der anderen analysieren und sie gezielt einsetzen, um die Aufgabe gemeinsam zu erledigen. Diese Fähigkeit und der Wunsch zur Selbstorganisation finden im ursprünglich für die agile Softwareentwicklung eingeführten SCRUM-Modell geradezu prototypischen Ausdruck. Projektarbeit unter der Moderation – nicht disziplinarischen Führung – eines Scrum-Masters als dienende Führungskraft ist ein in vielen weiteren Management-Bereichen eingesetztes Erfolgsmodell, gekennzeichnet durch Selbstorganisation und Kommunikation auf Augenhöhe.

Teamfähigkeit war über viele Jahre die beschworene Schlüsselqualifikation. In der Schule, an der Uni … projektbezogene Gruppenarbeit war das ganz große Ding. Um eine Aufgabe zu lösen, setzte man sich zunächst »an einen Tisch«. Und das ist wörtlich zu nehmen. Im klassischen Meeting sitzt man physisch zusammen und redet. (Die Millennials haben durchaus frühzeitig erkannt, dass eine Explosion von Meetings nicht zielführend ist. Deshalb heißen Scrum-Besprechungen auch nicht Meetings, sondern, um den Aspekt der lösungsorientierten Arbeit hervorzuheben, Ereignisse bzw. Events.)

Kommunikation oder Collaboration und Contribution sind die Schlagwörter einer auf die Ansprüche und Fähigkeiten von Millennials ausgerichteten Arbeitswelt, die sich bis in die Büroarchitektur niederschlägt. Offene Workspaces, flexible Platzwahl, buchbare Meetingräume … Sie kennen das.

Gleichzeitig herrscht zumindest in den mittleren Hierarchieebenen ein relativ geringer Konkurrenzdruck untereinander. Das Ergebnis zählt, nicht der Einzelne. Denn man weiß, für ausgebildete Experten gibt es in jeder Branche genug Platz. Das gilt in einer Zeit, in der selbst zuverlässige Bauhelfer ohne formale Ausbildung »unter der Hand« vermittelt werden, nicht nur für IT- oder Management-Jobs, sondern für ausgebildete Fachkräfte allgemein.

Millennials und ihre älteren Kolleginnen und Kollegen werden aber zukünftig auch außerhalb der von der Big-Tech-Krise betroffenen Branchen auf Vertreter einer Generation treffen, die wesentlich wettbewerbsorientierter sind als sie und die ihre Sache gerne mal allein machen, bis hin zu einer ausgeprägten Einzelkämpfermentalität.

Das ist nicht verwunderlich. Ein junger Mensch, der im Wintersemester des Jahres 2020 sein Studium aufgenommen hat, hat die eigene Uni im Extremfall erst Jahre später das erste Mal betreten. Kommilitonen und Lehrkräfte waren Oberkörper in mehr oder weniger gut umgesetzten Videocalls. Wer sich in der Hochphase von Corona um einen Ausbildungsplatz bemühte, stand alleine da. Agenturen geschlossen, Messen ausgefallen, HR im Homeoffice.

Corona hat mindestens eine Generation junger Arbeitskräfte in entscheidenden Phasen ihrer Ausbildung untereinander isoliert. Dass dieser Umstand auf zahlreichen Ebenen prägt, muss jedem Entscheider klar sein. An dieser Stelle gehe ich auch auf einen Punkt ein, den Martin Emrich im Interview betont. Die akademische Ausbildung der jungen Menschen ist eine andere als die, die Sie als, sagen wir, mittelalte Führungskraft vielleicht durchlaufen haben. Ein wesentlich stärker verschultes Studium mit einer hohen Anzahl von kontinuierlich aufeinanderfolgenden Leistungsnachweisen prägt das Bedürfnis nach häufigem Feedback. Junge Menschen sind ein selbstgesteuertes Arbeiten über einen längeren Zeitraum nicht gewohnt. Dieser Unterschied muss einer Führungskraft bewusst sein.

Die Generation Z betrachtet nicht mehr unbedingt Eltern oder Lehrkräfte bzw. Ausbildende, sondern das Internet als letzte Autorität. Für den größten Teil ihres Lebens hatten sie einen internetfähigen Supercomputer in der Hand. Das hat dazu geführt, dass die Generation Z Probleme anders löst als frühere Generationen. Und es den jungen Leuten das Gefühl vermittelt, dass die gesuchte Lösung irgendwo da draußen ist und sie nur lange genug suchen müssen. Niemand anderes wird diese Suche für sie erledigen. Generation Z wird sich bei auftauchenden Schwierigkeiten zuerst an Google, You-Tube, GitHub oder Alexa wenden und nicht an ältere Kollegen oder an eine Teamleiterin.

Und trotzdem: Generation Z will inspiriert werden, will wachsen und will an allem beteiligt werden, was im Unternehmen oder in der Abteilung vor sich geht. Die jungen Leute wollen sich wirklich engagieren, aber eben zu ihren Bedingungen. Wenn wir alle Hygienefaktoren wie Arbeitszeitmodelle und Bezahlung etc. ausblenden, bleibt als eine dieser Bedingungen eine Führungskraft, die auf ihre Bedürfnisse eingeht.

Es stellen sich also zwei Fragen:
- Wie sieht die ideale Führungskraft für Gen Z aus?
- Welche Instrumente sind für diese Generation am besten geeignet?

Die Mitglieder dieser Generation sind nicht durch Titel zu beeindrucken. Sie können mit den größten Titeln der Welt zu ihnen kommen, als CEO, Geschäftsführer, Vice-Director Sales EMEA oder was auch immer Sie an wohlklingenden Titeln auf der Visitenkarte stehen haben. Das ist ihnen relativ egal. Eine von der Generation Z respektierte Führungskraft muss authentisch und empathisch sein und eine Erfolgsbilanz in ihrem Bereich vorweisen können.

Generation Z muss wissen, dass sie dieser Führungskraft vertrauen kann, gleichzeitig ist es enorm wichtig, dass die Führungskraft Vertrauen in die Fähigkeiten der Mitarbeitenden hat. Insbesondere in diesen Punkten wird das Bedürfnis nach Stabilität, das diese Generation in sich trägt, erneut deutlich. Wo dieses Bedürfnis seine Wurzeln hat, möchte ich im nächsten Kapitel verdeutlichen.

VUCA und gestapelte Krisen – Auswirkungen auf die Generation Z

Generation Z ist eine Generation, in der die Unsicherheit zum Alltag gehört. Ob Wirtschaft, Soziales, Migration, Politik oder Gesundheit – von Stabilität war im vergangenen Jahrzehnt keine Spur. Allein die Jahre zwischen 2020 und 2023 zeigen das eindrucksvoll: Gleichzeitig beherrschen eine globale Pandemie, der erste Angriffskrieg in Europa seit Generationen, eine Energiekrise und die schlimmste Inflation, seit ihre Großeltern jung waren, die Lebenswirklichkeit der Generation Z – gestapelt auf die Klimakrise, die sie ohnehin als die größte und dauerhafteste Bedrohung ihres Lebens wahrnimmt.

Angesichts all dieser Krisen um sie herum haben viele Vertreter der Generation Z vielleicht nicht zu Unrecht das Gefühl, dass das System sie im Stich gelassen hat, sei es die Politik, die Regierung, das Schulsystem, die Uni, die sie ausgesperrt hat … Es herrscht ein Grundgefühl des Zusammenbruchs. In meinen Interviews mit Vertreterinnen der Generation Z habe ich die Frage gestellt, wie sie den Zustand der Welt in einem Wort beschreiben würden. Mit großem Abstand war »chaotisch« die häufigste Antwort – fast einstimmig.

Dazu kommt ein Gefühl des Missverstandenseins. Die Mitglieder der Generation Z fühlen sich zu 71 Prozent stark missverstanden.[62] Wenn Sie also mit den Angehörigen dieser Altersgruppe in Ihrem Team oder in der Abteilung zusammenarbeiten, müssen Sie diese Elemente berücksichtigen, um Erfolg zu haben.

»Krise« ist Dauerzustand für Generation Z. Das fing nicht erst mit dem oben beschriebenen »Krisenstapel« an. 9/11 (inklusive Jahre mit Dauerkriegen im Irak und in Afghanistan), als die ältesten Vertreter dieser Generation gerade ein paar Jahre alt waren, markierte wohl das erste einschneidende Erlebnis, das die Welt nachhaltig prägte. Kein Mensch dieser Generation ist je bewusst ohne massive Sicherheitsmaßnahmen in den Urlaub geflogen, niemand hat je eine Flasche Wasser mit ins Flugzeug genommen.

Immobilien- und Hypothekenkrise, daraus folgend eine weltweite Bankenkrise (dass eine Bank pleitegehen könnte oder eben auch nicht, weil sie durch Staaten gerettet werden musste, war für frühere Generationen kaum vorstellbar), Lehman-Pleite, eine globale Wirtschaftskrise, das Beinahe-Zerbrechen der Eurozone durch die

Schuldenkrise der südlichen Länder. Das war noch nicht überstanden, als sich eine grausame Bande von Verbrechern im Namen einer Religion im Nahen Osten ausbreitete, was dort für Krieg und hier für eine Flüchtlingskrise sorgte. Und all das waren nur die großen und globalen Krisen, von den unzähligen kleinen Problemen, die die täglichen Nachrichten prägen, fange ich hier gar nicht erst an. Ach ja, dass Europa anscheinend nur an ein paar seidenen Fäden zusammengehalten wird, ist auch als subtile Bedrohung ständig präsent, wie uns durch lokale politische Initiativen, das Erstarken rechtsextremer Parteien und Großereignisse wie dem Brexit immer wieder bewusst wird.

Na, wie fühlen Sie sich jetzt gerade? Nun stellen Sie sich vor, Sie sind nicht 40 oder älter (falls Sie das, wie ich, sind), sondern 20 – und das war eine Zusammenfassung dessen, was Sie über Ihr ganzes Leben tagtäglich mitbekommen haben. Garniert mit Beschwörungen, dass das Rentensystem und die Krankenkassen kollabieren werden, die Altersarmut droht, es dieser Generation erstmals schlechter gehen wird als den vorherigen und vielem mehr. Wie soll man da nicht verunsichert sein?

Zum Zeitpunkt, an dem ich dieses Buch schreibe, kämpft die Ukraine einen in ihrer Intensität nicht mehr für möglich gehaltenen Verteidigungskrieg gegen das benachbarte Russland. Beispielhaft zeigt dieser Gewaltausbruch, was wirklich hinter dem beschönigenden Akronym VUCA (volatility, uncertainty, complexity, ambiguity; Näheres dazu weiter unten) steht: Jederzeit kann alles passieren. Es gibt keine Sicherheit mehr. Wer hätte sich vorstellen können, dass wir im 21. Jahrhundert in Europa zurückfallen in die Brutalität der Schützengräben von 1914?

Während wir Älteren im globalen Westen noch Phasen relativer Ruhe erlebt haben (und deshalb hoffen, dass es irgendwann wieder »normal« wird), begleiten einen im Jahr 2000 geborenen Menschen Unruhe, Instabilität und finanzielle Unsicherheit seit seiner Geburt. Ein Leben im gefühlten Krisenmodus und begleitet, betreut und beschult von Eltern und anderen Erwachsenen, die ihrerseits entweder tatsächlich immer wieder durch schwierige Zeiten gehen mussten oder doch unter dem Eindruck der Bedrohung lebten.

Wer Arbeitslosigkeit oder drohende Arbeitslosigkeit eines oder beider Elternteile erlebt hat, ist automatisch sensibler für wirtschaftliche Risiken. Und dieser Mensch wird eher zu einem stabilen Konzern oder dem öffentlichen Dienst neigen als zu einem Start-up oder einer Existenzgründung. Gerade der öffentliche Dienst bietet aber nicht nur Sicherheit als Argument, sondern, wie wir sehen werden, auch zahlreiche weitere Benefits, die die Generation Z sehr schätzt.

Gleichzeitig zeigen junge Menschen einen Unternehmergeist wie kaum eine andere Generation vor ihnen. Das geht bei ultrajungen Agenturinhabern los (z. B. Charles Bahr, der bereits mit 15 eine eigene Influencer-Agentur betrieb, oder Philipp Riederle, geboren 1994, der mit 14 als Podcaster startete und heute als Speaker, Autor und Unternehmensberater tätig ist), geht über Sneaker-Händler im Teenie-Alter (Extrem-Beispiele machen Millionen-Umsätze) bis hin zu Teenagern, die exklusive und gefragte Designer-Kleidung kaufen, ein paarmal tragen und dann online mit Gewinn weiterverkaufen.

Auch diese Tatsache durfte ich in meinen Interviews begeistert feststellen. Ich war sehr überrascht, wie viele meiner jungen Interviewpartner tatsächlich »was nebenbei« machen. Und sei es »nur« einen Podcast (zwei 14-jährige Mädchen), einen Handel mit Spielkarten oder eine Instagram-Seite zu einem Computerspiel. Ganz ehrlich: Mit 14 habe ich Zeitungen ausgetragen, aber auf die Idee, einen eigenen Podcast aufzuziehen, bin ich nicht nur deshalb nicht gekommen, weil es das damals noch nicht gab …

Neben dem Bedürfnis nach Sicherheit und Stabilität herrscht also ein erstaunlicher Unternehmergeist. Das ganze Streben nach Influencertum (deren Geschäftsmodelle durchaus verstanden und angestrebt werden) und Instagram-Hashtags wie #hustle (19,5 Millionen Treffer) oder #millionairemind-set (3,8 Millionen Treffer) sind ebenfalls Manifestationen dieser Entwicklung.

Studien zeigen, dass viele Schülerinnen und Schüler ihr eigener Chef werden wollen (77 Prozent) oder schon ein Unternehmen planen (45 Prozent). Leider führt das auch zu dem enormen Erfolg von fragwürdigen Multi-Level-Networking-Veranstaltungen oder anderen »Get rich quick«-Konzepten, die massiv über Facebook- und Instagram-Ads beworben werden. In den erfolgshungrigen und leistungsbereiten Teilen der Gen Z finden solche Rattenfänger leider eine bereitwillige Zielgruppe, die (noch) nicht gelernt hat, solche Geschäftsmodelle kritisch zu hinterfragen.

Gleichzeitig brachten diese Umstände, aufzuwachsen, eine der größten Stärken dieser Generation hervor, eine Eigenschaft, in der sie alle Nachkriegsgenerationen schlägt: ihre hohe Anpassungsfähigkeit an sich schnell ändernde Situationen. Das können Sie sich als Arbeitgebende hervorragend zunutze machen, wenn Sie eine Umgebung schaffen, in der solche Flexibilität nützlich ist.

VUCA ist die Lebenswirklichkeit der Generation Z. Die Krisen und die damit verbundene Unsicherheit und psychische Belastung schlagen sich vor allem im »U« – also der »uncertainty« (Unsicherheit) – nieder.

Die Volatilität (V) beschreibt die Schnelllebigkeit unserer Zeit. Entwicklungen verlaufen immer rasanter. Während ich dieses Buch schreibe, erleben ChatGPT und andere KIs einen enormen Aufstieg. Noch vor wenigen Monaten hatte kaum jemand abseits der Tech-Bubble von diesen Tools gehört, heute kommen jede Woche Hunderte neuer Anwendungen auf den Markt, und selbst Tech-Experten fordern medienwirksam einen zeitweiligen Entwicklungsstopp für KI, da selbst ihnen die Geschwindigkeit nicht mehr beherrschbar erscheint.

Im zweiten Jahr der Corona-Krise (Januar 2021) erfuhr die Social-Audio-Plattform »Clubhouse« einen derartigen Hype, dass sie hervorragend als Beispiel für Volatilität taugt. Innerhalb weniger Tage verbreitete sich die neue Plattform enorm. Mein LinkedIn-Newsfeed bestand ohne Übertreibung fast ausschließlich aus Beiträgen zu Clubhouse. Ich selbst war als Android-User von der Teilnahme ausgeschlossen, die App war nur für iPhone-Nutzerinnen freigegeben. Im Apple Store stand Clubhouse auf Platz eins der am meisten heruntergeladenen Apps.

Der Hype dauerte einige Wochen an. Millionen Menschen nutzten Clubhouse, um sich Gespräche anzuhören oder selbst welche zu hosten. Bereits nach kurzer Zeit kündigten alle großen Social-Media-Plattformen an, diese Funktionen zu übernehmen: erst Twitter, dann Facebook, schließlich LinkedIn. Da begann bei Clubhouse aber schon wieder der Verfall. Das Interesse ließ rapide nach und bereits Mitte 2021, also nur wenige Monate nach Beginn des Hypes, wollte kaum noch jemand etwas von der App wissen. Volatilität lässt sich kaum besser beschreiben.

Dass »C« in VUCA beschreibt die »complexity« der Welt, in der die Gen Z aufwächst. Selbst enge und spezifische Themenfelder sind mittlerweile so komplex geworden, dass auch Fachleute sie kaum noch überblicken. Ich erlebe das in meinem eigenen Fachgebiet, dem Online-Marketing, sehr deutlich. Egal ob Suchmaschinenoptimierung, Social-Media-Marketing, Display-Werbung oder E-Mail-Marketing: Jedes dieser Themen hat sich in den letzten 15 Jahren extrem verkompliziert. Konnte man sich früher als »Social-Media-Experte« einen guten Ruf und ein ebenso gutes Einkommen aufbauen, spezialisieren sich heute Kolleginnen auf TikTok-Ads für die Schuhbranche – und haben gleichzeitig von YouTube-Marketing oder gar Bannerwerbung überhaupt keine Ahnung. Weil selbst ihre spezifische Nische sie komplett ausfüllt.

Das »A« schließlich steht für die Ambiguität und beschreibt sowohl die Generation Z selbst als auch ihre Lebenswirklichkeit. Eine Generation, die gleichzeitig Influencer anhimmelt, die von mondänen Urlaubsreisen berichten, und daneben fürs Klima demonstriert. Aber auch eine Generation, der mangelnde Loyalität zu ihren Arbeitgebern vorgeworfen wird, die sie selbst aber von den Arbeitgebern kaum erfährt.

So oder so gilt: Wer die Gen Z verstehen will, muss sich eingehend mit der VUCA-Entwicklung beschäftigen. Und ein gehöriges Maß an Verständnis mitbringen.

Exkurs: Auswirkungen der Corona-Pandemie auf die psychische Gesundheit

Auf eine Folge dieser vielen Krisen werden sich Arbeitgeber auf jeden Fall einstellen müssen: Immer mehr junge Menschen leiden infolge der Corona-Maßnahmen unter psychischen Einschränkungen oder gar Erkrankungen.

Stärker als jede andere Jugendgeneration vor ihr leidet die Generation Z unter Schlafstörungen, Kopfschmerzen, depressiven Symptomen und Depressionen. Das ist das Ergebnis der sogenannten COPSY-Studie des UKE Hamburg.[63] Die UKE-Forschenden untersuchten die Auswirkungen und Folgen der Corona-Pandemie auf die seelische Gesundheit und das Wohlbefinden von Kindern und Jugendlichen in Deutschland.

Ich zitiere hier die Studie direkt: »Die Covid-19-Pandemie hat dieses Problem verstärkt: Die Isolation des Lockdowns, die fehlenden Strukturen im Tagesablauf und der Bildungsrückstand durch das oftmals nur mäßig erfolgreich umgesetzte Homeschooling machen den jungen Menschen nachhaltig zu schaffen.«

Und die jungen Menschen sind nicht mehr bereit, sich wie ihre traumatisierten Urgroßeltern durch diese Krisen durchzuarbeiten, bis sie umfallen. Eine gemeinsam von Mind Share Partners, SAP und Qualtrics an 1500 Vollzeitkräften durchgeführte Studie zeigt, dass 75 Prozent der Gen-Zlers und 50 Prozent der Millennials bereits einen Job aufgrund von psychischen Beschwerden hingeworfen haben.[64]

Es gibt aber eine gute Nachricht in der schlechten: Die Generation Z holt sich wie keine andere Generation professionelle Unterstützung im Falle von psychischen Beeinträchtigungen. Ihr psychisches und physisches Wohlergehen ist den Vertreterinnen und Vertretern der Generation Z wichtig, und sie sind bereit, ihrer Gesundheit viel, viel mehr unterzuordnen als die Generationen vor ihr.

»Wir früher« wollten hoch hinaus – wohin will die Gen Z?

Was wollen »die« eigentlich? Das ist die Frage aller Fragen und ich werde Sie der Antwort in diesem Kapitel hoffentlich näher bringen. Wie immer bei unserem Topic gilt es zu beachten, dass wir es bei »denen« mit einer heterogenen Zielgruppe zu tun haben. Das bedeutet, dass Sie als Personaler oder Vorgesetzte immer noch den klassischen Karrieristen finden werden. Dabei meine ich den Begriff gar nicht negativ. Auch in der Generation Z werden Sie High Performer finden, die bereit sind, ihrem beruflichen Fortkommen alles unterzuordnen, diejenigen, denen Eckbüro und der eigene Parkplatz etwas bedeuten, diejenigen, die bereit sind, in erheblichem Maße über die vereinbarte Arbeitszeit hinauszugehen, wenn der Porsche am Horizont in der Sonne glänzt. Sie werden allerdings ein bisschen länger nach diesen jungen Männern und Frauen suchen müssen. In der Generation Z zählen sie zu den selteneren Exemplaren.

Vielleicht erinnern Sie sich an Mathias Keswani, 45 Jahre alt und Geschäftsführer der Hamburger Online-Marketing-Agentur Nerdindustries, der 2019 medienwirksam angekündigt hatte, keine Praktikanten der Generation Z mehr einzustellen. Für ihn war das Maß voll, als ein Bewerber ihm beim Vorstellungsgespräch seine Wunschliste präsentierte: zweimal die Woche um 17 Uhr frei, weil er seinem Hobby Yoga nachgehen wolle. Das ist natürlich griffig. Ausgerechnet Yoga. Darin kristallisieren sich alle Vorurteile, die man gegenüber der jüngeren Generation so im Kopf haben kann. Keswani: »Die Freizeitorientierung hat bei den jungen Menschen in den letzten Jahren zugenommen.« Die Arbeitshaltung sei: »Ich komme mal vorbei, aber wenn mir das zu stressig wird, dann lasse ich es lieber.«

Abgesehen davon, dass hier vielleicht die Unterscheidung zwischen Praktikanten und voll bezahlten Mitarbeitenden verloren gegangen ist, riecht die pauschale Aussage nach den bereits durchgekauten ritualisierten Weltuntergangsszenarien, mit denen die Älteren seit Menschengedenken auf die jüngeren Generationen blicken. Oder?

Dass etwas mehr als ein Funken Wahrheit in dieser hart kritisierten Aussage steckt, bestätigte mir unter anderem Adil Sbai, CEO und Gründer von WeCreate (eine der größten TikTok-Agenturen) im Interview. Diese bedingungslose Motivation, diesen bedingungslosen Drive ins Ungesunde, den man früher bei vielen Beraterinnen und Beratern gerade in den ersten Jahren fast schon erwartet hatte, gäbe es heute weniger. Führungskräfte-Coach Martin Emrich schlägt im Interview in die gleiche Kerbe. Auch er beobachtet, dass Karriere um jeden Preis nicht mehr gefragt ist. »Dieses ›Ohrenanlegen und steil vertikal nach oben‹, das habe ich jetzt seit Jahren gar nicht mehr gesehen bei Leuten aus Generation-Z-Jahrgängen.«

Aber woher kommen denn dann die erfolgreichen jungen Unternehmer dieser Welt, wie die schon erwähnten Charles Bahr und Philip Riederle, die Unternehmerinnen, Investorinnen und Influencerinnen Diana zur Löwen und Vivien Wysocki? Hier müssen wir unterscheiden zwischen einem eigenen Projekt und einer Karriere im Unternehmen. Denn, so beschreibt es Emrich: Eine Ausnahme gäbe es doch bei der Generation Z. Sie sind hoch motiviert und bereit, richtig engagiert zu arbeiten, wenn sie für sich selbst arbeiten, wenn sie zum Beispiel als Influencer selbstständig durchstarten. Hier kommt das bereits angesprochene Thema »Sinn« zum Tragen. Der Sinn kann im großen Ganzen liegen, aber eben auch im Egoistischen. Sich etwas aufbauen, etwas Eigenes schaffen – dafür legen sich viele Vertreter der Gen Z eher ins Zeug als für einen Job, der im Zweifel bei der nächsten zu erwartenden Krise ohnehin schneller weg ist, als man »Arbeitsplatzsicherheit« sagen kann. Da fällt mir ein passender Witz ein.

»Ich habe gesehen, wie Sie vorhin auf dem Parkplatz meinen neuen Porsche bewundert haben«, sagt der Chef zum jungen Mitarbeiter. »Ich sag Ihnen was: Wenn Sie sich richtig ins Zeug legen, ein bisschen früher kommen und ein bisschen später gehen und sich echt für den Job aufopfern, dann kann ich mir in ein paar Jahren noch einen leisten!« Vielleicht ist das für die Gen Z weniger ein Gag als eine Warnung?

Wahr ist aber auch, dass Generation Z in großen Teilen andere Ansprüche und Bedürfnisse hat als ihre Vorgänger und – und das ist das Entscheidende – tendenziell nicht bereit ist, diese Ansprüche hintanzustellen. Das gesamte Privatleben rund um die Arbeit zu organisieren und sich bis zum Burn-out für die Firma abzurackern, ist nicht mehr das Ziel eines Großteils der jungen Menschen.

Das Gute an der Diskussion ist, dass sie Vertreterinnen und Vertretern der Generation Z viel Raum gibt, ihre eigenen Ansprüche zu formulieren. Wir müssen also nur genau hinschauen. Ergänzt um die Ergebnisse diverser soziologischer Untersuchungen können wir ein ziemlich genaues Bild davon zeichnen, was »die« eigentlich wollen. Eines ist ganz sicher. Die Mehrzahl der Generation-Z-Vertreterinnen und -Vertreter will keine Chefs, die so von ihnen denken wie Keswani – oder der Boss aus unserem Witz.

Work-Life-Balance als Marketing-Floskel enttarnt

Eine kurze Recherche in populären Stellenportalen fördert selbst für den unbedarften Boomer Augen-öffnende Ergebnisse zutage: Das Schlagwort Work-Life-Balance findet sich nämlich in zahlreichen Unternehmensbeschreibungen, allerdings ohne dass in irgendeiner Form erläutert wird, was damit gemeint ist. Ein börsennotierter Personaldienstleister führt Work-Life-Balance in manchen Stellenbe-schreibungen sogar als Teil des Vergütungspakets auf, was bei ge-nauerem Nachdenken wirklich absurd ist. Wie viel Leben bekommt man dort wohl am Ende des Monats überwiesen? Bei einem anderen Personaldienstleister heißt es: »Wir bieten unseren Mitarbeitern viel-fältige Möglichkeiten mit besten Qualifizierungs- und Aufstiegschan-cen bei interessanten Kundenunternehmen – Work-Life-Balance in-klusive.«

Natürlich ist die Work-Life-Balance inklusive! Arbeit und Privat-leben stehen schließlich immer in Beziehung. Die Frage ist nur, ist die Beziehung im Gleichgewicht? Und wenn ja, für wen? Und was bedeutet das alles überhaupt?

Der Begriff deckt drei große Themenbereiche ab. Erstens steckt in der Work-Life-Balance tatsächlich die zeitliche Komponente, also die Verteilung der für alle Lebensbereiche zur Verfügung stehenden Zeit. Die Work-Life-Balance ist dann ausgewogen, wenn die betref-fende Person aus ihrer persönlichen Sicht mit der Verteilung der Zeit auf alle Lebensbereiche zufrieden ist. Das heißt, dass eine Balance grundsätzlich sehr individuell empfunden wird.

Zweitens bedeutet die Work-Life-Balance das Ausbleiben von ein- oder gegenseitigen negativen Beeinflussungen zwischen den Lebens-bereichen. Ein negativ beeinflussender Faktor könnte beispielsweise die Erwartung an ständige Erreichbarkeit sein sowie an das abend-liche »Noch mal eben die Mails checken« etc. Ebenso dazu zählen die Pflicht zu langen unbezahlten Praktika, prekäre Kettenverträge, unzureichende Entlohnung und eben alle Faktoren, die ein »Ab-schalten« verhindern und die dafür sorgen, dass man abends im Bett grübelt, wie es weitergehen kann.

Eine dritte Bedeutungsebene ist die Vereinbarkeit von Familie und Beruf, die aber vor allem auf struktureller Ebene durch staatliche Rahmenbedingungen geschaffen werden muss.

Wer den Ausdruck Work-Life-Balance verwendet, betont individu-elle Entscheidungen, Präferenzen und Selbstorganisation sowie den Abgleich zwischen Arbeitnehmer- und Arbeitgeberinteressen.

Dann ist alles in Butter? Die einen wollen es, die anderen werben schließlich damit. Jetzt muss man sich nur noch einigen, was mit

Work-Life-Balance genau gemeint ist. Da – und in einer anderen Kleinigkeit – liegen allerdings die Knackpunkte. Fangen wir mit der »Kleinigkeit« an: Die Generation Z meint es ernst!

Karriere und viel freie Zeit sind den jungen Menschen gleichermaßen wichtig. Und freie Zeit soll wirklich freie Zeit sein. Auf den (Über-)Griff in das Privatleben haben sie überhaupt keinen Bock. Ebenso wenig haben sie Lust auf die Vermischung der beiden Bereiche. Dienst ist Dienst und Schnaps ist Schnaps, könnte durchaus ein Motto der Generation Z sein. Der aus der Start-up-Kultur bekannte Gedanke »Work hard, play hard« mit tollen Teamevents (wer viel erreicht, hat viel zu feiern!) ist vielen Vertreterinnen der Generation Z – zu Recht – suspekt. Denn im Grunde genommen geht es bei dieser als Work-Life-Balance getarnten Form des japanischen Nomikais (betriebsinterne Feiern zur Steigerung der Arbeitsmoral) immer nur darum, das Maximum an Arbeitsleistung für das Unternehmen rauszuquetschen – idealerweise aus gar nicht bezahlten Praktikanten und schlecht bezahlten Juniors. Die Chiffren dafür sind »Teamevents«, »Obstkorb«, »Kaffee-Flatrate« und »free water«, »Bürohund« und »Feelgood-Manager«. Wer einmal erlebt hat, mit welcher Häme und Verachtung sich Gen-Zler in den sozialen Netzwerken über derartige Angebote auslassen, wird in Zukunft vorsichtiger sein in der Formulierung seiner Jobangebote. Für viele junge Menschen aus der Generation Z ist das nur noch hohles Marketinggelaber.

Aber Vorsicht: Wie immer bei der Generation Z gilt gleichzeitig das Gegenteil. Jason Modemann pflegt in seiner Social-Media-Agentur mawave den klassischen Start-up-Lifestyle mit wöchentlichen Treffen auf der Dachterrasse, Teamevents und allem Schnick und Schnack. Und in seinem (Agentur-)Umfeld funktioniert das auch. In den regelmäßigen Mitarbeiterbefragungen nach den Gründen, warum jemand bei mawave arbeitet, steht diese Unternehmenskultur sogar auf einer Top-Position. Auch wenn selbst in diesem hochmotivierten Umfeld das Gehalt einen wichtigen Faktor darstellt. **(Das komplette Interview mit Jason Modemann finden Sie im ► Bonus-Bereich zum Buch.)**

Ich arbeite generell gern und viel. Ich will mir was aufbauen, was mir gehört, ein kleines Unternehmen. Das wollte ich schon als Jugendlicher.

Momentan mache ich das nebenbei, aber so in zwei bis drei Jahren will ich meinen Job aufgeben und mich in Vollzeit selbstständig machen. Einfach nur einen Job machen, damit Geld reinkommt, auch wenn mich das null erfüllt, das könnte ich nie. (Jonas, 23, Bankkaufmann und nebenbei Online-Händler)

Flexible Arbeitszeitmodelle, Vier-Tage-Woche und Teilzeitmodelle sind dagegen branchenübergreifend hochwillkommen. Ein großer Teil der Gen Z will ungern Überstunden für die Karriere ableisten und genauso wenig am Wochenende arbeiten – sogar, wenn es dafür einen entsprechenden Ausgleich geben würde.

Für Vertreter der Generation Z ist Teilzeit mehr als nur Freizeitmaximierung, im Sinne von »Faulheit«. Sie suchen Erlebnisse und nutzen die Zeit, um an sich zu arbeiten. »Meine Erfahrungen definieren mich irgendwie – nicht, weil ich damit angeben kann, sondern eher, weil sie mir wirklich Wertvolles beigebracht haben«, wird ein junger Mann in einer Studie[65] zitiert.

Generation Z lebt nicht in der Zukunft, sondern in der Gegenwart, was angesichts der vielfältigen Krisen und der vermeintlich düsteren Zukunftsaussichten, die der Klimawandel beschert, keine völlig abwegige Reaktion ist. Die Jugendlichen haben ja erlebt, wie schnell sich die Welt ändern kann. Und sie sehen, wie viel ihre Eltern und Großeltern arbeiten oder gearbeitet haben. Sehr viele sehen dabei, dass sie sich diesen Lebensstandard nie selbst werden erarbeiten können. Ein Hauskauf beispielsweise benötigt heute wesentlich mehr Eigenkapital als früher. Man braucht also Geld auf der hohen Kante. Entweder ist das Erbe in Sicht oder nicht. In beiden Fällen fragen sich junge Menschen, wozu – und zu welchen Kosten – sie sich abrackern sollen, und setzen ihre Prioritäten gleich anders. Arbeitgeber müssen auf dieses erhöhte Freizeitbedürfnis intelligent reagieren.

Gleichzeitig können Arbeitgeber vom zweiten Aspekt der Work-Life-Balance profitieren. Sicherheit und Stabilität sind wieder sehr gefragt. Die Jobsicherheit steht bei 62 Prozent aller Befragten der Randstad-Studie ganz oben. Hier sind sich Boomer und Generation Z völlig einig.

Insbesondere eine Branche profitiert: der öffentliche Dienst. 2021, so das Statistische Bundesamt, gab es im öffentlichen Dienst den stärksten Personalzuwachs seit der Wiedervereinigung. Kein Wunder, hat doch der öffentliche Dienst bis auf absolute Spitzengehälter alles zu bieten, was der Zler sich wünscht: Sicherheit, pünktlicher Feierabend, flexible Teilzeitmodelle, wohnortnahe Dienststellen, Homeoffice-Regelungen und eine gute Vereinbarung von Arbeit und Familie.

Sie sehen hier also wieder, wie gespalten oder besser heterogen diese Zielgruppe ist. Auf der einen Seite großer Unternehmergeist, auf der anderen Seite der Wunsch nach einem sicheren Arbeitsplatz, klaren Strukturen und einem ausgeprägten Sicherheitsnetz. Das sollte Sie beruhigen: Sie werden es nicht allen recht machen können, und es ist normal, wenn Sie einen Teil der jungen Menschen mit Ihrem Angebot nicht erreichen. Konzentrieren Sie sich darauf, den anderen Teil zu erreichen – und diesen dafür so professionell und gezielt wie möglich anzusprechen.

Ansprüche und Erwartungen an den Arbeitsplatz

Es war purer Zufall. Irgendwann in der Zeit, als ich dieses Buch geplant hatte, hatte ich ein Gespräch mit einem Speaker-Kollegen. Ein besonnener Mann eigentlich. Als das Gespräch auf das Thema dieses Buchs kam, platzte es aus ihm heraus. Er hätte die Schnauze gestrichen voll. Zwei »von denen« hätten sich im letzten Jahr bei ihm beworben. Diese Ansprüche! Frisch von der Uni mit völlig unrealistischen Gehaltsvorstellungen. Dafür aber nichts arbeiten wollen. »Am besten hätte ich noch jedem eine Kuscheldecke mit dem eigenen Namen besorgen sollen.« Sein Fazit stand fest. Er würde niemanden unter 30 (!) mehr einstellen. Okay? War das jetzt anekdotische Evidenz mit einer guten Portion Juvenoia? Oder ist wirklich was dran? Gleich vorweg: Besonders in einem Punkt hat mein Kollege wohl das Vergnügen mit zwei prototypischen Vertretern der Generation Z gehabt. Zumindest wenn ich »Kuscheldecke« ganz frei mit »Bestätigung« übersetze. Was andere Punkte angeht, sollte er sich geschmeichelt fühlen, dass junge Menschen gerne für ihn arbeiten würden.

Bevor ich tiefer in die Fakten einsteige, möchte ich darauf hinweisen, dass wir sehr genau unterscheiden müssen zwischen den Ansprüchen an den Arbeitgeber auf der einen und den Ansprüchen an den individuellen Arbeitsplatz auf der anderen Seite. Sprich: Auch in der aufregendsten Werbeagentur wird es schnell langweilig, wenn das eigene Jobprofil aus Kaffeekochen und Druckerwarten besteht.

Bei der Analyse zahlreicher Studien zu den Wünschen der Generation Z an einen potenziellen Arbeitgeber kristallisieren sich in nahezu allen von mir betrachteten Untersuchungen Kriterien heraus, die quasi als Grundbedingungen gegeben sein müssen. Erst wenn diese erfüllt sind, können wir – bzw. wird die Gen Z – den Blick auf Dinge wie Arbeitszeitmodelle etc. richten.

Generation Z wünscht sich vielfältige unternehmerische Möglichkeiten am Arbeitsplatz, aber am liebsten mit der Sicherheit einer stabilen Beschäftigung. Im Klartext: Generation Z bevorzugt tendenziell finanzielle Sicherheit vor persönlicher Erfüllung – auch wenn die Wichtigkeit von Geld im Vergleich zu den älteren Generationen abnimmt.

Erst wenn Ihr Unternehmen erstens in den Fokus gerückt ist und zweitens den bisher beschriebenen Kriterien entspricht, kommt die häufig kritisierte Flexibilität als Entscheidungskriterium dazu.

Für einen echten Macher alter Schule mag sich dieser Wunsch nach Flexibilität übersetzen in: Bloß nicht zu viele Stunden am Schreibtisch verbringen, Vereinbarkeit mit dem Privatleben und auf jeden Fall Möglichkeiten, von zu Hause zu arbeiten. Dabei ist die Sache aber – wie alles im Leben dieser Generation – komplizierter. Laut einer für »Monster worldwide« durchgeführten Studie würden vier von zehn Befragten eine Stelle, in der keine Möglichkeit besteht, im Homeoffice zu arbeiten, gar nicht erst annehmen.[66] Das heißt aber umgekehrt, dass Homeoffice für 60 Prozent der Befragten nicht ganz oben auf der Wunschliste steht. Gespalten ist die Generation Z auch in der Frage nach flexiblen Arbeitszeiten: Rund 50 Prozent der Befragten einer von Zenjob durchgeführten Studie geben an, feste Arbeitszeiten zu bevorzugen, die andere Hälfte wünscht sich Flexibilität im Arbeitsalltag. Und während sich 78 Prozent eine klare Abgrenzung wünschen, ist es gleichzeitig für 70 Prozent der Generation Z trotzdem kein Problem, auch im Urlaub erreichbar zu sein.[67]

Die Frage nach Work-Life-Balance oder Work-Life-Blend muss also auch mit Vertretern dieser Generation individuell ausgehandelt werden. Aus meiner Sicht ist der Trend dennoch eindeutig: Unternehmen, die diesem Wunsch nach Flexibilität nicht gerecht werden können, werden es in Zukunft noch schwerer haben, Mitarbeitende für sich gewinnen zu können.

> Wichtig ist den Vertretern der Generation Z vor allem Autonomie: 83 Prozent gaben an, sich ihre Zeit selbst einteilen zu wollen, um nach dem eigenen Rhythmus arbeiten zu können.

Dieser Wunsch markiert gleichsam die Grenze zwischen dem, was sich die Generation Z allgemein von einem Arbeitgeber wünscht, und dem, was der eigene Arbeitsplatz bei diesem Arbeitgeber an Möglichkeiten idealerweise bieten sollte.

Aus der Zenjob-Studie geht hervor, dass junge Menschen besonders viel Wert auf eine Unternehmenskultur legen, in der offen kommuniziert wird. Zwei Drittel der Generation Z geben an, dass sie gerne alle paar Tage, mindestens aber alle paar Wochen Feedback von ihrem Vorgesetzten erwarten. Und es geht noch weiter: Einer von fünf Gen-Zlern braucht sogar mehrmals am Tag Feedback, um das Gefühl zu haben, von seinem Arbeitgeber wertgeschätzt zu werden. So viel zum Punkt »Kuscheldecke«. Dieser Aspekt erfordert von vielen Unternehmen und Führungskräften einen echten Cultural Change und ist vielleicht deshalb so gefürchtet.

> Die Generation Z braucht mehr und engmaschigeres Feedback als frühere Generationen. »Einfach mal machen lassen« ist weniger erfolgversprechend. Regelmäßige Rückmeldungen und wertschätzende Richtungskorrekturen sichern eher den Erfolg.

Junge Arbeitnehmerinnen und Arbeitnehmer erwarten von ihrem Arbeitgeber zum einen die Offenheit für neue Ideen und Konzepte, die sie selbst einbringen wollen, und zum anderen ehrliche Antworten auf Fragen der Nachhaltigkeit und des sozialen Engagements. Weiter unten gerankt sind Ansprüche an die Unternehmensstruktur wie Diversität, flache Hierarchien und Firmenfeiern. Außerdem wollen junge Menschen sofort loslegen und eingebunden werden.

Reagiert hat auf diese Anforderungen das Handwerk, das sich besonderen Herausforderungen gegenübersieht. 2022 gaben in einer Umfrage 42 Prozent aller IHK-Ausbildungsbetriebe an, dass sie im vergangenen Jahr nicht alle angebotenen Ausbildungsplätze besetzen konnten.[68] Mehr als jeder dritte Betrieb mit offenen Ausbildungsplätzen hat keine einzige (!) Bewerbung erhalten. Kein Wunder, da der Trend zu Abitur und Studium unvermindert anhält. Von denen, die das Abitur anstreben, planen lediglich 11 Prozent eine Ausbildung.

Das klassische Lehrlingsverhältnis ist für Generation Z nicht attraktiv. Deshalb haben fast sechs von zehn Handwerksunternehmen (58 Prozent) ihre Hierarchien für Azubis flacher gestaltet. Der Trend geht zum »Team-Mitglied« ab dem ersten Tag. 51 Prozent der Unternehmen haben abteilungsübergreifende Azubi-Projekte aufgesetzt.

Auch wenn sich die einzelnen Studien teilweise widersprechen bzw. die Bandbreite der Generation Z ja bekanntlich vom 15-jährigen Schüler bis zur 28-jährigen Doktorandin mit Führungsposition im Großunternehmen reicht und es daher recht schwierig ist, übergreifende Aussagen zu treffen, was für »die« jetzt wichtig ist: Wir schauen uns zur Beantwortung dieser Frage zusammenfassend die Ergebnisse der Trendstudie »Jugend in Deutschland« von Simon Schnetzer an. Er erhebt diese Daten seit Jahren regelmäßig und repräsentativ, sodass wir hier von recht gesicherten Erkenntnissen ausgehen können.

Nach Simon Schnetzers Studie sind die wichtigsten Aspekte für die (zukünftige) berufliche Tätigkeit:

- Gute Balance von Arbeit und Freizeit (88 Prozent)
- Gute Arbeitsatmosphäre (87 Prozent)
- Gute Vorgesetzte (81 Prozent)
- Sicherheit des Arbeitsplatzes (80 Prozent)
- Hohes Einkommen (78 Prozent)
- Vereinbarkeit von Familie und Beruf (77 Prozent)
- Etwas tun, das ich sinnvoll finde (75 Prozent)
- Anerkennung für meine Leistung (74 Prozent)
- Weiterbildungsmöglichkeiten (70 Prozent)
- Aufstiegsmöglichkeiten / Karriere (65 Prozent)
- Flexibilität (z. B. Arbeitszeiten) (65 Prozent)
- Klare Trennung von Arbeit und Freizeit (64 Prozent)
- Verantwortung übernehmen (59 Prozent)
- Möglichkeit für Homeoffice und Remote Work (41 Prozent)[69]

Also: ein angenehmes Arbeitsumfeld mit fähigen Vorgesetzten, angemessener Vergütung und ausreichend Freizeit, das einen erfüllt und Anerkennung sicherstellt und genug Raum für persönliche und berufliche Entwicklung bietet. Klingt irgendwie danach, wie die Arbeitswelt aussehen sollte, oder?

So begeistern Sie die Generation Z als Mitarbeitende:

- Die Gen Z lebt nicht, um zu arbeiten. Achten Sie auf ausreichend Freizeit und eine gute Vereinbarkeit von Beruf und Familie. Überstunden müssen abgegolten werden, lieber in Freizeit als in Geld.
- Ein sicherer Arbeitsplatz gehört zu den wichtigsten Werten. Subtile oder direkte Drohungen mit Kündigung sind ein schlechtes Führungsinstrument – schon das Gefühl der Unsicherheit sollte vermieden werden. Unbefristete Anstellung und garantierte Übernahme können Gamechanger sein.
- Geld spielt nach wie vor eine wichtige Rolle. Ein gutes Grundgehalt, Boni oder Zusatzleistungen als Zeichen der Wertschätzung sowie regelmäßige (wenn auch kleinere) Gehaltserhöhungen steigern die Begeisterung für den Arbeitgeber (Sachleistungen wie Bereitstellung hochwertiger Technik oder ein schickes Dienstrad funktionieren auch).
- Die Atmosphäre am Arbeitsplatz ist unglaublich wichtig. Hierauf sollte im Management starker Fokus gelegt werden – eine positive Kultur, ständiges Monitoring auf Unstimmigkeiten und beginnende Krisen, ein wertschätzender Führungsstil, umfangreiches Onboarding, gemeinsame Erlebnisse und eine angemessene Einbeziehung der jungen Mitarbeitenden in Prozesse und Entscheidungen helfen sehr.
- Wichtig ist, den Sinn und die Bedeutung der Tätigkeit zu vermitteln. Die Gen Z will sich als Teil eines großen Ganzen sehen und eine Tätigkeit ausüben, die ihr sinnvoll erscheint.
- Achten Sie auf Möglichkeiten für Weiterbildung und Entwicklung in Form von Online-Programmen, aber auch Face-to-Face-Weiterbildungen wie Workshops, Seminaren oder Konferenzen. Planen Sie solche Weiterbildungen von Anfang an regelmäßig ein.

Die Checkliste finden Sie auch im ▶ Bonus-Bereich des Buches zum Download.

Ein idealer Arbeitstag eines Gen-Zlers

Generation Z hat, wie wir bereits in den vorangegangenen Kapiteln festgestellt haben, in Bezug auf den idealen Arbeitstag andere Prioritäten als frühere Generationen. Sie schätzt Flexibilität und echte Work-Life-Balance sowie die Möglichkeit, ihre Fähigkeiten und Interessen zu entwickeln und sich sinnvoll einzubringen und zu verwirklichen. Ein idealer Arbeitstag könnte daher Folgendes beinhalten:

- flexible Arbeitszeiten, um die eigenen Bedürfnisse besser zu berücksichtigen,
- Remote-Arbeit, um die Work-Life-Balance zu verbessern,
- Möglichkeiten zur Weiterbildung und persönlichen Entwicklung,
- Chancen, die eigene Kreativität und Innovation einzubringen,
- eine positive und inklusive Unternehmenskultur,
- Möglichkeiten zur Verwirklichung von Projekten und Aufgaben, die die Mitarbeitenden persönlich erfüllen.

Auch die technische Entwicklung wird Einfluss auf die Gestaltung der Lebens- und Arbeitswelt nehmen. Natürlich ist es schwierig, genau vorherzusagen, wie sich Smartphones und Sprachassistenten bis 2030 entwickeln werden, da die Technologie schnelllebig ist und sich ständig verändert. Allerdings gibt es einige Trends und Entwicklungen, die darauf hindeuten, wie sich diese Technologien in den kommenden Jahren entwickeln könnten:

- Smartphones und Sprachassistenten werden immer intelligenter und in der Lage sein, noch komplexere Aufgaben auszuführen, indem sie auf Daten und Erfahrungen von Nutzern zugreifen.
- Sprachassistenten werden immer besser darin, natürliche

Sprache zu verstehen und zu verarbeiten, was die Interaktion mit ihnen noch einfacher und natürlicher machen wird.

- Smartphones und Sprachassistenten werden immer besser darin, erweiterte Realität und Augmented Reality zu nutzen, um virtuelle Erfahrungen und Informationen in die reale Welt zu projizieren.
- Smartphones und Sprachassistenten werden immer besser darin, ihren Energieverbrauch zu optimieren und länger zu halten, was die Nutzungsdauer erhöhen wird.
- Smartphones und Sprachassistenten werden immer besser darin, Nutzerdaten zu sammeln und zu analysieren, um ihre Leistung und Funktionen kontinuierlich zu verbessern.
- Datenschutz und Sicherheit: Smartphones und Sprachassistenten werden immer besser darin, die Daten der Nutzerinnen zu schützen und zu sichern, um zu gewährleisten, dass diese Daten nicht missbraucht werden.

Es ist mir wichtig zu betonen, dass es sich hierbei um Prognosen handelt und sich die Entwicklungen von den vorhergesagten unterscheiden können. Dennoch geben diese Trends Hinweise, wie ein Arbeitstag, im besten Fall ein idealer Arbeitstag der Zukunft aussehen könnte. Daraus lassen sich wiederum Schlüsse ziehen, wie Sie sich als Unternehmer zukunftssicher aufstellen können.

Werfen wir einen Blick in die Zukunft:

Um Punkt 7 Uhr reißt der Handy-Alarm Gregor aus seinen unruhigen Träumen. Wie von selbst greift der 24-Jährige noch im Halbschlaf nach seinem Device. »Guten Morgen, Greg«, dringt eine sanfte weibliche Stimme an sein Ohr, während er die Notifications auf seinem iPhone 20x checkt. »Es ist Donnerstag, der 23. Juni 2027. Du hast heute vier Termine.« Die Stimme gehört seiner Sprachassistentin, die mit seiner Smartwatch gekoppelt ist und die anhand von Gregors Herzrhythmus erkannt hat, dass er inzwischen aufnahmefähig ist.

Während Gregor noch die eingegangenen Nachrichten seiner Freunde überfliegt und auf sie reagiert – denn alles andere würde von jedem von ihnen als sehr unhöflich empfunden –, drängt die Assistentin sanft darauf, dass er aufsteht, denn sie hat im Hintergrund die Verkehrssituation gecheckt und eine erhöhte Auslastung auf der U6 festgestellt, der U-Bahn-Linie, die Gregor

in inzwischen genau 47 Minuten zu seinem Arbeitsplatz bringen soll. Trotzdem muss er noch schnell eine Nachricht ausführlicher beantworten, denn in
knapp einem Monat wollen Gregor und drei Freunde eigentlich eine Asienreise
unternehmen. Aber noch sind sich alle unsicher, wie sie mit ihrem erhöhten
CO_2-Abdruck und der politischen Entwicklung in einem ihrer potenziellen
Reiseziele umgehen sollen. Auf Alpharama, seinem bevorzugten Netzwerk,
würde es sich aber ziemlich gut machen und bestimmt an die zweihundert
Thumbs-up generieren. Das Thema beschäftigt ihn. Er muss sich wirklich noch
intensiver damit auseinandersetzen, denkt er sich. Dann steht er auf.

Schnell eine Dusche, sein Wasser- und Energiekontingent für den restlichen
Monat erlaubt eine durchschnittliche Duschzeit von viereinhalb Minuten bei
34 Grad. Er schafft es schneller und freut sich, dass die gesparte Zeit seinem
Kontingent gutgeschrieben wird. Anziehen, ein veganes Müsli und Gregor ist
ready to go.

Er schafft die U6 pünktlich und ergattert sogar einen Sitzplatz. Es wäre allerdings auch nicht dramatisch, wenn er später käme. Seine Arbeitszeit wird
durch die Unternehmens-App automatisch erfasst, sobald er das Gebäude
betritt. »Bisschen unfair«, denkt Gregor ab und zu, »dass die Arbeitszeit seine
Wegzeit nicht berücksichtigt.« Sein Vater würde ihn wieder auslachen, wenn
er das Argument brächte, dass die Fahrtzeit ja eigentlich schon Arbeitszeit ist,
denn schließlich könnte er ja auch von zu Hause aus arbeiten. Dass er drei Tage
in der Woche im Unternehmen präsent sein muss, war nicht seine Idee. Aber
gut, da muss man Kompromisse machen, denkt er sich. Die übrigen Benefits
fangen diesen Nachteil auf. Insbesondere den Führungsstil seiner Chefin
empfindet er als großen Pluspunkt. Sie ist überhaupt mies gut in dem, was sie
macht, obwohl sie schon weit über 50 ist. Bei ihr hat er das Gefühl, dass sie
ihn wirklich versteht und dass sie nicht nur seine Arbeit, sondern auch ihn als
Person wertschätzt. Bei seinem letzten Arbeitgeber war das nicht so. Richtig
schlecht wird ihm, wenn er an die Zeit zurückdenkt. Er hat fast genauso lange
gebraucht, »wieder klarzukommen«, wie er dort gearbeitet hat. Die Kündigung
und der Wechsel zu seinem aktuellen Arbeitgeber, einer NGO, die Wasserver-
sorgungsprojekte in Schwellenländern organisiert, war eine echte Erleichterung. Auch seine Schlaflosigkeit hat sofort ein Ende gefunden. Zuerst war er ja
ein bisschen unsicher, weil er bei einer NGO eigentlich von einer ungesicherten
Finanzierung ausgegangen ist. Aber tatsächlich ist diese NGO ziemlich sicher
staatlich finanziert. Die Regierung von Bundeskanzlerin Baerbock hat ebenso

wie die Opposition großes Interesse daran, diese Projekte voranzutreiben, um den vom Klimawandel weiter verstärkten Migrationsdruck aus diesen Ländern zu nehmen. Jedenfalls war es insgesamt gut, dass er sich von der Recruiterin überzeugen ließ, nachdem er sie nach dem ersten Kontakt über Alpha eigentlich schon gleich blocken wollte. Da war er sogar ziemlich sauer, hatte ihr Verhalten als übergriffig empfunden. Das war schließlich sein privates Profil, über das sie ihn angeschrieben hatte. Aber sie hatte ja recht: Mit seinem CV, dem Bachelor in Afrikanistik und dem Master in interkultureller Kommunikation passte er ideal zur Organisation und auf die Stelle als Projektmanager. Noch nie hatte er so viel und so hart gearbeitet. Es passt einfach. Außerdem war seine Arbeit wirklich etwas wert. Nicht unbedingt finanziell, aber er konnte wirklich etwas verändern. Seine Arbeit verändert die Welt ein bisschen zum Besseren. Dafür, findet Gregor, lohnt es sich, auch mal die Extrameile zu gehen. Mit diesen Gedanken erreicht Gregor seinen Arbeitsplatz.

Bis zu diesem Moment hat er noch mit niemandem gesprochen außer mit seiner virtuellen Assistentin. Die einzigen menschlichen Stimmen, die ihn erreicht haben, waren das Stimmengewirr in der Bahn. Und auch das hielt sich glücklicherweise in Grenzen. Ziemlich creepy eigentlich, die Alten, die sich tatsächlich noch miteinander unterhielten, statt sich, wie anständige Bürger, schweigend mit ihrem Device zu beschäftigen. Verrückt: Der eine Typ auf dem Vierer schräg gegenüber hat sogar eine echte Zeitung, also richtig auf Papier, gelesen.

In den nächsten zwei Stunden koordiniert Gregor diverse internationale Projekte. Dabei hilft ihm, wie eigentlich bei fast allem, was er so in seinem Job tut, eine KI. Dank ChatGPT schreibt er viel weniger E-Mails als früher selbst, und auch die, die er noch händisch schreibt, gehen flott von der Hand. So bleibt mehr Zeit für Wesentliches. Auch seine Kolleginnen und Kollegen im Marketing haben sich längst an die künstliche Intelligenz in ihrer Arbeit gewöhnt. Neulich wurde ein Video zu einem neuen Brunnenprojekt in Mali erstellt. Früher wäre dafür ein ganzes Drehteam vor Ort nötig gewesen, die Kosten hätten im mittleren fünfstelligen Bereich gelegen. Heute war eine einzige Projektmanagerin mit dem Video betraut. Sowohl das Video selbst als auch die Off-Stimme, die Grafiken, die Texteinblendungen, den gesamten Schnitt und die Postproduktion hat eine einzige KI übernommen. Aufwand: vier Stunden vom Konzept bis zum fertigen Video, das von einem »echten« nicht zu unterscheiden ist. So konnte der Output an hochwertigem Content in den letzten zwei Jahren enorm gesteigert werden. Früher war genau das der Engpass der NGO, es haben einfach Budget und Personal gefehlt. Dass das Marketing inzwischen nur noch zwei Personen und nicht mehr fünf wie früher umfasst, ist ein Nebeneffekt, den er und seine Kollegen akzeptieren mussten. Er selbst hat sich in den letzten zwei Jahren intensiv im Umgang mit KI weitergebildet, um diese Werkzeuge sehr effektiv nutzen zu können und nicht so schnell selbst durch eine KI ersetzt zu werden.

Obwohl er – und das ist eine seiner Stärken, die auch seine Vorgesetzte immer wieder herausstellt – auch in der Face-to-Face-Kommunikation fit ist, ist es ihm wichtig, dass der Austausch mit seinen Kollegen und den internationalen Projektmitarbeitenden so weit wie möglich via E-Mail abläuft. Manche seiner Freunde können nicht mal ein Telefonat führen, ohne vorher ein Coaching zu buchen. Darüber kann Gregor nur still lächeln, obwohl auch er sich seine Kommunikations-Skills hart erarbeiten musste und diverse Trainings absolviert hat. Inzwischen muss es schon sehr dicke kommen, bis er sich davon stressen lässt. Und wenn tatsächlich mal so ein Tag kommt, dann bucht er sich ein Mini-Retreat beim unternehmenseigenen Feelgood-Manager. Insgesamt achtet seine Vorgesetzte aber sehr darauf, dass es nicht so weit kommt.

In ein paar Stunden steht ein weiteres Feedbackgespräch mit ihr an. Gregor freut sich schon darauf, obwohl sie bizarrerweise darauf besteht, dass beide sich siezen. Sehr ungewöhnlich, aber naja ... einfach eine andere Generation, denkt er sich dann. Regelmäßig führen sie diese Feedbackgespräche, und seine Teamleiterin legt großen Wert darauf, dass er sich nicht nur beruflich entwickelt. Er hat das Gefühl, dass ihm der Kontakt mit ihr echt guttut. Klasse Frau. Wo die schon überall war und was die schon alles selbst auf die Beine gestellt hat ... Zum ersten Mal verspürt Gregor so etwas wie Loyalität gegenüber einem Arbeitgeber.

Trotzdem hat er immer ein großes »Aber« im Kopf. Denn ausnutzen lassen wird er sich nicht noch mal. Das Spiel hat er bei seinem alten Arbeitgeber durchgespielt. Werte, Sinn, »Purpose« und so weiter, schön und gut. Aber Rechnungen muss er eben auch zahlen. Allein, was die Wohnung kostet ... Gut, dass sie ihm die Senior-Stelle nicht nur in Aussicht gestellt hat, sondern schon den konkreten Weg mit ihm besprochen hat. Aber was dieses grundsätzliche Misstrauen angeht, da wird er sicherlich noch mal mit seinem Coach sprechen müssen. Er schafft es einfach nicht, sein Visier komplett hochzuklappen.

Es geht inzwischen auf 17 Uhr zu. Das Gespräch war erwartungsgemäß gut. Die Projekte laufen so weit. Ein paar Schwierigkeiten mit Lieferanten wird er in den Griff bekommen. Ein bisschen Kopfzerbrechen macht ihm die Einladung, mit ein paar Kollegen nach Feierabend noch gemeinsam essen zu gehen. Er will nicht unhöflich sein, aber er kennt nicht alle und hat eigentlich auch eigene Pläne. Nee, beschließt er. Das muss nicht mehr sein. Er ist ziemlich stolz auf sich, dass er die Einladung nicht ignoriert, sondern über Slack absagt. Dann fährt er den Rechner runter und verlässt das Gebäude. Auf dem Weg nach Hause geht er einen Umweg, um sein tägliches Schrittekontingent zu erfüllen.

Heute war ein guter Tag!

New Work oder doch lieber 9 to 5?

Generation Z versteht die Frage nicht! New Work ist ein Begriff, der sich auf neue Arbeitsmodelle und Arbeitsweisen bezieht, die auf die Bedürfnisse und Erwartungen der modernen Arbeitskräfte und Unternehmen ausgerichtet sind. Dahinter stecken eine Vielzahl von Konzepten wie flexibles Arbeiten, Remote-Arbeit, agile Arbeitsmethoden und Selbstorganisation. Ziel ist es, eine Arbeitsumgebung zu schaffen, die auf Vertrauen, Selbstbestimmung, Kreativität und Innovation basiert.

Die Frage nach New Work oder 9 to 5 ist deshalb für die Generation Z kein Entweder-oder. Für sie gibt es keinen Widerspruch zwischen diesen Konzepten. Laut einer Zenjob-Studie bevorzugen 68 Prozent aller Befragten eine Trennung zwischen Berufs- und Privatleben.[70] Dieses Ergebnis wird von weiteren Untersuchungen bestätigt.[71] Aber natürlich folgt ein Aber, denn für die Generation Z bedeutet 9 to 5 eben nicht, dass sie ihre Arbeitszeit auch physisch im Office verbringt. Den Laptop um 16:30 Uhr zuklappen kann man nämlich auch in Porto oder Barcelona oder wo immer gerade via VPN gearbeitet wird.

Ebenso schließt 9 to 5 bestimmte Formen der flexiblen Arbeitszeit wie Teilzeit, Jobsharing, Vier-Tage-Woche oder das Angebot von Sabbaticals nicht aus. Hier kreativ zu denken ist besonders für Unternehmen wichtig, die bisher davon ausgegangen sind, dass es in ihrer Branche nicht möglich sei, Konzepte aus dem New-Work-Pool umzusetzen, weil eben eine Anwesenheit am Arbeitsplatz unabdingbar ist.

Gleichzeitig bedeutet New Work mehr als nur zeitliche oder räumliche Flexibilität. Die heute unter 25-Jährigen wollen sich einbringen und die Unternehmenszukunft mitgestalten. Durch eine stärkere Einbindung der Mitarbeitenden in Entscheidungsprozesse und eine vermehrte Delegation von Verantwortung können beispielsweise Handwerksbetriebe die Selbstorganisation und Kreativität ihrer Beschäftigten fördern und dadurch sogar die Arbeitsqualität verbessern.

Auch Unternehmen, die auf eine physische Anwesenheit angewiesen sind, müssen sich fragen, wie sie den Bedürfnissen der Gen Z nach Partizipation und Autonomie gerecht werden können.

Partizipation und flache Hierarchien – Führung geht heute anders

Im Gegensatz zu ihren Vorgängern, den Millennials, die auf Mentoren vertrauten, sucht die Generation Z zusammengefasst vor allem eins: Coaches.

> Der effektivste Weg, die Generation Z zu führen, ist das Coaching.

Auch wenn Mentoren in der Gesprächsführung natürlich auf Methoden aus dem Coaching zurückgreifen können und ein guter Coach auch zum Mentor werden kann, ist es an dieser Stelle sinnvoll, daran zu erinnern, dass Mentoring und Coaching, obwohl oftmals synonym verwendet, zwei unterschiedliche Führungsinstrumente bezeichnen.

Stellen Sie sich vor, Sie spielen Fußball oder Golf oder was auch immer. Mit einem Mentor haben Sie einen klassischen Übungsleiter an der Seite, der Ihnen die Technik erklärt und Ihnen sagt, wie Sie »richtig« zu spielen haben. Er macht genau das, was diese Generation nicht will, denn ihr größtes Problem ist es, um Hilfe zu bitten: »Ich habe Probleme, können Sie mir helfen?« Sei es im privaten oder beruflichen Bereich.

Mit einem Coach haben Sie als Spielerin jemanden an der Seite, der Sie motiviert, mit Ihnen gemeinsam eine Vision ausarbeitet und der sicherstellt, dass Sie hart arbeiten und genau die Fähigkeiten verbessern, die Sie brauchen, um wirklich gut zu werden. Hier bewegen Sie sich als Führungskraft bereits im Grenzbereich zur transformationalen Führung, insbesondere, was die eigene Vorbildfunktion und die Unterstützung der individuellen Entwicklung der Mitarbeitenden auch außerhalb der rein fachlichen Qualifikationen angeht.

	Coaching	Mentoring
Orientierung	Aufgaben	Beziehungen
Basiert auf	Methoden	Know-how, Erfahrung
Ziel	Selbstreflexion, Finden des eigenen Wegs	Weitergabe von Erfahrung und Wissen
Methoden	Fragetechniken, Hilfe zur Selbsthilfe	Beratung, fachliche Unterstützung
Beziehung	auf Augenhöhe	hierarchisches Gefälle
Standpunkt der Führungskraft	neutral	persönliche Meinung / Erfahrung
Inhalt	keine Inhalte der Führungskraft	Lösungsvorschläge, mögliche Wege
Zeithorizont	begrenzt	längerfristig

Zoomer wollen unbedingt Verantwortung tragen, aber ihre Mitglieder gehören zu einer Generation, in der Geschwindigkeit Trumpf ist. Sofort muss es sein. Alles. Als Führungskraft müssen Sie deshalb wissen, wann und wie Sie bremsen und wann und in welchem Bereich Sie die Youngsters von der Leine lassen können. Halten Sie ihnen keine langen Reden darüber, wie etwas zu tun ist, sondern geben Sie ihnen die Grundlagen, damit sie Verantwortung übernehmen können, und seien Sie dann da, um sie zu coachen, zu unterstützen und ihnen zu helfen, die Aufgaben zu erledigen.

Ein wichtiges Element ist dabei permanentes oder zumindest sehr regelmäßiges Feedback. Denn wenn Sie die jungen Menschen mit

Tempo und Verantwortung von der Leine gelassen haben, wollen sie wissen, ob sie auf dem richtigen Weg sind. Sie wollen – und benötigen – regelmäßiges Feedback, was funktioniert und was nicht. Jason Modemann, Gründer der Social-Media-Agentur Mawave und selbst noch zur Gen Z zählend, bestätigt aus der Praxis: »Was ich bemerke, ist, dass Feedback unfassbar wichtig ist. Wir haben einen sehr sauberen und sehr eng getakteten Feedback-Flow. Wir sind sehr nah dran an den Mitarbeitern und versuchen schon superstark verzahnt zu bleiben. Wenn die hungrig sind, dann wollen die halt wissen: ›Hey, was ist mein nächster Schritt, was muss ich erreichen, um das und das oder den neuen Titel, um eine Gehaltserhöhung zu bekommen?‹ Das musst du den Leuten geben, denn sonst sind sie auch sehr schnell nicht mehr in dieser Motivation. Du musst ihnen einfach ganz klar sagen: ›Das und das brauchst du, um den nächsten Schritt zu gehen‹, und den Mitarbeitern praktisch immer wieder dieses – blöd gesagt – Leckerli vorhalten, damit wieder Anspruch oder dieser Ansporn da ist.«

Der Selbstreflexions- und Selbstbewertungsprozess ermöglicht es der Generation Z, produktiver und stärker zu werden, weil sie ihre selbst gefundenen Lösungen auf alle ähnlichen Situationen anwenden kann, denen sie in Zukunft begegnen wird.

Die angesprochenen Entwicklungsprozesse sind noch aus anderen Gründen wünschenswert: Wir haben es oft mit sehr selbstbewusst wirkenden jungen Menschen zu tun, die womöglich herausragende Hard Skills mitbringen, denen aber genauso oft die sogenannten Soft Skills, zwischenmenschliche und kommunikative Kompetenzen, fehlen. Es macht ihnen nichts aus, mehrere Hierarchiestufen zu überspringen und den Chef des Chefs ihres Teamleiters direkt anzusprechen. Warum hätte der sonst seine Kontaktdaten in der Signatur? Sie sehen kein Problem darin, alle übrigen Beteiligten zu übergehen. Und wenn sie es tun – wir werden sehen, dass das ihnen nicht immer möglich ist –, wirken sie dabei auf Ältere häufig aggressiv oder fordernd, mindestens aber ungeschickt.

Wenn ich an meinen späteren Job denke, ist mir vor allem wichtig, dass die Arbeit nicht repetitiv ist. Und dass das Verhältnis zwischen Chef und Angestellten nicht wie »König und Leibeigener« ist, sondern auf Augenhöhe. (Alex, 15, Schüler)

Da hat beispielsweise ein junger Mitarbeiter das Gefühl, eine Gehaltserhöhung zu verdienen. Danach zu fragen ist immer legitim. Dem jungen Mitarbeiter kommen jetzt aber zwei Dinge in die Quere. Er weiß gar nicht, wie er diese Frage sozial verträglich oder erfolgversprechend formulieren soll. Außerdem bereitet es ihm Stress, er verspürt Anspannung. Die kann für ihn so groß sein, dass er lieber kündigt, als um die Gehaltserhöhung zu bitten. Vielleicht sogar mit einer E-Mail, in der es heißt:»Sie schätzen mich nicht, Sie zahlen mir nicht genug.« Wer jemals Zeuge der Qualen wurde, die ein Teenager durchlebt, wenn er sich telefonisch selbst um einen Arzttermin kümmern muss, wird mit mir übereinstimmen, dass es sich hierbei um ein durchaus realistisches Szenario handelt. Alle anderen warten bis zum übernächsten Kapitel.

Wenn der Mitarbeiter sich doch traut, ein höheres Gehalt zu fordern, dann wird er tendenziell immer sehr direkt formulieren:»Ich bin seit acht Monaten hier und hätte gerne eine 50-prozentige Gehaltserhöhung!« Das drohende»Sonst …« klingt bei dieser Schwarz-Weiß-Formulierung natürlich mit, ob gewollt oder ungewollt. Eine derartige Anfrage müssen Sie als Vorgesetzte allein deshalb ablehnen, weil Sie darauf achten müssen, dass Formalien und Hierarchien eingehalten werden. Außerdem ist die Frage so fordernd formuliert, dass sie Ihnen keinen Verhandlungsspielraum lässt. Selbst wenn Sie nun sagen würden:»Okay, hier ist der Plan, wie wir das im Laufe der nächsten acht Monate erreichen können«, würde der junge Mitarbeiter das als Ablehnung interpretieren, denn seine Forderung und eventuell sein Ego lassen keinen Verhandlungsspielraum zu. Ja oder nein, Schwarz oder Weiß, Like oder Block. Und ganz, ganz wenig dazwischen.

Führung muss deshalb darauf zielen, den jungen Menschen diese Skills beizubringen. Dass sie nicht sagen:»Ich bin seit acht Monaten hier und möchte aufsteigen«, sondern dass sie etwas in der Art sagen wie:»Ich bin seit acht Monaten hier und ich fühle mich sehr wohl. Mein Ziel ist es, hierzubleiben. Wie können wir einen Weg finden, meine finanziellen Ambitionen zu verwirklichen?« Dann können Sie Wege und mögliche Entwicklungen aufzeigen. Und natürlich geht es im gleichen Atemzug darum, diesen jungen Menschen Bewältigungsmechanismen beizubringen, mit denen sie ihren Stress kontrollieren können.

- Nutzen Sie Coaching als effektivsten Führungsstil für die Generation Z.
- Geben Sie der Generation Z Verantwortung, aber lassen Sie sie nicht zu schnell »von der Leine«.
- Geben Sie den Mitarbeitenden die Grundlagen, damit sie Verantwortung übernehmen können, und unterstützen Sie sie dann beim Erledigen ihrer Aufgaben.
- Geben Sie regelmäßiges Feedback, um den Mitarbeitenden zu zeigen, ob sie auf dem richtigen Weg sind.
- Fördern Sie den Selbstreflexions- und Selbstbewertungsprozess, um die Mitarbeitenden produktiver zu machen.
- Stellen Sie sicher, dass die Mitarbeitenden über Soft Skills verfügen, um soziale Situationen bewältigen zu können.
  - Zeigen Sie den Mitarbeitenden Bewältigungsmechanismen, wie sie mit Stress umgehen können.
  - Seien Sie als Führungskraft ein Vorbild und unterstützen Sie die individuelle Entwicklung Ihrer Beschäftigten auch außerhalb der rein fachlichen Qualifikationen.
  - Vermeiden Sie lange Reden darüber, wie etwas zu tun ist, sondern geben Sie den Beschäftigten die Chance, selbst Lösungen zu finden.

Eine ausführliche Checkliste finden Sie online im ▶ Bonus-Bereich zum Buch.

Bitte bleib – Mitarbeiterbindung in digitalen Zeiten

Mitarbeitende gewinnen ist eine Sache – Mitarbeitende halten eine andere. Eine starke Arbeitgebermarke unterstützt hier. Trotzdem kommt es auch auf ganz andere Faktoren an. Besonders, wenn es um die Generation Z geht. Welche Faktoren sind das? Die wichtigsten habe ich Ihnen hier zusammengestellt.

Echte Work-Life-Balance: Viele Ihrer jungen Mitarbeitenden legen großen Wert darauf, eine gute Balance zwischen Arbeit und

Freizeit zu haben. Weil dieser Begriff oft missverstanden wird, habe ich ihm hier nicht nur ein »echte« vorangestellt, sondern oben bereits einen eigenen Abschnitt gewidmet. Alle Maßnahmen, die zur Mitarbeiterzufriedenheit beitragen, zahlen auch auf die Work-Life-Balance ein und erhöhen die Mitarbeiterbindung. Der Zusammenhang ist klar: Unausgeglichene Work-Life-Balance führt zu unzufriedenen Mitarbeitenden. Unzufriedenheit schwächt die Bindung ans Unternehmen, insbesondere dann, wenn sich die Arbeitnehmenden am längeren Hebel sehen.

Der größte Elefant im Raum ist natürlich das Gehalt. Gerade in der DACH-Region reden wir nicht gerne über Geld. Es hilft aber alles nichts: Ohne diesen bestimmenden Hygienefaktor haben Sie über kurz oder lang keine Chance. Auch wenn das Gehalt der jungen Generation im Vergleich zu älteren Semestern nicht mehr ganz so wichtig ist – das Geld muss stimmen.

Das Gehalt hat großen Einfluss auf die Mitarbeiterbindung, da es ein wichtiger Faktor für die Zufriedenheit und Motivation der Mitarbeitenden ist. Ein angemessenes Gehalt trägt dazu bei, dass Ihre Beschäftigten sich finanziell sicher fühlen und ihre Lebensqualität nicht nur gefühlt verbessern können. Es zeigt, dass Sie Ihre Mitarbeitenden schätzen und ihre Arbeit als wichtig und wertvoll ansehen. Umgekehrt kann ein niedriges Gehalt dazu führen, dass Mitarbeitende das Gefühl haben, ihre Leistungen und ihr Engagement würden nicht angemessen honoriert. Vor allen anderen Maßnahmen ist es also wichtig, dass Unternehmen ihre Mitarbeitenden angemessen bezahlen, wenn sie sie halten wollen.

Gleichzeitig wissen wir aber aus zahlreichen Untersuchungen, dass ab einer gewissen Höhe das Gehalt keinen Einfluss mehr auf die Zufriedenheit hat. Das Lebensglück ist bei einem Jahreseinkommen von etwa 60.000 Euro (75.000 US-Dollar) am größten. Zu diesem Schluss kamen der Nobelpreisträger Daniel Kahneman und der Wirtschaftsprofessor Angus Deaton. Ab 80.000 oder gar 100.000 Euro pro Jahr ist »nur noch« der wirtschaftliche Spielraum größer. Es ist jedoch unwahrscheinlich, dass die Menschen dadurch glücklicher werden.[72] Die Wirtschaftswissenschaftler nennen dies abnehmenden Grenznutzen.

Auch ein hohes Gehalt kann also nicht oder nur in einem gewissen Maße die fehlende Zufriedenheit in anderen Bereichen ausgleichen. Diese Zufriedenheit ist allerdings zutiefst subjektiv. Einige Menschen empfinden bereits mit einem geringeren Gehalt eine hohe Zufriedenheit, während andere trotz eines hohen Gehalts unzufrieden sind. Fakt ist: Mehr Geld macht vor allem Menschen glücklich, die (bisher) wenig haben. Mehr Geld hat für sie einfach einen größeren Nutzen.

Generation Z ist sich ihres Marktwerts sehr bewusst. Manche sagen sogar, viel zu sehr bewusst. Dass das nicht zwingend in exorbitanten finanziellen Ansprüchen resultiert, haben wir bereits festgestellt. Als Unternehmerin oder Unternehmer sollten Sie aber in jedem Fall die Gehälter regelmäßig überprüfen, um sicherzustellen, dass sie im Vergleich zu anderen Unternehmen und Branchen konkurrenzfähig sind. Unternehmen sollten außerdem Transparenz in Bezug auf Vergütungsstruktur und Vergütungsprozesse schaffen und Mitarbeitenden ermöglichen, ihre Gehälter und Vergütungen zu diskutieren. Je transparenter, desto besser.

Die nächste Frage lautet: Was können Sie – unabhängig vom Gehalt – tun, um die Mitarbeiterzufriedenheit gerade bei jungen und sehr mobilen Mitarbeitenden aus der Generation Z zu erhöhen?

- *Arbeitszeitmodelle:* Grundsätzlich sollten Sie Flexibilität in Bezug auf Arbeitszeiten und – wenn möglich – Arbeitsorte anbieten.
- *Karriereplanung:* Junge Mitarbeitende sind besonders motiviert, sich beruflich zu entwickeln und aufzusteigen. Unternehmen sollten daher klare Karrierepfade anbieten und aktiv aufzeigen, um junge Beschäftigte bei diesem Wunsch zu unterstützen.
- *Sinnvolle Arbeit:* Junge Mitarbeitende möchten an Projekten arbeiten, die sie als sinnvoll empfinden und die einen positiven Einfluss auf die Gesellschaft haben. Unternehmen sollten ihnen daher die Möglichkeit bieten, an solchen Projekten mitzuwirken, und sie sollten diesen Einfluss in ihrer Kommunikation besonders hervorheben.
- *Kommunikation und Feedback:* Junge Menschen schätzen es, regelmäßiges Feedback von ihren Vorgesetzten zu erhalten und an Entscheidungen beteiligt zu werden. Unternehmen sollten daher eine offene Kommunikationskultur pflegen und die Beschäftigten in Entscheidungsprozesse einbinden.

- *Arbeitsplatzkultur:* Junge Mitarbeitende schätzen es, in einer positiven, unterstützenden und inklusiven Arbeitsplatzkultur zu arbeiten. An dieser Stelle sollten Sie sich nochmals das Kapitel »Geht es eigentlich nur noch online?« in Erinnerung rufen. Denn dieser Punkt ist auch zentral, wenn Sie neue Mitarbeitende gewinnen wollen.

Wenn es darum geht, diese Punkte mit Leben zu füllen, kommt die Digitalisierung ins Spiel. Der Wunsch nach einer guten Work-Life-Balance, Flexibilität und Vereinbarkeit mit dem Privatleben setzt eine funktionierende digitale Struktur voraus. Fehlende digitale Tools, zum Beispiel für mobiles Arbeiten, stellen Unternehmen ins Abseits.

Ermöglichen Sie flexibles Arbeiten durch die Verwendung von Cloud-basierten Tools und Remote-Arbeitsplätzen. Sie können auch digitale Zeit- und Aufgabenverwaltungstools bereitstellen, um Mitarbeitenden dabei zu helfen, ihre Arbeitszeiten und ihre persönlichen Verpflichtungen besser zu koordinieren. Aber Achtung:

> Digitale Tools sollen dabei helfen, eine verbesserte Work-Life-Balance zu erreichen. Sie sollten ausdrücklich nicht dazu genutzt werden, noch mehr Work in das Leben zu pressen.

Unternehmen sollten digitale Schulungs- und Weiterbildungsprogramme anbieten, die es Mitarbeitenden ermöglichen, sich von jedem Ort aus fortzubilden. Sie können auch digitale Karriereportale einrichten, auf denen Beschäftigte ihre Fähigkeiten und Erfahrungen verfolgen und potenzielle Karrieremöglichkeiten identifizieren können. Daneben sind bei der Gen Z auch reale Weiterbildungsformate beliebt. Bieten Sie also nach Möglichkeit gern auch »In person«-Formate an, die einen besseren Austausch und mehr direkte Interaktivität ermöglichen. Gern niederschwellig und unterhaltsam, zum Beispiel in Kombination mit einer Teamaktivität, einem spielerischen Ansatz oder einem gemeinsamen Frühstück.

Etablieren Sie digitale Plattformen und Netzwerke, über die Mitarbeitende sich über soziale und gesellschaftliche Projekte informieren und engagieren können. Sie können auch digitale Tools bereitstellen, um die soziale und ökologische Nachhaltigkeit des Unternehmens zu messen und darüber zu berichten.

Richten Sie digitale Netzwerke und Plattformen ein, um die Zusammenarbeit und den Austausch von Ideen zu fördern. Sie können digitale Tools verwenden, um die Zufriedenheit der Mitarbeitenden zu messen und Maßnahmen zur Verbesserung der Arbeitsplatzkultur zu ergreifen. Für die Messung der Mitarbeiterzufriedenheit und die Verbesserung der Arbeitsplatzkultur stehen bereits heute eine Vielzahl von digitalen Tools zur Verfügung.

Online-Umfragetools wie SurveyMonkey, Google Forms oder Typeform ermöglichen es Unternehmen, regelmäßig Umfragen zur Mitarbeiterzufriedenheit durchzuführen. Natürlich ist dieser Punkt nur sinnvoll, wenn Sie zur regelmäßigen Evaluation bereit sind.

Plattformen und Engagement-Tools wie TINYpulse, 15Five oder Bonusly ermöglichen es nicht nur Mitarbeitenden, Feedback zur Arbeitsplatzkultur und zu Vorgesetzten zu geben sowie sich an Diskussionsrunden und Ideenwettbewerben zu beteiligen, sondern auch Ihnen, Beschäftigte für ihre Beiträge und Leistungen zu belohnen.

Mit Wellness-Tools wie Headspace, Calm oder Happify ermöglichen Sie es Ihren Mitarbeitenden, ihre mentale und emotionale Gesundheit im Auge zu behalten.

Adil Sbai, der Gründer und Geschäftsführer von WeCreate, beschäftigt zu 90 Prozent Mitarbeiterinnen und Mitarbeiter der Generation Z. Sein Start-up umfasst zwei Jahre nach Gründung 50 Mitarbeitende. Der erste Schritt war, eine Person einzustellen, die sich nur um das Recruiting kümmert. Mittlerweile ist diese Person »Head of people and culture« und betreut das Personalwesen, aber eben auch die »Wohlfühlaspekte«, die der Generation Z so wichtig sind. Ihr Team umfasst mittlerweile drei Personen, eine vierte wird gerade eingestellt. Vier HR-/Culture-Personen und eine angestellte Betriebspsychologin für 50 Mitarbeitende zeigen, wie wichtig das Thema der Agentur ist.

Zu den wesentlichen Maßnahmen zählt Adil neben umfangreichen Recruiting- und Employer-Branding-Maßnahmen einen sauberen und strukturierten Onboarding-Prozess. Auch interne Weiterbildungen zu harten und soften Skills, teils mit externen Expertinnen, kommen bei den Mitarbeitenden gut an. Jede Woche wird ein freiwilliges »Skills & Coffee«-Event während der Arbeitszeit durchgeführt, um Weiterbildung niederschwellig und unterhaltsam zu gestalten.

Die Mitarbeitenden dürfen nicht nur LinkedIn während der Arbeitszeit nutzen, um ihre Personal Brand aufzubauen, sondern werden dabei sogar speziell von einem Experten unterstützt. Zwei Stunden pro Woche sind dafür freigestellt. Wer will, kann sich so auch als Corporate Influencer betätigen. Nicht alle nutzen das, aber etwa 20 Prozent der Mitarbeitenden bespielen LinkedIn auf diese Weise regelmäßig.

Remote-Arbeit ist da schon ein Standard, den Adil Sbai nur noch am Rande erwähnt. Kicker und Obstkorb seien natürlich auch vorhanden, führt er lachend an.

Das vollständige Interview finden Sie in den ▸ Bonus-Materialien zum Buch.

Marketing: iPhone, Instagram und Influencer

Die anspruchsvollsten Kunden aller Zeiten?

Alles, was wir bis hierher über die Generation Z erfahren haben, lässt nur eine Antwort zu: Ja, wir haben es mit den anspruchsvollsten Kunden aller Zeiten zu tun. Da gibt es keinen Zweifel.

Generation Z wird in wenigen Jahren weltweit über ein Drittel der Konsumenten bilden. Die Zeit bis dahin sollten Sie nutzen, denn aktuell fühlen sich laut einer Gen-Z-Statistik von GWI nur rund 15 Prozent auch tatsächlich von Marketing-Inhalten abgeholt![73] Das ist umso bedauerlicher, als uns Umfragen sagen, dass sage und schreibe 70 Prozent der jungen Leute davon überzeugt sind, dass sie die Entscheidungen der Familie über den Kauf von Möbeln, Haushaltswaren sowie Lebensmitteln und Getränken beeinflussen.[74] Ihre auf die Generation Z abgestimmten Maßnahmen beeinflussen also über kurz oder lang Ihren gesamten Markt. Die Ausgaben der Gen Z wurden 2018 bereits auf zwischen 29 und 143 Milliarden US-Dollar weltweit geschätzt – Tendenz steigend. Ihr Einkommen wird in den nächsten Jahren laut Euromonitor um 140 Prozent steigen. Unabhängig von individuellen Verhaltensweisen, Motiven und Ansichten ist eine Schlüsselcharakteristik dieser Generation damit ihre Kaufkraft.

Aktuell haben viele Unternehmen Raum für Verbesserungen, wenn es darum geht, an dieser Kaufkraft zu partizipieren, und es stellt sich die Frage, wie es Ihnen als Unternehmen gelingt, diese Zielgruppe erfolgreich »zu bespielen«. Um eine Antwort darauf zu finden, werfen wir nochmals einen Blick auf das digitale Ökosystem der Generation Z.

Generation Z bildet die erste Generation, die es sich kaum oder überhaupt nicht vorstellen kann, in einer Welt ohne Internet zu leben. Die Digital Natives der Gen Z wurden in das digitale Ökosystem hineingeboren, erfassen und nutzen das Internet mit einer Routine sowie in einer Intensität, Bandbreite und Schnelligkeit, mit der es aus Marketingsicht erst einmal Schritt zu halten gilt. 60 Prozent werden keine App oder Website nutzen, die zu langsam lädt. Die Erwartungen an die technologische Leistungsfähigkeit sind in dieser Gruppe hoch. Eine überwältigende Mehrheit hat Zugang zum Hochgeschwindigkeitsinternet und häufig nutzen sie mehrere Geräte gleichzeitig.

Ich nutze Social Media, um mir eine Reichweite aufzubauen. Ich zeige, wie ich trainiere; vielleicht wird da mal ein Business draus.
(Can, 19, Auszubildender)

Überhaupt ist Geschwindigkeit ein Thema. Diese Generation ist always on und erwartet, dass alles on Demand verfügbar ist, weil sie einfach daran gewöhnt ist, alles rund um die Uhr zur Hand zu haben. Das hat dazu geführt, dass die Generation Z generell wenig Geduld mitbringt.

Aber das digitale Ökosystem hat die Generation Z noch auf ganz anderen Ebenen geprägt. Und diese Ebenen zu kennen und potenziellen Kundinnen auf Augenhöhe zu begegnen, ist aus meiner Sicht noch viel wichtiger.

Die technischen Basics kommen nämlich nur dann zum Tragen, wenn Generation Z Ihre Brand akzeptiert. Dazu müssen Sie eine Beziehung aufbauen. Und eine Beziehung zu dieser sehr heterogenen Gruppe aufzubauen, ist die eigentliche Schwierigkeit. Denn diese Generation hat einen eingebauten »Bullshitdetektor«. Sie hinterfragt und sie gleicht ab, sie glaubt wenig. Wir wissen inzwischen ein bisschen, woher diese Werte stammen: Die Generation Z wächst im globalen Westen – anders als vorangegangene Generationen – in einer Zeit ohne Mängel und in absoluter wirtschaftlicher Stabilität auf. Andererseits erlebt sie global große gesellschaftspolitische Umbrüche: Klimakrise, Corona-Pandemie, Ukraine-Krieg, soziale Ungerechtigkeiten und Terroranschläge, um nur einige zu nennen. Die Krisen des 21. Jahrhunderts lassen die Zukunft der Gen Z also immer unsicherer erscheinen, womit jeder von ihnen anders umgeht – wahlweise mit Hoffnung, Verzweiflung, Angst oder Wut. Bewegungen wie Fridays for Future, Letzte Generation und Black

Lives Matter und ein gesteigertes Misstrauen gegen politische, aber auch wirtschaftliche Akteure sind Auswirkungen dieses krisenhaften Erlebens. Dass die Jungen so gut vernetzt sind und Zugang zu so vielen Meinungen und Bewertungen haben, macht die Sache nicht leichter.

Generation Z hat hohe Ansprüche an Marken und auch an sich selbst. Dennoch sind viele junge Kundinnen und Kunden bereit, sowohl sich selbst als auch ihren bevorzugten Marken viel zu verzeihen. Das klingt wie immer bei dieser Kohorte widersprüchlich. Und das ist es auch. Wenn es beispielsweise um das chinesische Fast-Fashion-Unternehmen Shein geht, sind junge Kundinnen bereit, alle Gedanken an Nachhaltigkeit über Bord zu werfen. Die angebotene Billigmode kann bei Preisen ab zwei Euro für T-Shirts überhaupt nicht nachhaltig oder klimaschonend produziert sein. Dazu kommen Transport und Rücksendungen. Dennoch erfreut sie sich großer Beliebtheit. Shein muss also an anderer Stelle umso mehr richtig machen, ist es doch inzwischen vor Wish und sogar vor Amazon die am meisten heruntergeladene Shopping-App der Welt.

Diese Diskrepanz zeigt sich auch in der anderen Richtung. Luxus- und Designermarken wie Gucci, Balenciaga oder Louis Vuitton sind in der Generation Z zu begehrten Statussymbolen geworden und schon 14-Jährige halten es für erstrebenswert, einen (wenn auch gefakten) Gürtel mit dem LV-Logo zu tragen. Auch Apple gilt als eine der, wenn nicht *die* beliebteste Marke der Gen Z. Keine dieser Marken ist für ihre herausragenden Nachhaltigkeitsbemühungen bekannt. Trotzdem werden selbst die jungen Klimaaktivisten, die sich heute Morgen in Berlin auf die Straße geklebt haben, als ich zu einem Vortrag gefahren wurde, überwiegend ein iPhone der neuesten Generation in der Tasche haben.

Es bleibt nicht der einzige Widerspruch. Denn obwohl die Vertreterinnen und Vertreter der Generation Z an vorderster Front der Mobile-Commerce-Revolution stehen (die für sie gar keine Revolution ist, sondern einfach die Welt, in der sie leben), stöbern gleichzeitig 80 Prozent von ihnen gerne im stationären Handel, probieren Produkte aus – und nutzen ihr Smartphone im Laden, um sich zu informieren und auszutauschen. Connected Commerce oder Multichannel-Handel sind die Zauberworte. Der Gedanke, im Geschäft Handyempfang zu blocken und ja kein WLAN anzubieten, damit niemand Preise vergleichen oder Bewertungen lesen kann, wirkt da so altbacken wie ein Werbe-Fax für Klingeltöne.

Auf diese ebenso anspruchsvollen wie widersprüchlichen Kunden und auf ihre Werte werden Sie sich einlassen müssen. Nichts ist dabei so, wie es auf den ersten Blick auszusehen scheint. Verstehen Sie, warum ich davon überzeugt bin, dass wir es mit den anspruchsvollsten Kunden aller Zeiten zu tun haben?

Die Sprache der Gen Z

»Hey ihr jungen Leute da draußen, wir würden es voll fett finden, wenn ihr unseren Channel mit einem Like markiert und uns krass folgt, damit wir euch coolen Content delivern können!«

Na, stellen sich da die kleinen Härchen auf den Armen auf? Bei mir schon … Klar, das war etwas überzogen (oder?), aber ganz so weit weg von dem, was man in vielen jugendbezogenen Kampagnen so sieht und hört, ist das gar nicht. Es gibt kaum etwas Schlimmeres, als wenn Marketing-Boomer eine Gen-Z-Kampagne nach ihrer Vorstellung von »jung und hip« kreieren. Genau dafür hat sich der schöne Begriff »cringe« etabliert – das Fremdschämen, wenn man das »gewollt, aber nicht gekonnt« einfach kaum erträgt.

Damit eine Kampagne bei der Generation Z ankommt, sollten am besten Personen aus dieser Generation beteiligt sein. Sei es auf Agenturseite oder inhouse. Und mein dringender Rat: Hören Sie auf Empfehlungen dieser Expertinnen, selbst wenn Sie sie im ersten Moment nicht nachvollziehen können. Sie haben (eine gewisse Erfahrung vorausgesetzt) einfach mehr Verständnis und Gespür für die Umgangsformen und das, was in dieser Generation lustig, peinlich oder schlicht irrelevant ist.

Ein Content-Format, das bei Millennials zum Beispiel extrem beliebt ist, bei der Gen Z dagegen zumindest bei den jüngeren Jahrgängen nicht mehr wirklich gut ankommt, sind GIFs. Ich persönlich liebe GIFs, also die animierten Bilder, mit denen sich wunderbar auf WhatsApp-Nachrichten oder Facebook-Posts antworten und jedes beliebige Gefühl ausdrücken lässt. Nicht umsonst wollte Meta die größte GIF-Plattfom Giphy kaufen und hat sie längst in die Suche seiner Kanäle integriert. Bei der Gen Z dagegen scheinen GIFs längst nicht mehr den Coolness-Faktor zu haben und eher als »was für Boomer« zu gelten. Das US-Magazin »The Atlantic« titelte sogar »The GIF is on its deathbed«[75], während das VICE Magazine verkündete »GIFs are for boomers now, sorry«[76]. Beide sind sich einig: Die überbordende Nutzung des Formats durch Gen Y und Ältere hat das GIF für die junge Generation uncool gemacht. Im VICE-Artikel wird ein Tweet zitiert, der besagt: »Immer, wenn ich jemanden eine GIF-Reaktion nutzen sehe, weiß ich sofort, dass die Person über 33 ist.«

Wie alle Aussagen in diesem Buch lässt sich das nicht auf jedes einzelne Mitglied der Gen Z verallgemeinern. Natürlich gibt es auch unter jungen Menschen begeisterte GIF-Nutzer. Nur Sie als Unternehmen sollten nicht der Idee verfallen, durch die Verwendung von GIFs bei jungen Zielgruppen als besonders hip oder cool wahrgenommen zu werden. Da wären Sie einfach fünf Jahre zu spät dran.

Anders sieht es dagegen bei einem ähnlichen Content-Format aus: den Memes. Dabei handelt es sich klassischerweise um ein Bild oder ein kurzes Video, dem ein zur Situation passender Text beigefügt wurde. Ähnlich wie GIFs werden Memes zum Ausdrücken von Gefühlen, zur Bewertung von Situationen oder einfach als Antwort auf Nachrichten verwendet. Anders als GIFs unterliegen Memes aber einem stetigen Wandel, die gebräuchlichste Darstellung ändert sich häufiger und Memes von vor zehn Jahren sehen völlig anders aus als aktuelle Versionen.

Die Universität Bremen hat sogar in einer Studie die Nutzung von Memes während der Corona-Pandemie in verschiedenen Altersklassen untersucht. Heraus kam unter anderem, dass die Gen X eher aggressiven Humor in Memes genießt, Boomer eher verbindende Inhalte als lustig empfinden und die Gen Z sich selbstironisch auf die Schippe nimmt.[77] Dabei nimmt der Meme-Humor der Generation Z durchaus auch absurde und dunkle Züge an, die für Außenstehende schwer zu verstehen sind.[78] Allein schon deshalb sollten an Gen-Z-Kampagnen auch Gen-Z-Vertreter mitarbeiten. Sie würden ja auch keine Kampagne auf Suaheli kreieren, ohne Muttersprachlerinnen zurate zu ziehen.

Eine Marke, die regelmäßig auf Memes im Marketing setzt, ist der Nahrungsergänzungsmittel-Hersteller Rocka Nutrition. Selbst von einem Fitness-Influencer gegründet, spricht das Unternehmen überwiegend junge Sportler und Athletinnen an. Im Jahr 2022 stellte Rocka seine komplette Produktpalette auf vegane Inhaltsstoffe und Klimaneutralität um und erfüllt so auch die Forderung nach Nachhaltigkeit, die wir bereits für die Gen Z festgestellt haben. Sogar die Dosen der Proteinpulver wurden so optimiert, dass weniger Müll anfällt. All diese Maßnahmen wurden nicht nur getroffen, sondern auch in Instagram-Storys erklärt und als Highlights im Insta-Account angepinnt und so dauerhaft sichtbar gemacht.

Neben anderen Generation-Z-relevanten Marketing-Techniken wie Influencer-Marketing, lustigen und kreativen Kurzvideos oder Livestreams verwendet Rocka regelmäßig Memes, um zum Beispiel auf Produktneuheiten hinzuweisen oder Aktionen anzukündigen. Der Vorteil: Solche Beiträge werden trotz des werblichen Inhalts eher als lustig, unterhaltsam und »auf Augenhöhe« wahrgenommen und weniger als lästige Werbung.

▸ **Im Bonus-Bereich zum Buch zeige ich Ihnen exemplarisch einige Beiträge von Rocka, die sehr gut verdeutlichen, warum die Marke so gut bei der Gen Z ankommt.**

Im Marketing-Kontext ist bei der Verwendung fremder Bilder bei Memes allerdings Vorsicht geboten. Sofern Sie keine Lizenz für die Inhalte erworben haben (und das wird die absolute Ausnahme sein), stellt jedes kommerziell genutzte Meme mit Fremdmaterial einen Urheberrechtsverstoß dar. Das Risiko einer Abmahnung oder Gebührenforderung fällt zwar äußerst gering aus, wer aber einen strengen Hausjuristen hat oder sich rechtlich einwandfrei verhalten will, sollte auf eigenes Bildmaterial zurückgreifen, auch wenn dadurch der Meme-Charakter abgeschwächt wird. Genau das tun Marken wie Netflix oder TV-Serien wie »Berlin Tag und Nacht«, die es zugegebenermaßen aber leicht haben, auf eine Fülle von geeigneten Inhalten zurückgreifen zu können.

Auch die Art, wie die Gen Z Social Media nutzt, unterscheidet sich grundlegend von den älteren Generationen. Ein Like sei weniger ein Zeichen aktiver Zustimmung, sondern eher als »Lesebestätigung« zu verstehen, wie Social-Media-Berater Charles Bahr auf der OMX-Konferenz erklärte. Als Kennzahl zur Erfolgsmessung von Gen-Z-Content tauge die Anzahl der Herzen daher relativ wenig. Auch Hashtags scheinen deutlich weniger genutzt zu werden. Wer viele Rauten in seine Posts einbaut, zeigt, dass er krampfhaft um Reichweite bemüht ist – ein Eindruck, den die Gen Z um jeden Preis vermeiden möchte. Filter werden ganz gezielt genutzt, verpönt sind allerdings die aufhübschenden Standardfilter von Instagram und Co., die gefühlt »jeder« verwendet. Überhaupt soll jeder Eindruck von Planung und Mühe vermieden werden, auch wenn der eigene Feed natürlich eindrucksvoll aussehen soll. Man darf die darin steckende Mühe eben bloß nicht erkennen. Die Gen Z balanciert diesen Anspruch mit dem gleichzeitigen Wunsch nach Authentizität.

Sogar bei Emojis gibt es Unterschiede zwischen den Generationen. Das meistgenutzte Emoji weltweit, das Tränen lachende Gesicht (😂) gilt bei vielen Vertretern der Gen Z als peinlich und – ähnlich wie Facebook – von den Älteren »kaputt gespielt«. Wenn Sie Einblicke in die heiligen Chat-Verläufe Ihres Nachwuchses erhalten würden, wäre die Chance hoch, dass Sie dieses Emoji nicht oder kaum erblicken würden (in meinen Chats dagegen exzessiv). Stattdessen könnte Ihnen häufiger mal der Totenkopf (💀) begegnen. Keine Angst, Ihre Tochter ist nicht plötzlich Satanistin oder Piratin geworden. Das Symbol steht schlicht für »Ich lach mich tot« und hat obiges Lach-Emoji ersetzt.

Ähnliches gilt für das Herz (🫶). Für viele Vertreter der Generation Z ist das ein typisches Mutti-Emoji, das in der Familien-Whats-App-Gruppe zu häufig vorkommt, um noch akzeptabel zu sein. Stattdessen wird, wie im echten Leben auch, das entsprechende Handgesten-Emoji (🤟) genutzt.

Es lohnt sich also, tiefer in die Sprach- und Kommunikationswelt der Gen Z einzutauchen, bevor man versucht, sie werblich zu erreichen. Im Zweifel bleibt einem so die ein oder andere Peinlichkeit oder sogar ein kommunikatives Desaster erspart.

Wie steht die Generation Z zu Marken?

Generation Z liebt Individualität. Und ist trotzdem empfänglich für Marken. Sogar für große Marken. Nike, Adidas und Apple beispielsweise stehen immer noch ganz oben in der Gunst. Auch das ist genau besehen ein Widerspruch. Denn eigentlich sind alle Zler in ihren Nischeninteressen individuell. 60 Prozent der Generation Z sind sogar der Meinung, dass die Marken, die sie kaufen, Ausdruck ihrer Persönlichkeit sind. Und 77 Prozent wollen nicht das Gefühl haben, in eine Schublade gesteckt zu werden.

Zumindest dieser Widerspruch lässt sich auflösen. Denn von ihren Marken erwartet die Gen Z eine personalisierte Erfahrung. Sie möchten, dass Marken ihnen auf individuelle Weise begegnen und ihre Bedürfnisse und Präferenzen verstehen. Unternehmen haben in den letzten Jahren oder Jahrzenten Unsummen in ihren Markenaufbau investiert. Und Marken sind immer noch ein wichtiger Faktor für wirtschaftlichen Erfolg. Nur: Die Markentreue schwindet. Junge Menschen zeigen sich deutlich weniger loyal gegenüber Marken. Studien sagen, dass nur noch 20 Prozent der Generation Z einer Marke dauerhaft treu sind. Marken müssen sich darauf einstellen, zukünftig deutlich weniger loyale Kundinnen und dafür Konsumenten mit höherer Wechselbereitschaft zu haben.

Fazit: Sie mögen Marken, verlangen aber auch etwas von ihnen. Das unterscheidet sie von ihren Vorgängern. Wir Älteren lieben zwar den Glanz der Marke, aber es ist uns genug, uns in diesem Glanz zu sonnen und uns individuell zu fühlen. Die junge Generation tritt auch im Verhältnis zu Marken viel selbstbewusster auf und möchte am liebsten aktiver Teil der Marke sein.

Um die Verwirrung komplett zu machen: Auch hier zeigt sich, wie heterogen die Gen Z ist. Denn gleichzeitig zur Beliebtheit von Luxus- und Designermarken erleben Second-Hand- und Thrift-Stores sowie individuelle Do-it-yourself-Produkte ebenfalls einen Aufschwung. Es gibt hier also wie in allen Bereichen gegenläufige Strömungen, die die Generation Z so komplex, aber auch so bunt, vielfältig und spannend machen. Die gute Nachricht dabei: Ob Sie nun im Luxussegment oder im nachhaltigen Ökobereich unterwegs sind – Sie werden Ihre Kundschaft finden.

Was verlangt die Gen Z also von Marken, für die sie Geld ausgeben und denen sie auch noch weitestgehend treu sein soll? Da lassen sich einige wichtige Kriterien zusammenfassen.

Personalisierung

Die Gen Z erwartet eine persönliche Erfahrung von Marken. Die jungen Leute möchten, dass Marken ihnen individuell begegnen und ihre Bedürfnisse und Vorlieben verstehen.

Coca-Cola – in der Gen Z immerhin die beliebteste Getränkemarke noch vor Red Bull – macht dies schon seit Jahren vor. Immer wieder erscheinen aktionsweise Flaschen in den Geschäften, die statt des Coca-Cola-Logos Namen im gleichen Schriftzug tragen. So können sich Jonas, Anne und Leon ihre ganz persönliche Coke kaufen. Während andere Brands akribisch auf ihre Brand-Guidelines achten und jede noch so geringe Abweichung verfolgen, passt Coca-Cola seine Marke öffentlichkeitswirksam an die Zielgruppe an.

Ein ähnlicher Fall:

In diversen Studien auf Platz eins der beliebtesten und vertrauenswürdigsten Marken der Digital Natives liegt Nike. Und auch Nike ist Vorreiter bei der Personalisierung. Unter der Rubrik »Nike by You« können Kundinnen und Kunden sich individuelle »Air Max«-, »Air Force 1«- oder andere Schuhe zusammenstellen. Jedes Element des Schuhs lässt sich komplett personalisieren, sodass am Ende ein Produkt entsteht, das es kein zweites Mal auf der Welt gibt. Für den großen Teil der Gen Z, dem Individualität und das Ausdrücken der eigenen Persönlichkeit wichtige Werte sind, ein äußerst starkes Kaufargument.

Übrigens ist auch das ein Grund, warum Social Media in der Gen Z so beliebt ist: Jeder bekommt sein eigenes TikTok, Instagram oder Snapchat. Im Gegensatz zum linearen TV, Radio oder zu sonstigen Massenmedien gibt es keine zwei gleichen TikTok-Newsfeeds. Alles ist extrem auf den einzelnen User zugeschnitten. Ähnliches gilt für die Werbung – ich sehe andere Ads als Sie. Das kommt bei der Gen Z an: 81 Prozent bevorzugen personalisierte Werbung, im Gegensatz zu nur 42 Prozent der Boomer, die sich davon eher verfolgt fühlen.[79] Der gleiche Effekt greift bei Streaming-Diensten wie Netflix oder Spotify. Extrem beliebt und extrem personalisiert.

Authentizität

Die Generation Z schätzt Marken, die ehrlich und transparent sind und ihre Werte und Missionen klar kommunizieren. 37 Prozent der Befragten einer globalen BBC-Studie gaben an, dass Authentizität einen großen Einfluss auf die Markenwahl hat.[80] Authentischen Marken wird eher Qualität zugesprochen (72 Prozent), sie haben eine höhere Wiederkaufwahrscheinlichkeit (71 Prozent), werden eher weiterempfohlen (71 Prozent) und wecken sogar eine höhere Preisbereitschaft (54 Prozent).

Doch wie können Marken Authentizität zeigen?

So werden Marken authentisch

- Achten Sie peinlich genau darauf, gemachte Versprechungen auch einzuhalten. Verzichten Sie auf Übertreibungen in der Werbung und legen Sie großen Wert auf Produktqualität.
- Zeigen Sie sich nahbar. Aktives Social-Media-Marketing mit einem hohen Anteil von Dialog und Interaktion hilft dabei sehr.
- Kultivieren Sie Transparenz. Geben Sie Einblicke hinter die Kulissen, lassen Sie das Publikum an Prozessen teilhaben. Zeigen Sie mehr als nur das Produkt: Wie wird es hergestellt, woher kommen die Bestandteile, was ist Ihnen bei der Produktion wichtig, welche Werte leiten Sie?
- Zeigen Sie Ihre Bemühungen in belegbaren Fakten. Können Sie zum Beispiel Verbesserungen im Umweltschutz in klaren Zahlen beweisen? Tun Sie das. Gibt es Studien, Erhebungen, Rankings, die zeigen, dass Sie Ihre Werte auch wirklich umsetzen? Nutzen Sie diese. Authentizität entsteht nicht durch Sagen, dass man authentisch ist, sondern durch den gelebten Beweis.
- Setzen Sie auf Gesichter. Zeigen Sie Personen aus dem Unternehmen, lassen Sie die Führungskräfte zu Wort kommen, schaffen Sie eine aktive Corporate-Influencer-Kultur.

- Wenn Sie Fehler gemacht haben, gehen Sie aktiv damit um. Veröffentlichen Sie ehrliche Statements über Social Media, gehen Sie in den Dialog, zeigen Sie Lernbereitschaft und den Willen zur Verbesserung.

Nachhaltigkeit

Beim Thema Nachhaltigkeit kommt wieder die Zerrissenheit der Generation zum Tragen. Zwar wird in Umfragen das Thema immer wieder als äußerst relevant für Konsumentscheidungen genannt. Tatsächlich führen mit Apple, Nike und ähnlichen Brands aber Marken die Beliebtheitsskala an, die nicht gerade für ihre überbordenden Umweltschutzbemühungen bekannt sind.

Trotzdem sind Nachhaltigkeit und Umweltbewusstsein ein wichtiges Anliegen für einen großen Teil der Generation Z. Viele bevorzugen Marken, die sich für Nachhaltigkeit einsetzen und umweltfreundliche Produkte anbieten (für 64 Prozent ist das eines der wichtigsten Kriterien, für 8 Prozent sogar das wichtigste Kriterium[81]). Allerdings steht dem für viele junge Menschen ein einfaches Argument entgegen: der Preis. Gerade die jüngeren Vertreterinnen der Gen Z verfügen noch nicht über die finanziellen Mittel, 30 bis 50 Prozent mehr für ein nachhaltiges Produkt zu bezahlen. 61 Prozent der Befragten nannten den Preis als wichtigstes Kriterium, warum sie nicht mehr nachhaltige Produkte kaufen.

Mein Rat lautet daher: Setzen Sie in Aktion und Kommunikation auf Nachhaltigkeit – ein großer Teil der Gen Z wird es Ihnen danken. Bieten Sie aber auch günstigere Produkte an, wenn Sie fürchten, dieses Segment sonst zu verlieren (für 34 Prozent ist der Preis das wichtigste Kaufkriterium). Unternehmen, die es schaffen, Nachhaltigkeit und Qualität (mit 89 Prozent unter den wichtigen Kaufkriterien, für 40 Prozent sogar das wichtigste) mit wettbewerbsfähigen Preisen zu kombinieren, werden definitiv die Nase vorn haben.

Wenn Sie einen Aufpreis nicht vermeiden können und sich unsicher sind, welchen Aspekt von Nachhaltigkeit Sie bei Ihren Produkten forcieren sollten: Die höchste Bereitschaft, mehr zu bezahlen, bringt die Gen Z bei Langlebigkeit und Reparaturfähigkeit von Produkten mit (90 Prozent würden dafür mehr bezahlen). Und ganz allgemein: Am meisten auf Nachhaltigkeit von Produkten zahlt laut Generation Z ein:

- Umweltfreundliche bzw. wenig Verpackung (47 Prozent)
- Recycelbare / ökologisch abbaubare Produkte (46 Prozent)
- Ressourcen schonende Produktion (43 Prozent)
- Pflanzliche / nachwachsende Inhaltsstoffe (43 Prozent)
- Langlebige und reparaturfähige Produkte (42 Prozent)
- Regionale Produkte, kurze Transportwege (40 Prozent)
- Ethische Produkte (36 Prozent)
- Marken, die sich für Umwelt- und Klimaschutz einsetzen (35 Prozent)
- Energiearme Produktion (34 Prozent)
- Biologische Inhaltsstoffe (33 Prozent)

Diversität und Inklusion

Gen Z bevorzugt Marken, die Vielfalt und Inklusion in ihrer Werbung und in ihrem internen Team fördern. Sie möchte sich mit Marken identifizieren, die ihre Werte teilen und ihre Gemeinschaft respektieren.

Am besten lässt sich diese Entwicklung im »Pride Month« und an ähnlichen Aktionstagen beobachten. Plötzlich tauschen alle großen Brands ihre Social-Media-Logos durch regenbogenfarbige Icons aus oder posten entsprechende Solidaritätsbekundungen. Generell super – wenn sich dieses Engagement aber auf einen Monat im Jahr beschränkt und ansonsten nicht viel von Inklusion und Diversity zu sehen ist, springt der bereits angesprochene »Bullshitdetektor« an. »Pinkwashing« ist das diverse Äquivalent zum Greenwashing und wird schnell durchschaut.

Eine Marke, die diese Werte so aktiv lebt wie kaum eine zweite, ist der Eishersteller Ben & Jerry's. Auch wenn die Gründungstage durch zwei Alt-Hippies lange zurückliegen und die Marke mittlerweile zum Unilever-Konzern gehört, konnte sich das Unternehmen den aktivistischen Markenkern bewahren. Auf Instagram lässt sich das gut beobachten. Und zwar über das ganze Jahr und nicht nur an Gedenk- und Aktionstagen. Wenn ich zum Zeitpunkt, an dem ich dieses Kapitel schreibe, auf den Instagram-Kanal @benandjerrys_offiziell schaue und mir allein die letzten 30 Posts ansehe, bestehen diese natürlich zu einem großen Teil aus Eis-Content. Aber eben auch aus:

- acht Posts zur Flucht- und Asylthematik inklusive direkter Kritik an Aussagen von Friedrich Merz und Nancy Faeser,
- einem Post zum Selbstbestimmungsgesetz (LGBTQ+-Thematik),
- einem Post zum verschärften Homosexuellen-Gesetz in Uganda,
- einem Post zum Thema Integration.

Mehr als ein Drittel seiner Werbefläche »spendet« Ben & Jerry's für gesellschaftlich relevante Themen. Das Unternehmen ist dieser Ausrichtung seit Jahrzehnten treu geblieben und vereint die im vorherigen Punkt angesprochenen Faktoren hohe Produktqualität, Nachhaltigkeit und Einsatz für gesellschaftliche Werte zu einer Marke, die bei der Generation Z hohe Beliebtheit genießt. Und das, obwohl sie zu den teuersten Eismarken überhaupt gehört. Das Preispremium scheint den Konsumentinnen gerechtfertigt.

Die Wichtigkeit von Diversität und Inklusion lässt sich in Studien belegen. So antworteten 65 Prozent in einer deutschen Untersuchung auf die Frage, ob sie eher Marken kaufen, die in ihrer Kommunikation auf Diversität achten, mit »Ja« oder »Eher ja«. Nur 14 Prozent verneinten das komplett.[82]

In diesem Zusammenhang wird auch die Frage nach dem Gendern in Ihren Web- und Werbetexten relevant. Dieses Thema ist in der Generation Z ähnlich umstritten wie in der Gesamtbevölkerung. Tendenziell befürworten Frauen der Gen Z die gendergerechte Sprache eher als Männer, und je jünger die Frauen sind, desto größer ist die Zustimmung. Einem großen Teil ist es schlicht egal. Hier können Sie sich von Ihren Unternehmenswerten leiten lassen, eine »Genderpflicht« gibt es nicht. Aber: Für einen wachsenden Teil der Gen Z ist Gendern normal, gehört dazu und wird gar nicht groß hinterfragt. Falsch machen Sie damit also nichts.

Diversität zeigen – aber wie?

- Achten Sie in der Werbung auf Gesichter und Menschen mit unterschiedlicher Herkunft, unterschiedlichem Gender und verschiedenen körperlichen Eigenschaften. Vermeiden Sie dabei aber den »Stockphoto«-Eindruck, der oft durch erzwungen ethnisch gemischte Team-Fotos entsteht.
- Achten Sie auch auf die Rolle, die diverse Personen in Ihrer Kommunikation haben. Oft sieht man diese in eher passiven Rollen – die Frau im Rollstuhl bekommt ein Lob vom Chef im Anzug oder der schwarze Bewerber bedankt sich bei der weißen Personalerin. Solche Biases sind unbewusst, aber nicht minder schädlich.
- Machen Sie sich auf Kritik in den Kommentarspalten der Social Media gefasst. Gerade auf Facebook bereitet es vielen Menschen Freude, sich sehr abfällig über gegenderte Texte oder diverse Fotos zu äußern. Ich persönlich nehme das eher als Zeichen, dass ich auf dem richtigen Weg bin. Wichtig ist, was Ihrer Zielgruppe gefällt, nicht den Trollen in Social Media.
- Informieren Sie ganz gezielt über Ihre Maßnahmen für mehr Diversität und Inklusion. Stellen Sie hierzu zum Beispiel eine Landingpage auf Ihrer Website bereit und verarbeiten Sie das Thema in Reels (vertikale Kurzvideos) oder Posts.
- Achten Sie bei der Auswahl Ihrer Influencerinnen und Kooperationspartner auf Diversität. Eine Marke, die sich diese Werte auf die Fahne schreibt, aber immer nur mit hübschen, schlanken, blonden Vorzeige-Influencerinnen zusammenarbeitet, macht sich auf Dauer unglaubwürdig.

Commmunity

Ein Ansatz, der Marken generell hilft, bei der jungen Generation aber nahezu unverzichtbar ist, ist der Community-Gedanke. Starke Marken sind nicht nur »da«, sie bauen eine Gemeinschaft mit der Kundschaft auf. Communitys sind der Schlüssel zur Kundenbindung bei dieser wenig loyalen Generation.

Social Media bietet dafür die besten Möglichkeiten. Hier können

Marken nicht nur eine große Reichweite, sondern auch lebendige Communitys aufbauen. Dafür ist aber eine Zwei-Wege-Kommunikation nötig. Das stereotype »Können wir die Kommentare abschalten?« gibt jeder Community den Todesstoß. Im Gegenteil: Sie sollten aktiv zum Kommentieren auffordern, Gespräche in Gang bringen, Meinungen einholen und die Erkenntnisse in Ihre Kommunikation (und noch besser auch in Ihre Produkte) einfließen lassen.

Communitys können auf unterschiedliche Weise aufgebaut werden. Diese alle hier zu beschreiben, würde den Rahmen des Buches sprengen. Ein sehr effektiver Weg, weil Kernelement einer Community, ist die Sprache. Gemeinschaften verwenden gemeinsame Codes, erkennen sich an der Wortwahl, verspüren eine Zugehörigkeit, wenn sie bestimmte Begriffe hören. Hashtags sind solche Codes, die Communitys definieren. Viele Marken verwenden Hashtags nach dem Muster #teamMARKE, wenn sie posten. Und sie rufen ihre Kundschaft dazu auf, auch diesen Hashtag zu nutzen, wenn sie über die Produkte oder Leistungen der Marke sprechen. So entsteht eine Community, die sich nach innen wiedererkennt und die Marke nach außen vertritt. Einige Beispiele für dieses Prinzip sind: #teamrocka (Rocka Nutrition, eine von einem Influencer gegründete Firma für Nahrungsergänzungsmittel), #teamcanon (hier posten Kundinnen von Canon ihre mit Kameras der Marke geschossenen Fotos und Videos), #teamnike (Fans der Marke Nike zeigen ihre Schuhe).

Der Agrarmaschinen-Konzern John Deere setzt ein ähnliches Prinzip mit dem Hashtag #deerefriend ein. Landwirte und Fans sind aufgerufen, unter dem Hashtag ihre Traktoren und sonstigen Geräte zu posten. So entsteht eine hohe und sehr authentische Reichweite für die Marke, da die Beiträge von Kundinnen und Fans selbst und nicht (nur) vom Unternehmen kommen. Die Postenden zeigen ihre Zugehörigkeit zur »John-Deere-Familie« und Deere erhält so auch noch Content für Repostings und Sharings.

Digitalisierung

Die Generation erwartet schließlich, dass Marken eine starke digitale Präsenz haben und innovative digitale Erfahrungen bieten. Immerhin ist die Generation mit digitalen Medien groß geworden und kennt eine Welt, in der Marken mit Katalogen, Postwurfsendungen, Zeitungsanzeigen und Plakatwerbung (allein) geworben haben, nur noch vom Hörensagen.

Da sich das komplette Buch um Digitalisierung dreht, verzichte ich hier auf tiefergehende Ausführungen zu diesem Punkt. Nur so viel: Wenn Sie die junge Generation mit Ihren Produkten und Marken erreichen wollen, müssen Sie das erstens digital, zweitens mobil und drittens hauptsächlich auf Social Media tun. Wie genau das geht, schauen wir uns in den nächsten Kapiteln ausführlicher an.

Always on – wie dringt man noch durch?

Generation Z ist, wie bereits vielfach betont, extrem anspruchsvoll und sehr heterogen. Außerdem ist sie auf vielen Kanälen gleichzeitig unterwegs, extrem vernetzt und sehr gut informiert. Diese Kombination kann entmutigend wirken, vor allem für kleine und mittlere Unternehmen. Wie soll man ohne gewaltiges Budget und ohne den Rückgriff auf große Agenturen unter diesen Umständen bestehen? Lassen Sie sich bitte nicht entmutigen. Denn gleichzeitig wissen wir sehr viel über die Ansprüche und Werte der Generation Z. Und wir wissen, wo diese Generation unterwegs ist: online. Und obwohl Generation Z eine gewisse Skepsis gegenüber traditioneller Werbung hat, sind ihre Vertreter stark durch Social-Media-Marketing und Influencer-Marketing beeinflussbar.

Mit diesem Wissen können auch kleine Unternehmen sehr zielgerichtete Strategien entwickeln, um zu den Konsumentinnen und Konsumenten durchzudringen. Dabei kommt ihnen zugute, dass sich Gen Z um Interessen herum organisiert. Sie bildet Communitys auf Basis ihrer Interessen und ist dadurch gut erreichbar.

Kaum ein anderes Marketinginstrument (oder Set an Instrumenten) bietet deshalb so viele Chancen für die »Kleinen« wie die sozialen Medien. Hier können inhabergeführte Unternehmen, Einzelkämpfer oder kleine Betriebe ihre Vorteile voll ausspielen: flache Hierarchien, kurze Entscheidungswege, Flexibilität, die Möglichkeit zu schnellen Reaktionen. Auch ohne großes Budget und ohne immense Kosten kann, mit etwas Know-how und Kanalverständnis, viel erreicht werden. Dafür mit Strategie.

Im Folgenden gehen wir deshalb auf genau diese Fragen ein: Wie setzt man als Unternehmen Social-Media-Marketing ein, um die Generation Z zu erreichen? Und welchen Beitrag können Influencer liefern? Dabei dürften einige überraschende Antworten auf Sie warten.

In den Fakten über die Generation Z haben wir bereits festgestellt, welche Kanäle die Jungen überwiegend nutzen. Kurz zur Wiederholung: Es ist eher nicht (mehr) Facebook, sondern Instagram, Snapchat, YouTube und / oder TikTok. Facebook wird entgegen allen Unkenrufen tatsächlich auch noch genutzt, aber wohl eher bei den älteren Vertretern der Gen Z und längst nicht mehr in dem Ausmaß, das vor einigen Jahren noch üblich war.

In meiner täglichen Arbeit erlebe ich hier ein interessantes Phänomen: Vor zehn bis zwölf Jahren begegnete mir von Unternehmen oft die Erwiderung, Facebook sei für sie nicht spannend, da dort »ja nur Jugendliche« unterwegs seien. Heute höre ich, Facebook sei nicht relevant, da »die Jugendlichen dort ja nicht mehr unterwegs sind«. Die offenbar kurze Phase, in der genau die richtige Anzahl an Jugendlichen auf Facebook war, wurde anscheinend verpasst …

Fakt ist: Ja, Sie werden bei Facebook längst nicht mehr so viele junge Menschen erreichen wie früher. Ganz abschreiben würde ich den Kanal jedoch nicht, zumindest, was Werbung angeht. Sie können Ihre Ads ja gezielt nach Alter targetieren (zumindest über 18), dann sehen Sie relativ schnell, wie hoch das Interesse an Ihren Produkten ist. Und: Werbung auf Instagram wird über die gleiche Oberfläche wie Facebook-Werbung eingebucht – es ist also keine Mehrarbeit, auch Facebook mitzubespielen. Wenn die Zahlen Sie nicht zufriedenstellen, können Sie die Aktivität auf Facebook jederzeit wieder einstellen.

Organisches Engagement abseits der bezahlten Werbung lohnt sich für die Ansprache der Gen Z bei Facebook tatsächlich kaum noch. Dafür ist die organische Reichweite (die im Gegensatz zu bezahlter Werbung durch die Algorithmen unbezahlt »verteilt« wird) zu gering und die Interaktion zu schwach. Ein junger Erwachsener, der alle paar Tage mal bei Facebook reinschaut, klickt vielleicht auf eine interessante Anzeige, die ihm im Newsfeed ausgespielt wird,

wird aber kaum lange genug durch seinen Feed scrollen, um Ihren organischen Beitrag zu entdecken – und dann auch noch zu kommentieren oder sonst wie zu interagieren. Die Hoffnung würde ich mir nicht machen.

Konzentrieren wir uns also auf die Kanäle, die bei der Gen Z wirklich relevant sind. Insgesamt halten wir aber fest: Marken, die in den sozialen Medien nicht vertreten sind, existieren für die Gen Z einfach nicht. Sie kommen um aktives Engagement auf Social Media nicht herum, wenn Sie bei dieser Generation Relevanz und Resonanz erzeugen möchten.

Eine zentrale und immer wiederkehrende Frage ist: Sollten wir uns auf einen Kanal fokussieren oder mehrere Kanäle parallel bespielen? Mein Rat ist einfach: Wenn die Ressourcen es zulassen, seien Sie auf mehreren Kanälen präsent. Sie werden 100 Prozent der Bewerberinnen oder Kunden *nicht* erreichen auf den Kanälen, auf denen Sie nicht sichtbar sind. Die Gen Z nutzt ebenfalls mehrere Kanäle, und zwar mehr als jede andere Generation. Im Schnitt haben 14- bis 29-Jährige 3,9 Social-Media-Accounts. Millennials liegen mit 3,2 Accounts auch noch über dem Durchschnitt (3,0), die älteren Generationen liegen deutlich darunter.[83]

Wenn Sie also mehrere Kanäle bespielen (organisch oder sei es nur durch Werbeanzeigen), erhöhen Sie die Chance, auf zumindest einem davon wahrgenommen zu werden und eine Wirkung zu erzeugen.

Ich nutze Social Media schon sehr viel, vor allem TikTok und Instagram. Morgens nach dem Aufwachen schaue ich erst mal die Storys an, was meine Freundinnen so gemacht haben. Dann tagsüber zwischendurch. Und abends im Bett gucke ich TikTok-Videos, wahrscheinlich mehr, als ich sollte. Meine Nutzung hat auch zugenommen in den letzten Jahren, aber vor allem wegen TikTok. (Lea, 21, Studentin)

Instagram – Metas neue Cashcow

Als (damals noch) Facebook 2012 die (damalige) Foto-App Instagram für rund eine Milliarde Dollar gekauft hat, waren die Verwirrung und der Spott in den klassischen und den sozialen Medien groß. Eine Milliarde für eine Plattform, bei der ganze 13 Softwareentwickler arbeiten, die keinen Umsatz macht (also auch kein Geschäftsmodell hat) und mit 30 Millionen Nutzern gerade einmal einen Bruchteil so groß ist wie Facebook mit seinen damals 850 Millionen Usern?

Im Nachhinein hat sich Mark Zuckerbergs Riecher als goldrichtig erwiesen. Instagram ist nach Facebook das zweitgrößte Social Network der Welt, trägt einen großen Teil zu Metas Umsatz bei und hat vor allem etwas geschafft, was Meta ohne diese Plattform nicht gelungen wäre: die jungen User im Konzern zu halten. Denn ja, die Jungen wanderten von Facebook ab – aber zu großen Teilen einfach rüber zu Insta. So geht Kundenbindung. Inzwischen ist Instagram die am meisten genutzte Plattform der Gen Z. Aber auch Fluch und Segen zugleich.

Auf der einen Seite bietet Instagram perfekte Möglichkeiten für alles, was der Generation Z wichtig ist: Zerstreuung und Zeitvertreib, Austausch und Vernetzung, Selbstdarstellung und das Entdecken von Produkten, Creators und Influencern. Auf der anderen Seite wird Instagram stark mitverantwortlich gemacht für die hohe psychische Belastung, der junge Menschen ausgesetzt sind. Eine große Rolle spielen dabei Filter. Mit diesen lassen sich zum Beispiel Gesichter im Video live und beliebig verändern. Als Kätzchen, als Figur aus Avatar 2, aber auch als »schönere« Version seiner selbst. Und Letzteres ist das Problem: Junge Menschen vergleichen sich nicht nur mit den scheinbar perfekten Influencern auf der Plattform, sondern auch mit dem, was ihnen ihr gefiltertes Selbst zeigt.

Die Dramatik dieser Entwicklung lässt sich an zwei Ereignissen festmachen. Erstens: Die Anzahl der Menschen unter 30, die angaben, Social Media habe sie bei ihrer Entscheidung für eine Schönheitsoperation beeinflusst, stieg von 9 Prozent (2021) auf über 20 Prozent (2022).[84] Immer mehr Schönheitschirurgen sprechen nicht nur von steigenden Zahlen gewünschter OPs bei Minderjährigen, sondern auch davon, dass diese nicht mehr wie früher mit Bildern von Stars oder sonstigen Vorbildern ankommen, sondern mit Bildern von ihnen selbst – gefiltert.

Zweitens ging Instagram 2019 einen krassen Schritt und verbot alle Filter, die Schönheitsoperationen simulieren. Also gab es keine Filter mehr für dickere Lippen, kleinere Nasen oder sonstige durch plastische Chirurgie hervorgerufene Modifikationen. Offiziell zumindest. Findige Entwickler entdecken immer neue Möglichkeiten, diese Filter-Filter zu umgehen. Und es gibt ja auch noch TikTok … Instagram ist also längst nicht nur positiv und heile Welt. Aber das sind das Fernsehen, bestimmte Sportturniere und das Internet insgesamt auch nicht. Trotzdem werben wir dort und müssen das auch tun, um wirtschaftlich arbeiten zu können.

Für Unternehmen bietet Instagram immer noch eine der besten Möglichkeiten, junge Zielgruppen zu erreichen. Im Folgenden gebe ich Ihnen einige Marketing-Tipps für diesen Kanal. Das Netz ist jedoch schnelllebig – gut möglich, dass sich bereits einiges geändert hat, wenn Sie dieses Buch in der Hand halten. Folgen Sie mir daher gern in den sozialen Medien (Instagram, LinkedIn und TikTok bevorzugt), um immer mit aktuellsten News, Entwicklungen und Tipps versorgt zu sein.

Die Marke Katjes, immerhin auf Platz drei der beliebtesten Süßwarenmarken bei Generation Z,[85] schöpft die Möglichkeiten von Instagram voll aus. Zum einen setzt man dort sehr stark auf die angesprochenen Werte wie Nachhaltigkeit und Diversity. Hashtags wie #animallove, #equality oder #vegan sind nicht nur Reichweiten bringendes Beiwerk, sondern prägen die Inhalte der Posts, in denen es sehr stark um die vegane Ausrichtung der Marke geht. Thematisiert werden auch umweltfreundliche Verpackungen, Tierwohl, Toleranz oder Female Empowerment.

Zum anderen spielt Katjes auf der gesamten Instagram-Klaviatur. Im Feed finden sich sowohl Bilder von Produkten als auch Grafiken, die die oben genannten Themen fokussieren. Daneben auch Carousel-Posts und Reels. Neue Produkte werden im Instagram-Livestream gelauncht, in den Storys können User Fragen stellen oder hinter die Kulissen von Events blicken. Im Instagram-Shop stellt Katjes die Produkte vor, die über Links in den Posts direkt im Online-Shop bestellt werden können. Claims wie »Schließ dich der Naschrevolution an« oder »Team vegan« fördern den Community-Gedanken und das Zugehörigkeitsgefühl zur Marke. Alles in allem macht Katjes bei Instagram ziemlich viel richtig.

▶ Eine Infografik mit Tipps zum perfekten Instagram-Post finden Sie im Bonus-Bereich des Buches.

Marketing bei Instagram

- Instagram ist die natürliche Umgebung der Digital Natives. Passen Sie sich unbedingt an die Gepflogenheiten, die Sprache und die Optik der Plattform an. Wer hier zum Beispiel einfach Flyer oder gar Stockfotos postet, verliert.
- Instagram bietet verschiedene Möglichkeiten, die Sie ausschöpfen können. Mit Storys erreichen Sie eher Ihre Follower, sie eignen sich gut für Followerbindung und -aktivierung. Bilder und Carousel-Posts tauchen im Newsfeed auf und können über die Explore-Page große Reichweite entfalten. Reels bieten das größte Potenzial für Interaktion und Reichweite. Livestreams liefern den direktesten Kontakt zur Zielgruppe.
- Instagram ist für viele junge Menschen auch einer der primären Messenger-Kanäle. Bieten Sie einen Dialog via Instagram-Messenger. Diesen können Sie teilweise automatisieren. Hierfür gibt es Antwort-Vorlagen direkt bei Instagram, aber auch Chatbots wie Manychat oder Chatfuel, mit denen komplexe Automatisierungen erstellt werden können.
- Reichweite bei Instagram kann organisch entstehen oder durch Werbeanzeigen eingekauft werden. Beide Optionen funktionieren und haben ihre Daseinsberechtigung. Idealerweise nutzen Sie beides, um die volle Wirkung zu entfalten.
- Ein wesentlicher Bestandteil des Erfolgs bei Instagram besteht in Kooperationen mit Multiplikatoren und Influencerinnen. Die meisten Marken sind gut beraten, mit solchen Partnern zusammenzuarbeiten.
- Die Gen Z will mitgestalten und selbst aktiv werden. Dafür bietet Instagram ideale Möglichkeiten. Von kleinen Spielchen und Umfragen in Storys bis hin zu gebrandeten Filtern und Stickern, mit denen die User ihre Reels und Storys aufpeppen können – geben Sie als Marke den Nutzenden die Möglichkeit, sich auszutoben. Sie werden es Ihnen mit höherer Interaktion und größerer Reichweite danken.
- Für Unternehmen im E-Commerce bietet Instagram auch Möglichkeiten des Social Commerce, indem Produkte gezeigt und in Posts integriert werden können. Der eigene Online-Shop kann ganz oder teilweise im Profil gezeigt werden. Klicks auf die

Produktmarkierungen führen dann direkt in den Online-Shop, wo die Produkte gekauft werden können.

TikTok – der Wachstumschampion

Während Instagram noch der größte Kanal der Gen Z ist, kann TikTok in zwei anderen Dimensionen punkten: Es ist die deutlich schneller wachsende Plattform und die mit der höchsten Verweildauer. Mit Abstand sogar. Und während auf Instagram auch ein Großteil der Millennials unterwegs ist, ist TikTok – trotz auch hier ansteigenden Altersdurchschnitts – noch überwiegend in Händen der Gen Z.

Wenn Sie dieses Buch in Händen halten, sind für TikTok zwei Szenarien denkbar: Entweder hat TikTok den Abstand zu Instagram weiter verringert oder die Meta-Plattform sogar überholt. Oder TikTok ist komplett von der Bildfläche verschwunden, weil die aktuell aufkommenden Verbotsbemühungen erfolgreich waren. TikTok ist als einzige im Westen relevante chinesische Social-Media-Plattform sowohl in den USA als auch in Europa ziemlich umstritten.

Deutlich weniger umstritten ist sie bei der Gen Z. Sie liebt die kurzen Hochformat-Videos, die so erfolgreich wurden, dass das Format mittlerweile auch von Instagram, Facebook (jeweils als Reels) und YouTube (Shorts) übernommen wurde. Das Übernehmen (um nicht zu sagen Klauen) von Formaten funktioniert allerdings auch in die andere Richtung: TikTok hat nach und nach auch Livestreams, Storys (von Snapchat und Instagram inspiriert) und statische Bilder als Content-Formate eingeführt. Die vertikalen Videos bleiben jedoch der wichtigste Content.

TikTok ist für Unternehmen nicht nur bei Branding oder Recruiting, sondern auch kommerziell äußerst interessant. Das zeigt sich zum Beispiel an Trends wie »TikTok made me buy it«. Unter diesem Slogan laden User Videos von Produkten hoch, die sie über TikTok entdeckt und dann gekauft haben – und berichten jetzt mehr oder weniger begeistert über ihren Kauf. Videos mit dcm Hashtag #TikTokMadeMeBuyIt wurden insgesamt über 51 Milliarden Mal aufgerufen (Stand Mai 2023).

Gleichzeitig dient TikTok den Digital Natives immer häufiger als Suchmaschine und ersetzt zu einem gewissen Teil Google. Das musste Google selbst einräumen. So sagte der Senior Vice President des Konzerns Prabhakar Raghavan im Rahmen einer Konferenz: »Wir lernen immer wieder, dass neue Internetnutzer nicht die Erwartungen und das Mindset mitbringen, das wir gewöhnt sind; die Suchanfragen, die sie stellen, sind komplett anders. In unseren Studien nutzen fast 40 Prozent nicht mehr die Google-Suche oder Google Maps, wenn sie nach einem Restaurant suchen – sie gehen zu TikTok oder Instagram.«[86]

Für die Ansprache der jungen Generation ist also nicht nur klassische Suchmaschinenoptimierung (SEO) für Google, sondern auch Instagram-SEO und TikTok-SEO entscheidend. Auch TikToks eigene Zahlen stützen diese These. 58 Prozent der TikTok-Nutzer haben bereits neue Marken oder Produkte über die Plattform entdeckt. 44 Prozent haben etwas gefunden, das sie direkt danach gekauft haben. Auch die Wahrscheinlichkeit, über TikTok nach Marken oder Produkten zu suchen, ist um 56 Prozent höher als auf anderen Plattformen. [87]

Diese Entwicklung gilt nicht nur für günstige Konsumgüter oder coole Energydrinks, sondern durchaus auch für höherpreisige Produkte wie Automobile oder Reisen.

Was ich bei TikTok oder Instagram sehe, beeinflusst mich schon. Ich habe zum Beispiel Sneaker gekauft, die ich bei TikTok gesehen habe. Meine Freundin kauft immer Kosmetik, die bei TikTok getestet wurde. (Ali, 22, Geselle)

Ich selbst habe über TikTok zum Beispiel von einem spannenden Dinner-Konzept erfahren, das in diversen Städten Deutschlands angeboten wird. Über Projektoren an der Decke werden lustige Comic-Filmchen auf die Tische projiziert, in denen ein kleiner Koch abenteuerlich die Gerichte zubereitet, die den Gästen dann »in echt« serviert werden. In Köln wurde dieses Konzept im Restaurant eines Fünf-Sterne-Hotels angeboten. Kostenpunkt: 250 Euro pro Person exklusive Getränke. Also nicht gerade ein Angebot für den durchschnittlichen 16-Jährigen. Und was soll ich sagen: Mich hat die TikTok-Werbung so begeistert, dass ich das Abendessen zu zweit direkt ohne jede weitere Recherche gebucht habe. Und ich wurde nicht enttäuscht.

TikTok unterscheidet sich jedoch fundamental von allen anderen Social Networks (auch wenn diese mittlerweile einiges von TikTok kopieren): Statt eines »Social Graph«, bei dem vor allem die Beziehungen zwischen den Nutzerinnen ausschlaggebend für die Inhalte im Feed sind, steht hier der »Content Graph« im Mittelpunkt, der Inhalte vor allem anhand des eigenen Verhaltens ausspielt. Wer also länger auf Videos mit lustigen Tierbabys verweilt, wird sehr schnell mehr davon sehen, unabhängig davon, ob er Tier-Accounts folgt oder nicht.

Das bedeutet: Auch sehr kleine Accounts können große Reichweite erzeugen, da es nicht auf die Follower-Anzahl ankommt. Andererseits bedeutet es aber auch, dass der Content extrem wichtig ist. Wer nicht in den allerersten Sekunden eines Videos überzeugt und es schafft, die User im Clip zu halten, verliert. Das typische Corporate Video, das mit einem siebensekündigen Intro mit dramatischer Musik und drehendem Logo beginnt, hat hier keine Chance. Die Dramaturgie der vertikalen Kurzvideos für TikTok (und alle anderen Vertical-Video-Plattformen wie Reels oder Shorts) ist eine völlig andere. Direkt zum Punkt kommen, ab der ersten Sekunde begeistern, schnelle Schnitte, laut, bunt, oft sogar schrill – das ist das Format, das bei TikTok funktioniert. Gegenbeispiele gibt es natürlich auch, sie sind aber eindeutig in der Minderheit.

Zum aktuellen Zeitpunkt ist TikTok vor allem Spielfeld der B2C-Unternehmen. B2B-Marken sind kaum zu finden und wenn, dann eher im Kontext des Employer-Brandings (wie beim hochgelobten ZIEHL-ABEGG). Eines der wenigen B2B-Marketing-Beispiele auf TikTok kommt von einem Unternehmen, von dem man es eigentlich nicht erwarten würde: dem traditionsreichen und eher bodenständigen Würth.

Unter dem Account @wuerth_germany rockt Würth – laut Claim in der Profilbeschreibung – das Handwerk. Im Gegensatz zu den meisten B2B-Beispielen drehen sich die Inhalte nicht um Arbeitgeberthemen, sondern sprechen tatsächlich die Zielkunden an: Handwerker. So beantwortet das schwäbische Unternehmen häufige Fragen (»Welche Dübel eignen sich für …?«, »Wie wechselt man die Satinierwalze?«, »Wie bekommt man ölige Hände ohne Waschbecken wieder sauber?«), stellt Produktinnovationen vor oder gibt Einblicke in aktuelle

Projekte. Alles in Form kurzer, unterhaltsamer, schnell geschnittener Videos. Knapp 100.000 Follower sind das aktuelle Zwischenergebnis.

Dass eine große Offenheit für Unternehmen aus dem B2B-Umfeld durchaus vorhanden ist, zeigt auch die Lovebrand John Deere. Der offizielle Account ist (Stand April 2023) nur gesichert, bisher jedoch noch komplett ohne Content. Trotzdem folgen bereits 63.000 Menschen dem Account – was da wohl erst möglich wäre, wenn sich der Konzern endlich entscheidet, aktiv zu werden?

Trotzdem kommen die meisten erfolgreichen Cases klar aus dem B2C-Umfeld, häufig aus den Bereichen Mode, Sport, Lifestyle oder Konsumgüter. Aber nicht nur Online-pure-Player und angesagte In-Brands nutzen TikTok erfolgreich. Auch klassische Unternehmen »verjüngen« sich und ihre Marke in der App.

Kaum eine tut das so gut wie Kaufland. In den letzten Jahren hat sich der Einzelhandelsriese als Social-Media-Champion einen echten Namen gemacht und führt regelmäßig die Rankings der größten und interaktivsten Accounts bei Facebook, Instagram und Co. an. Auch bei TikTok liegt Kaufland mit fast 900.000 Followern (April 2023) weit vor REWE (237.000), EDEKA (282.000) oder Lidl (369.000).

Dabei macht Kaufland einfach alles richtig. Von Anfang an wurde auf Kooperationen mit großen (und teuren) TikTok-Influencern wie Herr Anwalt (der auch schon mal auf einem aus Klopapier-Packungen gebauten Thron erklärt, ob man unbegrenzt Klopapier kaufen darf) oder Younes Zarou (dem größten deutschen Account mit über 50 Millionen Followern) gesetzt. Auch mit Prominenten aus dem »realen« Leben macht Kaufland TikTok-Kooperationen, zum Beispiel mit den Rappern Capital Bra oder Money Boy.

Diese Influencer wurden aber nicht (nur) für Kooperationen auf ihren eigenen Kanälen eingekauft (was gemeinhin als »Influencer-Marketing« gilt und primär die Reichweite steigern soll), sondern der Content wurde primär für den Kaufland-Kanal verwendet (was man eher als »Creator-Marketing« bezeichnet). Dadurch wird Kauflands Account relevant für die Gen Z, weil ständig neue Inhalte mit bekannten und beliebten Persönlichkeiten aufwarten.

Aber auch sonst hat Kaufland TikTok durchgespielt (wie die Gen Z sagen würde). Man nutzt zum Beispiel Video-Erwiderungen, um auf Fragen von Nutzerinnen zu antworten. So hat ein User (348 Follower) in einem Video gefragt, warum die Deckel der Milchpackungen mittlerweile mit der Packung verbunden bleiben. Diese Frage beantwortete Kaufland in einem kurzen Video. Ergebnis: 2,1 Millionen Aufrufe, über 4800 Kommentare, über 4200 Shares. Winzige Ursache, riesige Wirkung. Kaufland beteiligt sich an TikTok-Trends, verlängert virale Aktionen von YouTube nach TikTok, liefert auch »richtigen« Mehrwert durch Rezeptideen oder interessante Infos zu Produkten. Ein guter Mix, der bei der Gen Z ankommt.

▶ **Im Bonus-Bereich des Buches finden Sie die komplette Aufzeichnung eines Experten-Roundtables, bei dem Michael Hofmann von Kaufland, Stephanie Tönjes von der Telekom und Rainer Grill von ZIEHL-ABEGG Einblicke in ihre Strategien zur Ansprache der Gen Z gegeben haben.**

Wie groß der Einfluss von TikTok mittlerweile auch für die Gesellschaft abseits der Plattform ist, zeigt sich gut am Beispiel der Musikindustrie. Die Plattenlabel stellen begeistert ihre neuen Songs für die Musikdatenbank der Plattform zur Verfügung. Wenn es ein Song schafft, in möglichst vielen Videos als Hintergrundsound verwendet zu werden, stehen die Chancen gut, dass er am nächsten Tag die Spotify- oder sogar die offiziellen Charts anführt. 80 Prozent der Befragten einer TikTok-Studie geben an, dass TikTok die Nummer eins für das Entdecken neuer Musik sei, sogar mehr als andere Streaming-Plattformen oder Freundinnen.[88] Zahlreiche Songs, die Sie aus dem Radio kennen, waren auf TikTok bereits viral, bevor sie der breiten Allgemeinheit bekannt wurden. Diese Mechanismen verändern sogar die Popmusik insgesamt – Songs werden kürzer, der gesamte Stil wird an die Verwendbarkeit auf Kurzvideo-Plattformen wie TikTok angepasst.[89] So ist es kein Zufall, dass selbst der ehrwürdige deutsche Vorentscheid zum European Song Contest den zehnten und letzten offenen Slot des Jahres 2023 via Abstimmung über TikTok füllte. Gewonnen hat mit großem Abstand Ikke Hüftgold, der dann allerdings das Publikum beim offiziellen Vorentscheid nicht mehr für sich gewinnen konnte.

So geht TikTok-Marketing

- TikTok-Marketing kann organisch oder bezahlt genutzt werden. Meistens ist eine Mischung aus beidem sinnvoll.
- Auf TikTok ist es noch wichtiger als auf anderen Plattformen, innerhalb weniger Augenblicke zu überzeugen. Der »Hook«, das, was in den ersten ein bis zwei Sekunden des Videos passiert, muss so griffig sein, dass Menschen weiterschauen wollen.
- Die Empfehlung von TikTok selbst lautet: »Don't make ads – make TikToks.« Das zeigt, wie wichtig eine native Video-Gestaltung ist, die »die Sprache von TikTok« spricht.
- Erfolgreiches TikTok-Marketing lebt stark von einem guten Community-Management. Beantworten Sie Fragen, greifen Sie Anregungen aus der Community auf, gehen Sie live, erstellen Sie Video-Antworten oder sogenannte »Stiches« und »Duetts«. Je interaktiver Sie als Marke werden, desto besser.
- Auf TikTok funktioniert User-generated Content hervorragend. Lassen Sie Ihre Nutzerinnen zu Wort kommen oder setzen Sie auf Content von Creators. Meist können diese bessere Inhalte erstellen, als es eine Marke selbst kann.
- Lernen Sie von erfolgreichen Beispielen. Auf TikTok gibt es viele virale Trends, die oft aus einem einzelnen Beitrag heraus resultieren. Hängen Sie sich daran und übernehmen Sie Ideen und Ansätze erfolgreicher Videos. »Lernen von den Besten« ist bei TikTok das ideale Motto.

YouTube – die soziale Suchmaschine

YouTube geht in vielen Rankings der wichtigsten Social-Media-Kanäle der Generation Z etwas unter, weil es meist nicht als klassisches Social Network definiert wird. Alle Studien, in denen YouTube (richtigerweise) mit abgefragt wird, zeigen aber: In der Beliebtheitsskala der Gen Z steht YouTube ganz oben.

Hier zeigt sich ein interessantes Paradox. Während der Trend der letzten Jahre immer mehr zu Kurzvideos tendierte (und auch YouTube sich mit dem Shorts-Format an diesen Trend anpasste), können sich bei YouTube auch längere Videos durchsetzen. Tatsächlich sind Langformat-Videos zwischen 25 und 60 Minuten auch und gerade bei der Gen Z beliebt.[90] Das belegen nicht nur die Erfolge der bei Digital Natives geschätzten »Let's play«-Streamer wie Gronkh, Unge oder MontanaBlack, sondern auch Infotainment-Formate wie »MrWissen2go« oder die Produktionen des »funk«-Netzwerks. Hier werden hochwertige und aufwendige Dokumentationen, Reportagen, Comedy-Sendungen und politische Satire veröffentlicht, die durchaus TV-Qualität aufweisen. Die Videos richten sich primär an die Gen Z, dauern fast immer länger als zehn Minuten und können teilweise Millionen von Views verzeichnen.

Die Marketing-Möglichkeiten bei YouTube sind äußerst vielfältig. Schon allein die möglichen Content-Formate gehen weit über das, was man auf den ersten Blick sieht, hinaus:

- Videos (klar),
- Kurzvideos (Shorts),
- Livestreams,
- Storys (nur für größere Accounts verfügbar),
- Community-Beiträge in Form von Text, Bild, GIF oder Umfragen.

Wer Inhalte dieser Art erstellen kann, allen voran natürlich Videos, kann mit YouTube erfolgreich sein, unabhängig von der Branche. Die Bundeswehr nutzt YouTube genau so erfolgreich wie Congstar, die Berliner Verkehrsbetriebe, sämtliche großen Medienmarken oder Einzelhandelsriesen.

Wie gut sich klassische Marken durch YouTube verjüngen können, lässt sich am Beispiel der Baumarktkette OBI demonstrieren. Während der eigentliche OBI-Baumarkt-Kanal @OBI bei über 580 hochgeladenen Videos auf gerade einmal 60.000 Abonnenten kommt, konnte der Auftritt »MACH MAL mit OBI« nach 190 Videos schon über 230.000 Abonnenten anlocken.

Der gesamte Kanal ist jünger gestaltet und spricht die Generation Z direkt an. Als Protagonisten kommen verschiedene YouTuber zum Einsatz, die statt der klassischen Heimwerker-Projekte auch ungewöhnliche Bastel-Ideen (»DIYs aus Müll?«), Life Hacks (»5 Heißkleber Hacks, die du ausprobieren MUSST«) oder sonstige Einfälle (»Ganzer Baumarkt für uns! Verstecken EXTREM!«) zeigen.

Auch die Kernthemen (Um-)Bauen und Renovieren kommen natürlich vor, aber eben jugendgerecht aufbereitet (»twenty4tim bekommt sein Traumzimmer!«, »Schule umbauen an 1 Tag«).

Auch bei OBI zeigt sich, dass man die Gen Z durchaus mit längeren Formaten ansprechen kann, wenn sie passend aufbereitet sind. Die Videos dauern fast durchweg länger als zehn Minuten. Es müssen also nicht unbedingt die typischen Kurzvideos sein, der Inhalt und die Machart der Videos sowie die Interessenlage der Zielgruppe sind entscheidend.

Kaum ein Beispiel zeigt die Macht von YouTube so deutlich wie das des Kölner Rechtsanwalts Christian Solmecke, der den reichweitenstärksten Jura-Kanal Europas betreibt. Ich durfte Christian bereits zweimal als Speaker auf meinen Konferenzen vorstellen und ziehe ihn gern als Case Study heran. Obwohl »seriöser« Fachanwalt für IT- und Medienrecht mit etablierter mittelständischer Kanzlei, hat Christian früh auf YouTube gesetzt und bereits 2010 angefangen, fast täglich Videos zu posten. Bei meiner ersten Kanzleimarketing-Konferenz 2013 war er damit unter den Anwälten ein echter Exot und wurde staunend, aber auch etwas skeptisch beäugt. »Darf« man als seriöser Anwalt überhaupt solche reißerischen Videos machen?

Christian hatte recht schnell die Idee, sich mit seinen Inhalten direkt an YouTuber zu richten und zum Beispiel die Reihe »Recht für YouTuber« zu etablieren. Dadurch erschien er auf dem Radar der größeren Namen in der Branche, was schließlich zu einigen Kooperationen und vielen Mandatierungen geführt hat.

Bei seinem zweiten Auftritt auf meinen Konferenzen 2017 hatte er durch solche Kooperationen und enorm langen Atem bereits 70.000 Follower angesammelt und war damit der größte deutsche Kanal im juristischen Bereich. Doch dann ist etwas Spannendes passiert. Durch eine Idee seines Teenager-Sohnes erstellte er ein Video mit »20 Dingen, die Lehrer nicht dürften, aber trotzdem machen«. Dieses Video schlug ein wie eine Bombe. Zum ersten Mal platzierte sich Christian dadurch in den YouTube-Trends, was seinem Kanal enorme Aufmerksamkeit verschaffte. In den nächsten Tagen gewann er so über 70.000 neue Follower hinzu – so viele wie in den sieben Jahren zuvor.

Das Video ist mit fast drei Millionen Aufrufen bis heute sein meistgesehenes Werk. Gut, dass er auf seinen Sohn gehört hat ...

Von da an ging es richtig ab. Die Videoaufrufzahlen schossen in die Höhe, ebenso die Follower-Zahlen (aktuell kratzt der Kanal an der Millionen-Follower-Grenze und hat über 220 Millionen Views erzielt). Unzählige TV-Auftritte, Bestseller-Bücher und Millionenumsätze resultieren aus dem YouTube-Kanal der Kanzlei. Und alles mit rein juristischen Videos, in denen ein Anwalt allein vor der Kamera sitzt und rechtliche Themen erklärt.

Wenn Sie mit YouTube die Generation Z erreichen wollen (etwa 50 Prozent der Zuschauer des WBS-Legal-Kanals sind zwischen 18 und 34 Jahre alt), sollten Sie sich Christian Solmeckes Videos einmal genau anschauen. Sie können dabei eine Menge über YouTube-Marketing lernen. Ein Beispiel: das Prinzip »Tue mehr von dem, was funktioniert«. Nach dem durchschlagenden Erfolg des Lehrer-Videos produzierte Christian weitere Videos nach dem gleichen Muster, zum Beispiel »15 Dinge, die Polizisten nicht dürfen« (1,5 Millionen Aufrufe und Platz zwei seiner meistgesehenen Videos), »10 Dinge, die Bahnkontrolleure nicht dürfen, aber trotzdem machen« (880.000 Aufrufe, Platz sieben) oder der logische Nachfolger »20 Dinge, die Schüler nicht dürfen, aber trotzdem machen« (550.000 Aufrufe).

Was rät Christian Solmecke Unternehmen, die YouTube nutzen wollen: »Liebe Unternehmer und Unternehmerinnen, hört auf eure Kinder oder jungen Mitarbeitenden. Die wissen am besten, wie man eine junge Zielgruppe anspricht, ohne cringe zu wirken.«

Im Kapitel über Influencer-Marketing kommen wir nochmals auf YouTube zurück – viele Unternehmen nutzen diesen Kanal natürlich auch verstärkt für Kooperationen mit YouTubern, statt (nur) eigene Inhalte zu erstellen.

Selbst wenn Sie zusammenfassend zu dem Fazit kommen, dass Sie keine organische YouTube-Präsenz aufbauen wollen oder können – über YouTube-Werbung sollten Sie definitiv nachdenken. Werbung auf YouTube ist in fast allen Kategorien (Nahrung, Banking, Reisen, Unterhaltung, Automobil, Technologie und Investments) einer der Top-3-Wege, wie die Generation Z von Marken oder Produkten erfährt.[91] In fast all diesen Kategorien sogar Platz zwei, während YouTube Ads es bei Millennials nicht einmal in die Top drei schaffen. Was auf Platz eins ist? Freunde und Familie. Aber vielleicht haben von denen auch einige via YouTube von den Produkten erfahren, bevor sie als Influencer für die Konsumentinnen agieren konnten?

Ich habe schon in der Schule voll viel bei YouTube gelernt, zum Beispiel Mathe oder Englisch. Auch heute im Studium nutze ich YouTube viel. Da finde ich zum Beispiel Vorlesungen von Hochschulen aus den USA, die manche Themen noch mal anders betrachten. Ich bin auch im Englischen recht gut geworden, weil ich die meisten Videos auf Englisch schaue. (Vitali, 23, Student)

► Im Bonus-Bereich finden Sie eine Checkliste mit YouTube-Formaten, die sich für die Ansprache der Gen Z hervorragend eignen.

Snapchat – Gen Z unter sich

Snapchat ist ein Phänomen und unterscheidet sich deutlich von allen anderen Social-Media-Kanälen. Vor einigen Jahren (um 2016/2017) gab es einen regelrechten Snapchat-Boom und Unternehmen überrannten die Plattform. Plötzlich hatten gefühlt alle Marken eigene Auftritte, ähnlich wie es in den letzten Monaten bei TikTok der Fall ist. Mit der Zeit hat diese Begeisterung dann aber nachgelassen. Zumindest bei den Unternehmen – bei der Gen Z behauptet sich Snapchat immer noch tapfer unter den Top drei der beliebtesten Apps (wenn auch TikTok in Kürze gleichziehen oder überholen wird).

Tatsächlich haben viele der älteren Nutzer Snapchat wieder verlassen. Selbst in meinem marketing- und techaffinen Umfeld kenne ich kaum noch Menschen über 30, die sich dort regelmäßig aufhalten. Vielleicht macht gerade das Snapchat für die Jungen so attraktiv.

Die Unternehmen, die Snapchat noch aktiv nutzen, tun das meist zu Recruiting-Zwecken. So ist die Bundeswehr mit ihrem Kanal »BundeswehrJobs« seit Jahren auf Snapchat aktiv und erreicht 77.000 Follower. Auch die Deutsche Bahn, die DZ Bank oder REWE betreiben mehr oder weniger aktive Karriere-Accounts auf Snapchat. Marketing? Fehlanzeige. Snapchat selbst scheint sich dieses Umstandes auch bewusst zu sein und hat 2021 endlich – verhältnismäßig spät – Unternehmens-Accounts eingeführt, die ein paar mehr

Funktionen bieten als private Accounts. Eine Ausnahme bilden Medien-Unternehmen, die stark vom »Discover«-Bereich der App profitieren. Diese Sektion ist gezielt Publishern vorbehalten und bietet diesen die Möglichkeit, ihre News im Kurzvideo-/Story-Format zu platzieren. Das tun in Deutschland auch einige Zeitungen wie BILD, TV-Sendungen wie Köln 50667 oder Radio-Sender wie 1LIVE.

Für das »normale« KMU dürfte Snapchat nicht die primäre Plattform sein, um dort Content zu produzieren. Es gibt aber dennoch einige Möglichkeiten, von Snapchat zu profitieren, ohne dort selbst große organische Reichweite aufzubauen. Kostenlos oder auch nur kostengünstig sind diese allerdings nicht:

- *Snapchat Ads:* Wie bei Facebook, Instagram, TikTok oder YouTube kann man bei Snapchat Werbeanzeigen im Self-Service-Verfahren buchen. Sie brauchen also keinen Ansprechpartner im Sales-Team bei Snapchat, sondern können Ihre Werbung direkt über einen Anzeigenmanager anlegen, die richtigen Zielgruppen auswählen und komplett darüber verwalten. Für viele Unternehmen dürfte das tatsächlich die einfachste und effektivste Möglichkeit sein, die Reichweite der Plattform in der Gen Z auszunutzen.
- *Snapchat Lenses:* Jeder User kann eigene Filter bereitstellen, ähnlich denen bei Instagram. Für Unternehmen ist das allerdings ein kostenpflichtiges Werbeformat, das gut durchdacht sein will. Für größere Brands ist das auf jeden Fall interessant – die Berliner Verkehrsbetriebe (BVG) haben eine solche Lense zum Beispiel als Augmented-Reality-Filter in Kombination mit in Berlin hängenden Werbeplakaten erstellt. Scannt jemand mit dem Snapchat-Filter das Plakat, werden die Figuren auf den Plakaten »lebendig«, was dann als Video aufgenommen und gepostet werden kann.
- *Influencer-Kooperationen:* Auch auf Snapchat bietet sich natürlich Influencer-Marketing an. Viele der Creators, die bei Instagram oder TikTok große Reichweite haben, sind auch bei Snapchat aktiv. OTTO kombinierte für die Weihnachtskampagne 2020 eigene weihnachtliche Filter mit der Reichweite von 27 Influencern, um gemeinsam die maximale Wirkung bei der Gen Z zu entfalten.

Für lokale Unternehmen (Restaurants, Handwerksbetriebe, Ladengeschäfte etc.) eignet sich darüber hinaus die Karten-Funktion »Snap-Map«. Wer bei Snapchat aktiv ist und die Ortungsfunktion nutzt, wird auf dieser Karte für Userinnen in der Nähe angezeigt. So können lokale Unternehmen ihre Reichweite regional begrenzt, also genau in der richtigen Zielgruppe, erhöhen.

Gibt's daneben noch was?

Neben den »großen vier«, an die man sofort denkt, wenn es um Marketing für die Gen Z geht, gibt es noch eine Reihe weiterer Plattformen, die bei jungen Menschen beliebt sind.

Da wäre zum einen *Pinterest*. Klar, Pinterest hat auch viele ältere Nutzer (meine Mutter und ihre beste Freundin zum Beispiel), aber eben längst nicht nur. Gemäß der ARD/ZDF-Onlinestudie 2022 nutzen 23 Prozent der deutschen Gen-Zler (hier definiert als 14 bis 29 Jahre) Pinterest mindestens einmal wöchentlich.[92] Sie stellen damit die größte Nutzergruppe auf der Plattform. Für Pinterest selbst stellt die Gen Z sogar eine der zwei hauptsächlichen Wachstumszielgruppen dar (die andere sind Männer, die bisher unterrepräsentiert sind).[93] Allein das Wachstum der Generation Z auf der Plattform betrug zwischen 2020 und 2021 ganze 40 Prozent.

Pinterest dient vor allem als Sammelstelle für visuelle und inspirierende Inhalte. In eigens angelegten Boards organisieren die User Bilder und Videos, die sie für später abspeichern. Auch auf Pinterest haben Storys und vertikale Kurzvideos Einzug gehalten, die besonders die Generation Z ansprechen.

Pinterest und Instagram sind für mich vor allem für mein Hobby Reiten relevant. Ich hole mir hier Ideen für Übungen und Tipps für die Pflege, aber lasse mich auch einfach von schönen Eindrücken inspirieren. Ich habe das Gefühl, so mehr für mein Hobby tun zu können. (Marie, 19, Studentin)

Ähnlich wie YouTube ist Pinterest eigentlich mehr Suchmaschine als Social-Media-Plattform – oder, wie ich gerne sage, »Suchmaschine im Social-Media-Kostüm«. Junge Menschen suchen zum Beispiel gezielt nach Deko- und Einrichtungsideen für die erste Wohnung oder das eigene Zimmer, aber auch nach gesellschaftlich oder sozial relevanten Themen (die Suchen nach »Geschlechtergerechtigkeit«, »Mentale Gesundheit« oder »Body-Positivity« sind 2020 zwischen 500 und 900 Prozent gestiegen).[94]

Pinterest hat einen großen Einfluss auf das Shopping-Verhalten junger Menschen. Ähnlich wie Instagram oder Facebook hat auch Pinterest Shops eingeführt, Produkte können direkt in Beiträgen markiert und dann über einen Link zum Online-Shop gekauft werden. Besonders für Marken aus Segmenten wie Mode, Beauty und Lifestyle lohnt sich das.

Deutsche Marken vernachlässigen Pinterest bisher stark. Dabei kann man mit relativ wenig Aufwand gute Ergebnisse erzielen. Zalando hat auf dem offiziellen Kanal zwar »nur« 24.000 Follower, die Inhalte erreichen aber über zehn Millionen Aufrufe pro Monat und haben damit eine signifikante Reichweite. Ähnlich sieht es bei dm-drogerie markt aus. Das Unternehmen präsentiert eine bunte Mischung aus Rezeptideen, Lifehacks, Produkttipps und Bastelvorschlägen und generiert damit auch über zehn Millionen Views monatlich.

Bei der Gen Z sogar noch beliebter als Pinterest ist *Twitch* – 25 Prozent nutzen die App monatlich. Unter den 30- bis 49-Jährigen sind es immerhin noch 7 Prozent, ältere Jahrgänge scheinen auf der Plattform gar nicht mehr vertreten zu sein.

Twitch ist eine reine Livestreaming-Plattform, die ursprünglich für Gaming-Streams gedacht war. Viele YouTuber (wie die schon angesprochenen Gronkh oder MontanaBlack) nutzen Twitch für Livestreams zwischen ihren YouTube-Videos oder laden die Streams bei YouTube hoch. MontanaBlack (immerhin unter den Top drei der bei deutschen Teenagern beliebtesten männlichen Influencer[95]) erreicht auf Twitch knapp fünf Millionen Follower, bei YouTube dagegen »nur« 2,9 Millionen.

Solche Twitch-Streams können die Länge selbst der längsten You-Tube-Formate weit in den Schatten stellen. MontanaBlacks Sendungen, in denen er zockt, YouTube-Videos kommentiert oder sich mit dem Chat unterhält, dauern schon einmal länger als acht oder gar elf Stunden. Guckt sich keiner an? Die View-Zahlen von konstant um eine Million sprechen eine andere Sprache …

Noch beeindruckender ist der Werdegang des Streamers »The Real Knossi« (Jens Knossalla), der mit über zwei Millionen Followern zu den größten deutschen Twitch-Accounts gehört und sich seine Reichweite vor allem mit umstrittenen Glücksspiel-Streams aufgebaut hat. Kaufland hat sich Knossi vor wenigen Jahren als Werbepartner gesichert, ihm den Titel »König von Kaufland« verliehen, ihn auf alle Postwurfsendungen gedruckt und diverse gemeinsame Inhalte mit ihm produziert. Zwischenzeitlich hatte Knossi sogar seine eigene TV-Sendung bei RTL, die allerdings von weniger Erfolg gekrönt war. Trotzdem ist er weiterhin Stammgast im linearen TV, sei es beim RTL-Turmspringen, der Wok-WM von TV Total oder sogar als Gastmoderator bei QVC (wo er offenbar einen Verkaufsrekord des Senders aufstellte).

Kaufland war es auch, das Twitch als erste deutsche Marke für eine große Kampagne in den Mittelpunkt stellte. Als 2021 Kaufland.de und Real.de zusammengeführt wurden, feierte der Konzern die Eröffnung der neu entstandenen Online-Plattform mit einem fünfstündigen Twitch-Stream. Dazu wurden einige der größten Streamer eingeladen, ein umfangreiches Gewinnspiel veranstaltet und diverse Live-Spiele mit Gästen gefeiert. 80.000 Live-Zuschauer und eine Million Gesamtaufrufe des Events zeigen, wie groß die Reichweite in dieser jungen Zielgruppe mittlerweile ist.

Unternehmen, die Twitch für die Ansprache der Gen Z nutzen möchten, können dies zum Beispiel durch Werbeanzeigen in Kanälen und Streams, Kooperationen mit und Sponsoring von Streamern oder E-Sports-Events, Produktplatzierungen oder auch eigene Twitch-Kanäle tun. Momentan ist Twitch noch stark im E-Sports verankert, aber andere Unterhaltungsthemen wie Musik, Fitness oder Reisen nehmen unter dem Sammelbegriff »IRL« (In Real Life) immer mehr zu.

Für viele Vertreterinnen der Gen Z ist *Discord* eine der beliebtesten Apps. Wie Twitch kommt Discord aus dem Gaming-Umfeld und war ursprünglich eine Kommunikationsplattform, auf der sich Spieler während des Zockens in Text-, Audio- oder Videochats austauschen konnten. Zwar ist Discord im Gaming immer noch sehr beliebt, der Dienst wird von jungen Menschen aber auch abseits dessen stark genutzt.

Die Marketing-Möglichkeiten auf Discord sind aktuell noch sehr begrenzt. Mir sind keine erfolgreichen Beispiele aus dem deutschsprachigen Raum bekannt, in denen Unternehmen die Plattform für Marketing-Zwecke eingesetzt hätten. In den USA gibt es durchaus einige Cases, zum Beispiel betreibt die Süßigkeitenmarke SKITTLES den »SKITTLES Rainbow Room«. Auch wenn Discord noch nicht die primäre Plattform für Marketing-Zwecke sein dürfte, durch die geschlossenen Räume würde sich das Tool ideal zum Aufbau der bereits angesprochenen und von der Gen Z gewünschten Community rund um eine Marke eignen. Ich halte es für gut möglich, dass wir künftig mehr Beispiele im Marketing-Kontext sehen werden. Vielleicht von Ihnen?

Auch *Twitter* hat in der Generation Z eine gewisse Relevanz, zumindest in Teilen. Die ARD/ZDF-Onlinestudie berichtet für 2022 von immerhin noch 20 Prozent, die Twitter wöchentlich nutzen. Allerdings hat Twitter, was Möglichkeiten und Image angeht, in den letzten Monaten stark gelitten, seit Elon Musk die Plattform gekauft hat. Viele kleine und große Advertiser haben sich seitdem zurückgezogen oder gar ihre Accounts aus Imagegründen komplett eingestellt. Andere nutzen Twitter nach wie vor, häufig zu PR-Zwecken.

Einige Bubbles der Gen Z sind relativ stark bei Twitter vertreten und sehr aktiv. Twitter selbst berichtet davon, dass nahezu die Hälfte der 2021 in den USA verschickten Tweets von Nutzerinnen zwischen 16 und 24 Jahren stammte.[96] Gerade gesellschaftlich relevante und aktivistische Themen finden auf Twitter großen Anklang. Fridays for Future Germany spricht auf seinem Kanal über 250.000 Follower an, die radikalere Letzte Generation 80.000. PETA Deutschland kommt auf 400.000 Follower, Sea-Watch auf über 100.000.

Aber auch leichtere Themen können auf Twitter funktionieren. TV-Sendungen wie »Germany's Next Topmodel« oder »Bauer sucht Frau«, die in der Gen Z enorm beliebt sind, werden auf Twitter ausgiebig und live begleitet. Auch Sportereignisse und Themen wie Musik oder Gaming erfreuen sich großer Beliebtheit.

Als Marke kann man sich diesem Dialog natürlich anschließen. Dr. Oetker tut dies zum Beispiel mit dem Account der Pizza-Sparte (@DrOetkerPizzaDE) sehr erfolgreich und humorvoll. Die dort entstandenen Gags und Memes finden sogar Einzug in die Produktgestaltung: Die Fischstäbchen-und-Spinat-Pizza, die es tatsächlich zu kaufen gibt, entstand als verrückte Idee aus der Twitter-Community.

Zu den Social-Media-Kanälen, die bei Älteren nur Schulterzucken hervorrufen, in der Gen Z aber durchaus ihre Relevanz haben, gehört die Diskussionsplattform *Reddit*. Je nach Studie nutzen 14 bis 16 Prozent der jungen Deutschen Reddit regelmäßig. Der Kanal ist eine Mischung aus Bookmarking-Plattform, Diskussionsforum und Social Network – Nutzerinnen können sich an Gesprächen beteiligen oder neue Unterforen eröffnen. Gesprochen wird über alles Mögliche: Netzkultur, Gaming, Politik, Sport und alles dazwischen. Viele bekannte und beliebte Memes haben auf Reddit ihren Ursprung genommen.

Marken können sich aktiv in Diskussionen und Gespräche einmischen, selbst Inhalte oder Unterforen (Subreddits) erstellen oder Werbeanzeigen auf der Plattform buchen.

Die einzige verbliebene deutsche Social-Media-Plattform für die Gen Z (nachdem StudiVZ, SchülerVZ und Wer-kennt-wen schon lange Geschichte sind) ist *Jodel*. In Social-Media-Umfragen wird Jodel leider selten mit abgefragt, etwa zwei Millionen User dürften es sein. Die Zielgruppe ist jung, 82 Prozent sind zwischen 18 und 30 Jahre alt, und kommt zu 43 Prozent aus dem studentischen Umfeld.[97]

Jodel unterscheidet sich stark von anderen Social Networks. Der Content ist überwiegend textlastig, es gibt keine Nutzerprofile. Im Mittelpunkt stehen die namensgebenden Jodels, also Inhalte, die von den weitestgehend anonymen Usern gepostet werden. Der große USP von Jodel ist die starke regionale (»hyperlokale«) Ausrichtung: Nutzer bekommen Inhalte in ihrem geografischen Umfeld angezeigt und erfahren so, was in ihrer Stadt los ist, welche Dienstleister empfehlenswert sind oder was man »halt so macht«. Durch Up- und Down-Voten entsteht ein Ranking der Inhalte, sodass der Newsfeed weniger algorithmisch, sondern eher durch Userfeedback bestimmt wird.

Da es weder Unternehmensprofile noch Influencer noch Werbeanzeigen gibt, fallen die klassischen Marketing-Möglichkeiten weg. Unternehmen können aber direkt bei Jodel Kampagnen buchen. Das tun preisbedingt vor allem größere Brands, wie Netflix, tinder (kein Spaß), SIXT, OBI, Scalable Capital, Aldi, Lufthansa oder Spotify.

BeReal war 2022 die wohl am stärksten gehypte Gen-Z-App. Wir haben im Recruiting-Kapitel schon über den Dienst gesprochen, da sich ZIEHL-ABEGG (sogar erfolgreich, aber eben in der Reichweite eingeschränkt) darin ausprobiert hat. Viel mehr gibt es dazu zum jetzigen Zeitpunkt auch noch nicht zu sagen. BeReal hat keine Unternehmens-Accounts, keine Nutzungsstatistiken (Insights), keine Werbemöglichkeiten. Das kann sich allerdings jederzeit ändern.

Deshalb möchte ich zum Schluss dieses Abschnitts noch einmal festhalten: Bis Sie dieses Buch lesen, kann sich viel tun. Vielleicht wurde TikTok verboten, vielleicht ist Twitter an Elon Musks zweifelhaften Geschäftspraktiken zugrunde gegangen, vielleicht ist BeReal inzwischen die größte App oder komplett vom Markt verschwunden. Vielleicht gibt es eine völlig neue App, die sich zum jetzigen Zeitpunkt noch gar nicht absehen lässt.

▶ Eine Infografik, die die großen Social Networks vergleicht und viele Tipps zur richtigen Nutzung enthält, finden Sie ebenfalls im Bonus-Bereich des Buches.

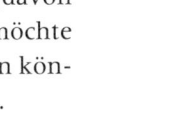

Social-Media-Strategie

Bevor Sie sich auf die Social-Media-Kanäle stürzen, um die Gen Z zu erreichen, sollten Sie sich einige strategische Fragen stellen. Das hier ist zwar kein Social-Media-Marketing-Buch (davon habe ich auch einige geschrieben), aber ein paar Kernpunkte möchte ich Ihnen gerne mitgeben. Aus den Antworten auf diese Fragen können Sie eine schlagkräftige Social-Media-Strategie entwickeln.

- Erarbeiten sie im Rahmen einer *Ist-Analyse*, welche Stärken und Schwächen Sie in Bezug auf Social Media haben. Flache oder komplexe Hierarchien, Kompetenzen im Haus (oder eben nicht), ausreichend Budget, spannende Inhalte, kritische Themen – wenn Sie hier sauber arbeiten, ersparen Sie sich nachher Ärger und können Ihre Potenziale besser nutzen.
- Analysieren Sie den *Wettbewerb*. Oft ergeben sich Aspekte, an denen man sich orientieren, oder Lücken, die man gezielt ausnutzen kann.

- Machen Sie sich Ihre *Ziele* klar. Der Bundesverband Digitale Wirtschaft (BVDW) hat für Social Media folgende Zielbereiche als sinnvoll definiert: Kundengewinnung, Kundenbindung, Verbesserung von Prozessen, Mitarbeitergewinnung, Mitarbeiterbindung, Akzeptanz in der Öffentlichkeit / Krisenfestigkeit, Finanzierung ermöglichen.[98]
- Erarbeiten Sie klar umrissene *Zielgruppen* und *Personas*. Die Bandbreite innerhalb der Gen Z ist groß, wie wir gesehen haben. Einfach nur »Junge Leute« ist keine erfolgverspre-chende Zielgruppe.
- Definieren Sie die *Kanäle*, die Sie einsetzen möchten. Instagram und TikTok spielen in vielen Gen-Z-Strategien die größte Rolle, aber auch alle anderen der angesprochenen Kanäle können erfolgreich integriert werden.
- Legen Sie fest, wie Sie in den Kanälen auftreten wollen. Welche *Inhalte* sollen auf welche Art gespielt werden? Wer erstellt die Inhalte – Sie selbst oder ein Content-Creator? Können Influen-cer-Kooperationen eingesetzt werden?
- Legen Sie die nötigen Ressourcen wie Personal und Budget, aber auch Tools und Know-how fest. Social Media ist ein rele-vanter Kostenblock in Ihrem Marketing und nichts, was das Marketing noch »nebenbei mitmachen« kann.
- Überlegen Sie, wie Sie Ihre *Ergebnisse messen* wollen. Welche Kennzahlen drücken die angestrebten Ziele aus? Mit welchen Messlösungen wollen Sie arbeiten? Und wie gehen die Ergeb-nisse der Messung in Ihre weitere Arbeit ein?

Influencer – wandelnde Werbetafeln oder wichtige Wegweiser?

Wie erreichen Sie heute junge Menschen abseits der eigenen Social-Media-Marketing-Maßnahmen am besten? Die Antwort ist schon einige Male angeklungen: Influencer-Marketing ist das Zauberwort.

Der Aufstieg der Influencer gehört zu den Trends, die Ältere oft kopfschüttelnd zurücklassen. Ich erlebe das in meinen Workshops und Vorträgen regelmäßig, wenn Mütter und Väter zu mir kommen und mir die wildesten Geschichten erzählen über den Stellenwert, den Influencer im Leben ihres Nachwuchses einnehmen. Auch hier sei der Hinweis gestattet: War es bei uns früher wirklich so anders, als wir unsere Kinder- und Jugendzimmer flächendeckend mit Postern der Lieblingsstars tapeziert haben? War die Reaktion junger Frauen auf die Auflösung der Beatles oder die Trennung von Take That wirklich so anders als die Reaktion von Teenagern heute, als Lisa und Lena vor einigen Jahren ihren Musical.ly-Kanal aufgegeben haben? Meine Eltern haben jedenfalls meine Begeisterung für David Hasselhoff (Pullover, Bettwäsche, Poster über Poster, Spiegel, Schallplatten, Kassetten und einiges mehr) oder später Oliver Kahn (Stutzen, Hose, Trikot, Handschuhe, Kappe, Poster etc.) nicht auch nur ansatzweise verstanden, fürchte ich.

Der Einfluss der Influencerinnen

Influencerinnen gehören jedenfalls neben Smartphones und Social Media zu den konstanten Elementen, mit denen die Gen Z in den letzten zehn Jahren groß geworden ist. Ihr Verhältnis zu den digitalen Beeinflussern ist (wie so oft) gespalten. Auf der einen Seite zeigen Studien immer wieder, wie groß der Einfluss dieser Personen auf das (Kauf-)Verhalten junger Menschen ist. So haben 44 Prozent der Gen Z bereits Kaufentscheidungen getroffen, die auf der Empfehlung eines Influencers oder einer Influencerin basierten, im Vergleich zu nur 26 Prozent in der gesamten Bevölkerung.[99] Andere Studien berichten von einem abnehmenden Vertrauen in Influencer,[100] was auch mit der deutlich ausgeprägten Kommerzialisierung der Branche in den letzten Jahren zu tun haben dürfte.

Insgesamt ist das Folgen von Influencern in allen Altersgruppen ein Phänomen, aber auch eindeutig alterskorreliert – je jünger, desto größer die Beliebtheit von Influencern, je älter, desto geringer.[101] Das zeigt sich auch im Social Media Atlas 2022 von Faktenkontor.[102] Diese Untersuchung sieht – im Gegensatz zu der gerade zitierten – sogar einen insgesamt steigenden Einfluss der Influencerinnen (»Rekordhoch«). 24 Prozent der befragten Deutschen hätten in den letzten zwölf Monaten etwas nach einer YouTuber-Empfehlung gekauft (Vorjahr: 21 Prozent), 19 Prozent wurden von Instagram-

Influencern vom Kauf überzeugt (Vorjahr: 18 Prozent). Bei den 16-
bis 25-Jährigen lagen diese Werte deutlich höher: 52 Prozent für
YouTube und 49 Prozent für Instagram. Auch der Branchenverband
bitkom kommt zu einem ähnlichen Ergebnis: 81 Prozent der 16- bis
29-Jährigen folgen den Influencern in Social Media, im Vergleich zu
50 Prozent in der Gesamtbevölkerung.[103]

Klar ist jedenfalls: Auch hier kommt der Wunsch nach Authentizität zum Tragen. Influencerinnen müssen als authentisch wahrgenommen werden, um sich am Markt behaupten zu können und
den gewünschten Einfluss zu erzielen. Influencerinnen, die es mit
dem Kommerz übertreiben und nur noch als wandelnde Werbetafeln wahrgenommen werden, verlieren an Vertrauen und damit
auch an Attraktivität für Unternehmen. Authentizität entsteht darüber hinaus durch Transparenz, was Kooperationen angeht. Das kam
in meinen Interviews mit jungen Menschen immer wieder heraus:
Werbung, die nicht direkt als solche erkennbar war, wurde strikt
abgelehnt. Das zeigen auch Studien: 72 Prozent der Konsumenten
wünschen sich mehr Transparenz bei Influencer-Kooperationen.[104]

Ich habe eine Air-up-Flasche gekauft, die von einem Influencer vorgestellt
wurde. Ich kannte das Produkt vorher nicht. Ich habe mir aber erst noch
die Website angesehen, bevor ich gekauft habe. (Lea, 21, Studentin)

Mehr als nur Gronkh und Bibi – Influencertypen

Wenn Sie an einen »Influencer« denken – welches Bild steigt da in
Ihnen auf? Vermutlich eine optisch hübsch anzusehende junge Frau oder ein stylisch trainierter junger Mann, die Rabattcodes für ein billiges Modeprodukt oder einen Fitnessdrink
unters Volk bringen? Oder einer der chaotisch überdrehten
YouTuber? Nun, die gibt es natürlich und sie haben ihre Daseinsberechtigung. Daneben existieren aber eine ganze Menge anderer Influencer, die sich für Ihr Unternehmen vielleicht
viel besser eignen.

▶ Im Bonus-Bereich finden Sie eine Übersicht über die Größen-
klassen von Influencern mit ihren jeweiligen Merkmalen und Besonderheiten.

Nicht unumstritten, aber äußerst erfolgreich sind beispielsweise *Kidfluencer*, also Influencer für Kinder oder solche, die selbst noch eher im Kindesalter sind. Ich durfte mich mit diesem Thema für eine Stern-TV-Sendung, in der ich als Gastexperte eingeladen war, eingehender befassen. »Von außen« ist kaum ersichtlich, wie groß der Markt an solchen Influencern im (Pre-)Teenageralter ist. Dabei steigt die Anzahl solcher eher kindlichen Creators mit sechsstelligen Follower-Zahlen stetig an. In der Sendung war auch eine 14-jährige Influencerin mit ihrem Vater, die zum damaligen Zeitpunkt über eine viertel Million Follower um sich geschart hatte. Modemarken, Kosmetik- oder auch Nahrungsmittelfirmen stehen Schlange, um solche Kinder als Werbefigur zu gewinnen. Die Verantwortung der Eltern, das in gesunden Bahnen zu halten, kann gar nicht hoch genug eingeschätzt werden (und sollte deutlich besser staatlich kontrolliert werden).

Es geht aber auch noch jünger: Der weltweite Kidfluencer-Primus ist Ryan Kaji, der mit seinem YouTube-Kanal »Ryan's World« bereits 2020 im zarten Alter von neun Jahren 30 Millionen Euro verdiente und damit der bestverdienende YouTuber weltweit war – und das nicht zum ersten Mal … Auch in Deutschland gibt es diverse Spielzeug-Kanäle bei YouTube mit teilweise mehreren Millionen Followern.

Ihre Zielgruppe sind eher junge Haustierbesitzer? Dann wäre vielleicht ein *Petfluencer* der passende Kooperationspartner. Der erfolgreichste deutsche Hunde-Account bei Instagram ist zum Beispiel @mayapolarbear, kommt aus Köln und hat 1,9 Millionen Follower. Ähnliches gibt es natürlich für Katzen, Vögel und alles, was sonst Flügel oder mehr als zwei Beine hat.

Mir sind dazu keine konkreten Zahlen bekannt, aber ich vermute, dass Petfluencer eher etwas ältere Zielgruppen erreichen. Anders sieht es wiederum bei den *Finfluencern* aus. Diese Finanz-Accounts haben eindeutig Einfluss auf Geld- und Anlageentscheidungen der Generation Z – über die Hälfte der Follower solcher Influencer geben an, schon Investmententscheidungen auf Basis der Empfehlung dieser Influencer getroffen zu haben. 46 Prozent sagen, der Einfluss auf ihre Anlageentscheidung sei zumindest mittel oder gar stark ausgeprägt.[105] Nur 2 Prozent sehen gar keinen Einfluss auf ihre Entscheidungen.

Solche Finanzinfluencer sind sowohl auf YouTube als auch auf Instagram und TikTok stark vertreten und decken die ganze Bandbreite des Investierens ab. Von Immobilien (z. B. »Immotommy« mit fast einer Million Followern bei TikTok allein) über Aktien und ETFs (z. B. »Finanztip« bei TikTok mit 370.000 Followern oder »Finanzfluss« bei YouTube mit 1,1 Millionen Abonnenten) bis hin zu Krypto (z. B. »Bitcoin2Go« mit 62.000 Followern bei Instagram) ist alles vertreten. Sogar Steuern bereiten Finfluencer Gen-Z-gerecht auf (z. B. »Steuerfabi« mit 750.000 Followern bei TikTok allein).

Ihnen ist das alles zu kommerziell? Dann passen vielleicht eher *Sinnfluencerinnen* zu Ihnen. Darunter versteht man Influencerinnen, die sich den ernsteren Themen wie Nachhaltigkeit, Selbstliebe, Feminismus oder gesunde Ernährung widmen. Darunter fallen zum Beispiel die bekannten Namen der Klimabewegung (wie Luisa Neubauer mit 420.000 Followern bei Instagram oder Louisa Dellert mit über 460.000 Abonnenten).

Falls Ihnen ein Genderunterschied zwischen den Finfluencern und den Sinnfluencerinnen auffällt, ist das kein Zufall – die Themen sind tatsächlich relativ stereotyp besetzt. Als Finanzminister Christian Lindner im April 2023 führende Finfluencer zu sich einlud und medienwirksam ein Selfie von sich und der versammelten Finanzkraft postete, erntete er einen kleinen, aber wahrnehmbaren Shitstorm für die Tatsache, dass bis auf zwei Finfluencerinnen alle 16 weiteren Personen im Bild männlich gelesen werden konnten.

Bei den Sinnfluencern ist das Verhältnis genau umgekehrt. Eine interessante Ausnahme (wenn auch nicht die einzige) ist Philipp Steuer. Als Fleisch liebender News-YouTuber gestartet, hat er irgendwann seine Ausrichtung komplett verändert und all seine Kanäle auf Veganismus umgestellt. Inzwischen sehen sich etwa eine halbe Million Follower auf seinen Kanälen an, wie er vegane Produkte testet, vegane Rezeptideen teilt oder über vegane News berichtet. ALDI SÜD startete 2021 eine Kooperation mit Steuer und profitierte so vom veganen Image des Influencers sowie dessen Reichweite und Beliebtheit.

Neben diesen beispielhaften Typen gibt es eine Menge anderer, die sich mit mehr oder weniger eleganten Worten beschreiben lassen. Es gibt vermutlich in jeder Branche und zu jedem Thema Influencerinnen, die für Marketing-Kooperationen zu gewinnen sind.

Dabei müssen das nicht einmal echte Personen sein. Auch Themen-Accounts können sich hervorragend für eine Kooperation eignen. Als ein Beispiel, das gerade bei der Generation Z besondere Beliebtheit genießt, möchte ich Ihnen Meme-Accounts vorstellen. Über Memes haben wir ja schon ausführlicher gesprochen. Was Sie vielleicht noch nicht auf dem Schirm hatten, ist, dass es eine Menge (lokaler) Meme-Seiten gibt. Eigentlich werden Sie zu jeder mittelgroßen deutschen Stadt auch Meme-Pages bei Instagram finden, beispielsweise:

- @koelnistkool (260.000)
- @hauptstadt.memes (124.000)
- @munchner.gesindel (143.000)
- @ffm.meme (132.000)
- @hannover_memes (27.000)
- @stuttgarter.meme (92.000)
- @duesselmeme (92.000)

Diese Accounts posten lustige Memes und Insider-Jokes zur jeweiligen Stadt und sind mittlerweile ein fester Bestandteil der Internetkultur und eine regelmäßige Anlaufstelle für Zerstreuung suchende Zoomer. Gleichzeitig sind solche Accounts extrem spannende Partner gerade für lokale Unternehmen, denn dort lauert alles, was das Marketingherz begehrt: hohe Reichweite und Aufmerksamkeit, geringer Werbeverdacht, dadurch hohe Sympathie und oft auch hohe Conversion-Rates. Und das alles automatisch regional targetiert, da kaum ein Nichtdarmstädter einer Darmstadt-Meme-Seite folgen wird.

Zu den Kooperationspartnern von @koelnistkool gehörten bisher zum Beispiel Netcologne, die Sparkasse oder Kölsch-Brauereien. Andere Meme-Seiten kooperierten mit Sprachkurs-Anbietern oder E-Scooter-Anbietern, die sich allesamt begeistert von der Reichweite und den Ergebnissen der Kampagnen äußerten.[106]

Das ist das Tolle am Influencer-Marketing für die Generation Z: Auch abseits der viel begangenen Wege warten eine Menge Möglichkeiten für kreative Unternehmen.

Die Formen des Influencer-Marketings

Ich habe die Follower-Zahlen bei den ganzen Accounts bewusst dazugeschrieben, um Ihnen etwas zu zeigen: Influencer-Marketing beschränkt sich nicht auf die großen und bekannten Namen mit sechs- oder siebenstelligen Follower-Zahlen. Im Gegenteil: In den letzten Jahren entdeckten immer mehr Unternehmen auch kleine und sehr kleine Influencer für sich, die als Mikro- oder sogar Nano-Influencer bezeichnet werden. Interessant können solche Accounts schon mit wenigen Tausend Followern sein. Die fehlende Reichweite machen sie oft mit einer hohen Interaktionsrate, Glaubwürdigkeit und engen Bindung an die Community wieder wett.

Genauso vielfältig wie die Arten und Klassifizierungen der Influencerinnen sind die Möglichkeiten der Zusammenarbeit. Von einem einfachen »Halt mal unser Produkt in die Kamera«-Post bis hin zu gemeinsamer Produktentwicklung ist vieles denkbar.

Der Trend der letzten Jahre geht relativ klar in Richtung längerfristiger, tiefergehender Kooperation. Die angesprochene Kooperation zwischen Philipp Steuer und ALDI SÜD ist genauso langfristig angelegt wie die Zusammenarbeit mit Influencern bei Rocka oder OBI, die nicht nur für eine kurze Kampagne, sondern teilweise über Monate und Jahre für die Marken aktiv werden. Manche Konsumgütermarken bringen eigene Influencer-Editions ihrer Produkte auf den Markt, bei denen die Influencer Sonderausgaben präsentieren. Vor allem im Kosmetikbereich gibt es einige Lidschatten, Lippenstifte oder Eyeliner, die von einer Marke in Zusammenarbeit mit Influencerinnen herausgebracht wurden.

Immer mehr Influencerinnen bringen auch komplett eigene Produkte heraus, die gar keine erkennbare bekannte Drittmarke mehr tragen. Shirin David hat mit DirTea ihren eigenen Eistee, Capital Bra seine eigene Pizza (und Eistee), Jens Knossalla verkauft seinen eigenen Schnaps und OBI-Influencer HeyMoritz seinen eigenen Kaugummi. Die meisten dieser Produkte sind übrigens bei Kaufland zu haben – so schließt sich der Kreis.

Wie kommerziell erfolgreich solche Produkte werden können, lässt sich hervorragend am Beispiel der Kosmetik-Marke Bilou zeigen, die sich komplett an die Generation Z richtet.

Bilou wurde 2015 von der Influencerin Bibi (bekannt aus BibisBeautyPalace und unter den beliebtesten Influencerinnen bei jungen Mädchen) gegründet. Zum Launch diente ein YouTube-Video, in dem sie ihr »großes Geheimnis« lüftete: Ab jetzt gab es einen Duschschaum von ihrer neu gegründeten Marke bei dm zu kaufen. Die Kommunikationsmaßnahmen beschränkten sich auf einige Social-Media-Posts mit Ankündigungen (ohne inhaltlich zu verraten, was denn »in sieben Tagen ...« auf die Followerinnen zukommen werde) sowie Aufsteller am Point of Sale.

Das Ergebnis war mehr als beeindruckend: Im bereits völlig übersättigten Segment Dusche betrug der Marktanteil von Bilou in der Woche der Markteinführung aus dem Stand 30 Prozent. Die komplette Jahresproduktion wurde innerhalb von sechs Wochen ausverkauft. Der Umsatz im ersten Jahr wird mit zwölf Millionen Euro beziffert. Und das bei nahezu völligem Verzicht auf Werbemaßnahmen abseits von Bibis Promotion.

Bilou hat das Produktportfolio seitdem deutlich erweitert. Die Kids können neben dem Duschschaum diverse Düfte, aber auch Badesalz, Kaugummi, Handschaum, Duschgel, Trockenshampoo, Lippenöl, Bodyspray oder Haarpflegeprodukte aus Bibis Hand erwerben. Erhältlich bei Rossmann, Müller, Budni, dm, Douglas etc.

Interessanter Nebeneffekt: Bilou ist bis heute die deutschsprachige Kosmetik-Marke auf Instagram mit den meisten Followern (1,5 Millionen), weit vor balea (774.000), bebe (702.000), Nivea (300.000) oder Garnier (117.000). All diese Marken dürften deutlich mehr Geld in Werbung investieren und existieren teilweise schon seit über hundert Jahren. Aber Bilou hat Bibi.

Wie wirksam Influencer-Marketing auch für kleine Unternehmen sein kann, zeigt das Beispiel der Fischer Academy aus Gera. Dieser Case ist aus zwei Gründen speziell: Erstens richtet sich eine Fahrschule weit überwiegend genau an die Zielgruppe der Generation Z. Und zweitens sind Fahrschulen meist hyperlokal – in jedem größeren Ort gibt es einen oder mehrere Anbieter, die ihre Kundschaft im Umkreis von wenigen Kilometern finden. In so einem Fall wären Influencer maximal in größeren Städten und auch nur lokal begrenzt interessant.

Die Fischer Academy hat einen anderen Weg beschritten und das bundesweit erste »Fahrschul-Internat« gegründet. Die Fahrschülerinnen reisen für mehrere Tage am Stück an und gehen – im besten Fall – mit dem Führerschein in der Tasche nach Hause. Dadurch fällt die lokale Begrenzung weg, es lohnt sich auch eine längere Anreise. Und so werden plötzlich bundesweite Werbemaßnahmen interessant, die bei einer normalen Fahrschule nur unnötigen Streuverlust produzieren würden.

Der Gründer Mike Fischer hat nicht nur ein sehr wertschätzendes Bild von der Generation Z, sondern auch eine große Offenheit für neue Maßnahmen. Durch das ungewöhnliche und einzigartige Produkt wurde schnell das Fernsehen auf die Fahrschule aufmerksam. Einige der großen Sender erstellten Produktionen vor Ort. Der Durchbruch kam aber, als die ersten Influencer auf das ungewöhnliche Fahrschul-Format aufmerksam wurden (unter anderem Shirin David – die mit dem Eistee – oder Simon Desue) und ihre Fahrschul-Zeit im Internat per Video begleiteten. Mike Fischer kommt richtig ins Schwärmen, wenn er von dieser Zeit erzählt. »Als das Fernsehen hier war – Pro7, RTL und Co. –, hat uns das schon einiges an Aufmerksamkeit gebracht. Aber so richtig ab ging es, als die Influencer kamen. Da war hier in Gera Ausnahmezustand. Ich wusste gar nicht, dass die *so* bekannt waren ... Ich hab damals nach ein paar Stunden auf den Kanal von Shirin David geschaut, was sie über uns gepostet hatten – da waren schon über eine Million Views drauf!«, berichtete mir Mike im Interview. Ein Fan-Treffen mit einigen der Influencer sorgte dann für so viel Wirbel, dass die Stadt Gera der Fahrschule eine Verwarnung für eine nicht angemeldete Veranstaltung mit mehr als 200 »Gästen« zuschickte.

Die Macht der Influencer wurde hier also gar nicht gezielt durch eine Kampagne genutzt, sondern eher als Nebeneffekt durch Influencer als Kunden generiert. Aber auch hier heißt es clever sein und Chancen nutzen. Andere hätten das enorme Potenzial der Influencerinnen vielleicht gar nicht erkannt oder wären den nächsten Schritt nicht gegangen – nämlich einen eigenen YouTube-Kanal einzurichten. »Nicht Shirin David oder Simon Desue, sondern *wir* wollen die Influencer sein«, verrät die Social-Media-Verantwortliche Nancy Bradtke die Strategie. Genauso sollte man vorgehen: sich nicht auf die Influencer verlassen, sondern ihre Reichweite nutzen, um eigene Reichweite aufzubauen.

Mittlerweile produziert die Fahrschule regelmäßig eigenen Content für ihre über 160.000 Abonnenten: interessante Einblicke in Fahrstunden, Tipps und Know-how rund um den Führerschein und Fahrberichte cooler Autos. Produziert werden alle Inhalte inhouse, überwiegend von Nancy selbst. Damit hätte dieses Beispiel auch gut in das YouTube-Marketing-Kapitel gepasst. Begonnen hat aber alles mit den Influencern und einem Unternehmer, der eine zufällig entstandene Chance ergriffen hat.

▶ **Die ganze Story finden Sie auch im Begleitmaterial zu diesem Buch, erzählt von Mike Fischer und Nancy Bradtke selbst.**

Doch eignet sich Influencer-Marketing wirklich nur im B2C-Markt? Nicht unbedingt. Für das Employer-Branding haben wir die Corporate Influencer ja schon als mögliches Einsatzszenario hervorgehoben. Aber auch klassische Influencer-Kooperationen können im B2B-Markt funktionieren. So hat die IdeenExpo beispielsweise den *Sciencefluencer* (eine weitere Spielart dieses heterogenen Berufsbilds) @doktorwhatson für die 2021er-Messe gebucht. Die Zusammenarbeit erstreckte sich unter anderem auf Vorab-Postings, aber auch Aktionen und Livestreams vor Ort.

Logitech hat sogar ein eigenes Influencer-Programm auf seiner Website, bei dem man sich als Creator aktiv um eine Zusammenarbeit bewerben kann. Einer der größten Influencer der Marke ist Daniel Jung, der mit seinen Mathe-Videos über 890.000 junge Menschen bei YouTube erreicht.

Auch Würth Elektronik wagte sich sehr erfolgreich an Influencer-Marketing, um junge Elektronikbegeisterte zu erreichen und die Marke in der nachwachsenden Kundschaft zu platzieren. Hier steht ebenfalls YouTube im Vordergrund. Mit *Techfluencern* (es hört einfach nicht auf) wie dem Deutschen @greatscott! wurden bereits einige Kooperationen durchgeführt. Würth Elektronik schickt dem YouTuber Bauteile aus dem eigenen Sortiment und dieser baut daraus spannende Dinge wie ein Nachtsichtgerät (423.000 Aufrufe) oder erklärt, warum man MOSFET Gate-Treiber benötigt (750.000 Aufrufe). Würth Elektronik taucht als Kooperationspartner sowohl mit Logo als auch direkt angesprochen im Video auf, ein Link unter den Videos führt zum Online-Katalog. Laut

Im B2B sind solche Influencer-Kooperationen noch eher selten, bieten aber, wie wir gesehen haben, spannende Möglichkeiten. Und das Tolle: Die Maßnahmen wirken oft glaubwürdiger, weil die dortigen Influencer noch nicht als »Werbeschleudern« wahrgenommen werden und meist auch eine hohe fachliche Expertise mitbringen, die ihre Glaubwürdigkeit und Authentizität unterstreicht.

Sie können sich vielleicht keine Kooperationspartnerin wie Bibi oder HeyMoritz leisten. Aber das brauchen Sie auch nicht. Denn Sie können schon mit verhältnismäßig kleinem Budget starten. Dabei hilft Ihnen diese Checkliste:

Influencer-Marketing

- Auch beim Influencer-Marketing sind einige strategische Überlegungen wichtig, die Sie größtenteils aus Ihrer Social-Media-Strategie ableiten können: Ziele, Zielgruppen etc.
- Entscheiden Sie, welche Influencerinnen zu Ihnen passen. Müssen es wirklich Mega-Influencerinnen mit siebenstelligen Follower-Zahlen sein oder sind Sie mit einer handverlesenen Auswahl an kleineren Partnerinnen besser bedient?
- Kleine Influencer können Sie direkt anschreiben, größere haben i. d. R. ein Management oder eine Agentur.
- Die richtigen Influencer finden Sie über Online-Tools und Datenbanken, Agenturen oder durch eigene Recherche nach Hashtags.
- Prüfen Sie die Qualität der Influencerin genau. Lassen Sie sich Einblicke in die Statistiken des Accounts geben, um gekaufte Follower oder Interaktionen zu entlarven.
- Arbeiten Sie, sobald signifikant viel Budget auf dem Spiel steht, mit Fachleuten zusammen. Diese haben Erfahrung im Umgang mit Influencern und helfen Ihnen, Fehler zu vermeiden und mehr aus den Kampagnen herauszuholen.
- Sorgen Sie für rechtliche Absicherung durch anwaltlich ge-

prüfte Verträge. Lassen Sie den Influencerinnen aber trotzdem genug Freiheiten – sie kennen die Zielgruppe besser als Sie.

- Nehmen Sie Influencerinnen ernst. Sie können Ihrer Marke zu großer Reichweite verhelfen, Ihnen aber auch signifikant Schaden zufügen. Sie sollten Influencerinnen mindestens den gleichen Stellenwert einräumen wie Pressevertretern großer Medien.
- Tracken Sie die Ergebnisse. Auch wenn längst nicht alle Effekte des Influencer-Marketings messbar sind, durch Rabattcodes, speziell markierte Links, dezidierte Landingpages und andere Maßnahmen können Sie recht gut nachvollziehen, welchen Impact die Kooperation gebracht hat.
- Streben Sie nach Möglichkeit langfristige Zusammenarbeit an. So etabliert sich ein Gesicht für Ihre Marke, was das Vertrauen und die geforderte Authentizität steigert.

Exkurs: Berufswunsch Influencer

Glaubt man den Gesprächen auf Schulhöfen und diversen Pressemeldungen, ist »Influencer« einer *der* Traumberufe von Jugendlichen. Eine globale Befragung von LEGO hat bereits 2019 ergeben, dass mehr als doppelt so viele Kinder YouTuber werden wollen wie Astronaut.[107]

Ist das eine realistische Option für den Nachwuchs? Nun, zuerst einmal: Es dürfte realistischer sein als die Chance, Astronaut, Fußballprofi oder Sängerin zu werden. Es gibt in Deutschland gerade einmal rund 1000 professionelle Fußballspieler. Und wie viele Musiker »schaffen« es wirklich? Die Hürden zum Influencer-Job sind deutlich geringer, da es nicht auf eine fundierte Ausbildung (wie beim Raumfahrer) oder auf überbordendes Talent (wie bei der Schauspielerin) ankommt. Die Chancen stehen also gar nicht so schlecht.

Auf der anderen Seite ist auch der Konkurrenzdruck deutlich größer. Das Institut der Deutschen Wirtschaft sieht den Markt mit etwa 500.000 aktuellen Influencern aus der Generation Z als gesättigt an.[108] Dazu kommt, dass längst nicht jeder mit einer hohen Follower-Zahl auch Geld verdient. Rund die Hälfte der Content-Creators mit mehr als 1000 Followern verdient überhaupt kein Geld, nur 4 Prozent können davon leben. Und selbst dann ist das Einkommen mit durchschnittlich 5000 Euro im Monat nicht überragend. Der Weg zur Jetset-Influencerin auf dem roten Teppich, mit Flügen im Privatjet und Übernachtungen in exklusiven Resorts ist also steinig und nur sehr wenigen vorbehalten. Wie der Weg zum Bundesliga-Profi oder zur Chartstürmerin schließlich auch.

Sollte Ihr Nachwuchs also mit dem Berufswunsch Influencer zu Ihnen kommen, besteht weder Grund zur Panik noch dazu, alle bisherigen Pläne zu Ausbildung oder Studium über den Haufen zu werfen. Mein Rat wäre: erst einmal nebenbei starten. Wer nämlich nach der Schule oder neben einem Acht-Stunden-Tag noch zwei bis vier Stunden Videos bearbeiten muss, merkt schnell, dass »influencen« harte Arbeit sein kann und längst nicht alles so locker-flockig ist, wie es als Ergebnis im Insta-Feed scheint. Vielleicht zeigt sich so aber auch eine Leidenschaft und ein Händchen für das Thema. Das ist das Schöne am Influencer-Dasein: Man kann es wie ein Nebengewerbe erst einmal nebenbei starten und sich Schritt für Schritt entwickeln lassen, anstatt direkt »all in« gehen zu müssen, wie es bei der Entscheidung für einen »echten« Beruf nötig ist.

Metaverse, KI, NFT und Krypto – Buzzwords oder Alltag für junge Menschen?

Wir haben festgestellt, dass die Gen Z mit Technologie groß geworden ist. Als das iPhone auf den Markt kam, waren die ältesten Vertreter erst etwa zehn Jahre alt, alle nachfolgenden Zoomer haben eine Welt ohne Smartphone nie erlebt. Da wundert es nicht, dass diese Generation Technologie generell viel aufgeschlossener gegenübersteht als Ältere. Wer sich erst mühsam einarbeiten musste, tut sich schwerer mit der Akzeptanz von Neuem als jemand, dem das quasi in die Wiege gelegt wurde.

Das heißt für Unternehmen aber auch: Wer junge Menschen erreichen will, muss sich auf die neuesten Entwicklungen einlassen und diese aktiv nutzen. Ein paar Beispiele dazu möchte ich Ihnen mit auf den Weg geben.

Augmented Reality

Beginnen wir mit Augmented Reality (AR), einer Technologie, die heute bereits omnipräsent im Leben der Generation Z ist. Den ersten großen »Paukenschlag« für AR, der Millennials und Zoomer gleichermaßen begeisterte, war der rasante Aufstieg von Pokemon Go ab 2016. Plötzlich lief gefühlt die halbe Welt mit dem Smartphone in der Hand sinnlos durch die Gegend, um virtuelle Figuren zu sammeln und sich in Turnieren zu batteln. Der Firmenwert von Nintendo stieg umgekehrt proportional zum Gewicht vieler Spieler, die durch die plötzliche Mehrbewegung statistisch signifikant abnahmen. Teenager trafen sich in Gruppen und strömten durch Parks und Seitenstraßen, sehr zum Verzücken der Eltern, die ihre Sprösslinge endlich mal »draußen« sahen, wenn auch wie immer mit dem Smartphone in der Hand.

Ältere Vertreter der Gen Z fühlten sich durch das Spiel an ihre Kindheit erinnert, während die Jungen die Sammelfiguren ganz neu entdeckten. Alle hatten jedoch eins gemeinsam: Sie nutzten eine Augmented-Reality-Anwendung, ohne das bewusst zu reflektieren. Solche Ereignisse sind es aber, die Technologie plötzlich im Alltag verankern, mehr, als das eine Marketing-Kampagne eines Tech-Konzerns je könnte.

Heute finden wir AR vor allem in den Filtern der Social Networks wie Snapchat, TikTok oder Instagram. Auch hier werden reale Informationen (z. B. das eigene Gesicht) um virtuelle Elemente (z. B. Katzenöhrchen oder eine Basecap mit Markenlogo) erweitert. Und auch hier nutzen Millionen Gen-Zler AR, ohne sich mit dem Begriff auseinanderzusetzen. Es passiert einfach.

Da ist es kein Wunder, dass diese Generation generell sehr aufgeschlossen für AR ist. Für Marken ist das eine wunderbare Gelegenheit, die eigenen Produkte zu verkaufen. Mister Spex hat im Online-Shop schon lange eine virtuelle Anprobe integriert, bei der man die potenzielle neue Brille virtuell am Smartphone »anziehen« kann. Pinterest baut solche AR-Funktionen für den E-Commerce schon seit Jahren immer weiter aus. Aktuell lassen sich bereits Lippenstifte, Lidschatten und manche Kleidungsstücke direkt in der App virtuell am eigenen Körper ausprobieren. Vorreiter dieser Technologie ist Snapchat bzw. das dahinterstehende Unternehmen Snap. Dieses hat in Studien untersucht, wie die Gen Z zu Augmented Reality steht.[109] Das Ergebnis:

- 88 Prozent möchten AR zum Online-Shopping nutzen.
- 48 Prozent finden, AR ermögliche eine bessere Verbindung zu Marken.
- Für Gaming nutzt die Gen Z Augmented Reality 1,3-mal häufiger als Millennials oder die Gen X.
- Auch für das Erlernen neuer Fähigkeiten ist AR beliebt (1,2-mal häufiger als Gen Y/X).

Eine andere Studie fragte ab, wofür genau AR im Shopping als interessant eingeschätzt wird. In allen Dimensionen (Möbel oder Deko in der eigenen Wohnung anschauen, Wandfarbe vorab prüfen, Makeup oder Haarfarbe ausprobieren, Kleidung oder Schuhe anprobieren) hatte die Generation Z die höchsten Zustimmungswerte aller Generationen.[110] Klar, wer mit Pokemon Go und Snapchat-Filtern groß geworden ist, kann sich besser vorstellen, damit auch die nächste Couch für 2000 Euro auszusuchen, als jemand, der sich erst mühsam aneignen musste, wie man eine App herunterlädt.

Die Aufgeschlossenheit für AR beschränkt sich aber nicht auf den E-Commerce. Auch der klassische Handel muss sich dringend darauf einstellen, wenn er die junge Generation überzeugen will. Es soll Unternehmen geben, die den Handyempfang in ihren Ladenlokalen bewusst stören, um mobile Preisvergleiche vor Ort zu unterbinden. Dabei wäre genau das Gegenteil richtig: WLAN anbieten und gezielt auf AR-Funktionen setzen. Warum ploppen zum Beispiel nicht direkt Testberichte, Kundenbewertungen und Einsatzempfehlungen auf, wenn ich mein Handy auf ein Produkt im Regal halte? Mit entsprechenden Apps ist das kein Problem. Und es ist genau das, was die Gen Z vom Handel erwartet. Studien prognostizieren, dass der Anteil der Käuferinnen aus der Generation Z, die AR beim Einkauf nutzen, bis 2025 um 40 Prozent steigen wird (von 23 Prozent 2021 auf 32 Prozent).[111] Dann wird also jeder dritte junge Käufer Augmented Reality im Rahmen seiner Einkäufe nutzen. Aber eben nur bei Unternehmen, die das auch anbieten.

Metaverse

Die Generation Z ist auch die Generation, die als Erste mit dem Metaverse als real erlebbarem Konstrukt aufwächst. Zwar gibt es die Idee schon lange – der Begriff entstand im Roman »Snow Crash«, der bereits 1992 verfasst wurde. Aber bis vor wenigen Jahren war es eine reine Zukunftsfiktion, sich in virtuellen Welten aufzuhalten.

Erst die einigermaßen komfortabel nutzbaren VR-Brillen der neuesten Generation lassen erahnen, was da mit dem Metaverse auf uns zukommt. Zwar wird es noch eine ganze Weile dauern, bis es ein »richtiges« Metaverse gibt. Aber bereits jetzt existieren eine Reihe von virtuellen Welten, in denen gerade die Gen Z einen Großteil ihrer Freizeit verbringt. Solche Welten sind zum Beispiel die Spiele Roblox, Fortnite und Minecraft. Diese sind auch ohne VR-Brille über den PC oder die Playstation nutzbar und üben eine enorme Faszination auf junge Menschen aus.

Minecraft gehört zu den beliebtesten Spielen der Generation Z und wurde bereits das »LEGO« dieser Generation genannt. 71 Prozent der amerikanischen Jugendlichen bezeichnen sich als Minecraft-Fans, womit das Spiel selbst Klassiker wie »Grand Theft Auto« oder »Call of Duty« hinter sich lässt.[112] Minecraft wird sowohl aktiv als auch passiv konsumiert: Auf Twitch allein wurden im März 2023 über 50 Millionen Stunden Minecraft-Streams angesehen, und das war noch einer der eher schwächeren Monate.[113] Und auch auf YouTube füllen Minecraft-Videos regelmäßig die Charts der meistgesehenen (Gaming-)Videos.

Noch näher an einem wirklichen Metaverse ist die Plattform Roblox, eine virtuelle 3-D-Welt, in der man nicht nur spielen, sondern auch eigene Spiele kreieren und öffentlich anbieten oder sonst jeder denkbaren Aktivität nachgehen kann. 67 Prozent der Roblox-Spieler sind unter 16, nur 14 Prozent über 25 – die Plattform beherbergt also vor allem die jüngeren Jahrgänge der Generation Z.[114] Kein Wunder, denn Roblox kann im Gegensatz zu manch anderen Metaverses auch ohne VR-Brille oder PC ganz bequem am Smartphone genutzt werden.

Marken haben die Metaverse-Plattformen bereits für sich entdeckt. Hier nur einige Beispiele:

- Der Schuhhersteller Vans betreibt mit »VANS WORLD« einen virtuellen Skatepark in Roblox.[115] User können sich ihr eigenes Skateboard und Schuhe designen und ihren Avatar mit vielen virtuellen (und kostenpflichtigen) Vans-Kleidungsstücken ausstaffieren. Laut Angaben des Unternehmens hatte der Park bereits 50 Millionen Nutzer und konnte die Markenbekanntheit bei jungen Zielgruppen erhöhen.
- Auch die Luxusmarke Gucci betreibt eine eigene Welt in Roblox. Im März 2023 startete die Brand sogar eine Kooperation mit Vans. Beide Marken betreiben eine gemeinsame Roblox-Welt mit Spielen und kreativen Challenges.
- Auch H&M beteiligt sich an Roblox. Im Marken-eigenen Spiel »Loooptopia« können Spielerinnen ihre eigene digitale Kleidung gestalten.
- Ebenfalls bei Roblox platzierte die Hörakustik-Plattform Audibene ein Spiel, das nebenbei und spielerisch das Gehör der jungen Nutzerinnen (13 bis 16 Jahre) testet. Laut dem Unternehmen fällt diese Zielgruppe in eine Diagnoselücke und soll so auf die Themen Hörsensibilität und Hörtests aufmerksam werden.[116]
- Kaufland betreibt im Metaverse-Spiel »Animal Crossing: New Horizons« eine eigene Insel, auf der der Avatar »Phil Leita« die Besucher durch eine virtuelle Kaufland-Filiale begleitet.
- Die deutsche Modeplattform AboutYou betreibt mit »Hypeware« einen digitalen Store im Metaverse, in dem Kunden virtuelle Mode als NFT (Non Fungible Token, einer der Bausteine des Metaverse) für ihre Avatare kaufen können.

Ja, die Metaverse-Thematik steckt noch in den Kinderschuhen. Mit der Generation Z (und mehr noch den nachfolgenden Alphas) wächst aber eine Generation heran, die mit diesen Möglichkeiten ganz selbstverständlich umgehen wird.

Wer heute 13 ist, wird im Studium oder in der Ausbildung definitiv mit Augmented Reality, Virtual Reality und Mixed Reality arbeiten, im Metaverse Freunde treffen und Projekte bearbeiten. Und es wird ihm nicht einmal ungewöhnlich vorkommen, da er ja schon seit Jahren in diesen Welten spielerisch unterwegs ist. Unternehmen tun gut daran, sich jetzt bereits auf diese Entwicklungen vorzubereiten.

Künstliche Intelligenz

Nichts wird das Leben der Generation Z so sehr bestimmen wie künstliche Intelligenz (KI). Viele werden sich bereits vollständig daran gewöhnt haben, wenn sie ihre ersten größeren Konsumentscheidungen treffen oder in den Arbeitsmarkt eintreten. Während ich diese Zeilen schreibe, erleben wir den größten Umbruch, den ich in 22 Jahren Online-Aktivität je mitbekommen habe. Jede Woche kommen Hunderte neuer KI-Tools auf den Markt, die nahezu jeden denkbaren Bereich umwälzen.

Die Text-KI ChatGPT stellt Schulen bereits jetzt vor große Herausforderungen. Wenn jede Frage in Sekunden mit einem vollständigen Aufsatz beantwortet werden kann, der nicht etwa aus dem Netz kopiert, sondern komplett neu geschrieben wurde und beliebig angepasst und variiert werden kann, welchen Sinn hat es dann noch, von Schülern Essays als Hausaufgabe schreiben zu lassen?

Der Gedanke »Hey, dann verbieten wir es halt einfach« ist naheliegend, aber realitätsfern. Einem Schüler heute (oder gar in ein paar Jahren) zu verbieten, mit KI-Tools zu arbeiten, ist genauso weltfremd wie »zu unserer Zeit« die Idee, dass Taschenrechner als No-Go galten. Schulen und Lehrende mussten sich an die Verfügbarkeit dieser Geräte anpassen und taten dies auch, indem die Aufgaben so gestellt wurden, dass sie zwar mit Taschenrechner lösbar waren, aber eben nur, wenn man wusste, was man tat.

KI ist die Technologie, die unser Leben am stärksten umkrempeln wird. Kein einziger Bereich wird davon verschont bleiben:

- Texte lassen sich heute schon nahezu perfekt mit Jasper oder ChatGPT schreiben.
- Bilder und Grafiken werden von KIs wie Midjourney oder Dall-E produziert – fotorealistisch oder künstlerisch, ganz nach Wunsch. Berufswunsch Fotograf, Grafikdesigner, Künstler? Würde ich überdenken …
- Stimm-KIs generieren nach kurzem Training jeden beliebigen Text in der imitierten, aber nicht vom Original zu unterscheidenden Stimme jeder beliebigen Person. Synchronsprecher, Hörbuchsprecherin? Die werden wir in absehbarer Zeit nicht mehr brauchen.

- Es dauert nicht mehr lange, dann werden auch perfekte Videos auf Knopfdruck von KIs erzeugt. Die Vorboten sehen wir bereits seit einigen Jahren in lustigen Deepfake-Apps, in denen man Fotos zum Leben erwecken und sie zum Beispiel Popsongs singen lassen kann. Nette Spielerei, der Einfluss auf die Gesellschaft ist aber kaum abzusehen.
- Selbst der heutige Traumberuf der Influencerin wird durch virtuelle Influencer bedroht, die durch KI gesteuert werden und vor allem in Asien bereits gigantische Follower-Zahlen haben.

Und das sind nur einige wenige Beispiele. Für uns Ältere wirkt diese Entwicklung oft bedrohlich. Aber ist das wirklich ein Unterschied zu unseren Eltern, für die das Internet bis heute undurchschaubar und mysteriös geblieben ist und denen wir immer noch regelmäßig erklären müssen, welche E-Mail Spam ist oder warum man seine Zugangsdaten auf bestimmten Seiten lieber nicht eingibt?

Für die Generation Z wird KI ein ganz normaler und hilfreicher Teil des Lebens sein, der sich genauso wenig wegdenken lässt wie WLAN. »Hey Mama, wie seid ihr eigentlich früher auf Instagram gegangen, bevor es das Internet gab?« – ein Witz, aber er demonstriert die Denkwelten. Ein Leben »vor dem Internet« kann man sich als junger Mensch nur schwer vorstellen. Es wird in Kürze der Zeitpunkt kommen, an dem man sich auch ein Leben »vor KI« nicht mehr vorstellen kann.

Wie genau ein Leben »mit« allgegenwärtiger KI aussehen wird, lässt sich nur erahnen. Ich könnte jetzt die Glaskugel anwerfen (mehr noch, als ich es gerade schon getan habe). Oder ich tue einfach das Naheliegende und frage die KI.

Genau das habe ich getan. Meine Anfrage (»Prompt«) an ChatGPT war: *»Schreibe mir eine Story, wie ein heute junger Mensch in zehn Jahren leben wird, wenn KI sich so rasant weiterentwickeln wird wie aktuell. Beschreibe den Tagesablauf eines Menschen, der heute 13 Jahre ist, in zehn Jahren. Nenne die Person Jonas und bescheibe genau, wie sein Tagesablauf von KI begleitet und bestimmt wird.«*
Und hier ist die Antwort von ChatGPT:

Exkurs: Jonas und die KI – ein Tag im Jahr 2033

Jonas, mittlerweile 23 Jahre alt, erwacht um 7 Uhr morgens, als seine KI-gesteuerte Schlafmaske sanft den simulierten Sonnenaufgang auf seinen Augenlidern projiziert. Die Maske verbindet sich sofort mit seinem Smart-Home-System, welches den Tag für Jonas plant, basierend auf seinen Gewohnheiten und Terminen.

Als er aufsteht, bereitet die KI-gestützte Küche bereits sein Lieblingsfrühstück zu, während sein persönlicher KI-Assistent ihm die wichtigsten Nachrichten und Updates über soziale Medien zusammenfasst. Jonas genießt sein Frühstück und bereitet sich auf seine Arbeit als Umweltingenieur vor, indem er die neuesten Forschungsergebnisse durchgeht, die von der KI für ihn kuratiert wurden.

Auf dem Weg zur Arbeit steuert Jonas' autonomes Fahrzeug ihn sicher durch den dichten Verkehr, während er in seinem KI-gestützten Lernsystem an einem neuen Projekt arbeitet. Die KI analysiert dabei Jonas' Fortschritte und schlägt bei Bedarf Optimierungen vor, um die Effizienz des Projekts zu steigern.

Im Büro angekommen, begrüßt ihn sein KI-basierter Team-Assistent und präsentiert ihm die Tagesordnung. Dank der KI-Technologie kann Jonas effektiver und schneller arbeiten, denn sie hilft ihm bei der Analyse komplexer Datenmengen und bietet innovative Lösungsansätze an. In seiner Mittagspause trifft Jonas seine Freunde in einem nahe gelegenen Restaurant, das von einer KI erstellte, individuell angepasste Gerichte serviert, basierend auf den Ernährungsbedürfnissen und Geschmacksvorlieben der Gäste.

Nach der Arbeit besucht Jonas ein Fitnessstudio, in dem er von einem KI-Coach betreut wird. Dieser passt das Training optimal an Jonas' physischen Zustand und seine Trainingsziele an. Anschließend entspannt er sich zu Hause, während die KI ihm personalisierte Unterhaltungsempfehlungen bietet, von Filmen und Serien bis hin zu virtuellen Events mit Freunden.

Jonas' Leben wird in vielerlei Hinsicht von künstlicher Intelligenz begleitet und bereichert. Die KI ermöglicht ihm, effizienter zu arbeiten, persönliche Ziele zu erreichen und mehr Freizeit zu genießen. In einer Welt, die von KI-Technologie geprägt ist, stellt sich Jonas jedoch auch die Frage, wie er seine Individualität und menschliche Intuition bewahren kann.

Nicht schlecht, oder? Ich persönlich sage immer brav »Bitte« und »Danke« zu meinen KI-Tools, damit sie sich daran erinnern, wenn sie einmal die Weltherrschaft übernommen haben …

Ein letzter Appell (oder zwei)

Damit endet unsere wilde Reise durch die Lebenswirklichkeit der Generation Z. Konnte ich Ihnen diese Generation etwas näher bringen? Konnten Sie einige Impulse für Ihr Unternehmen mitnehmen?

Nach meinen Vorträgen bekomme ich regelmäßig das Feedback, dass die Teilnehmenden »die Jungen« jetzt mit anderen Augen sähen. Eine Dame meinte mal zu mir: »Herr Beilharz, Sie haben mir gerade meinen Sohn erklärt.« Auch wenn mich das freut, maße ich mir das nicht an.

Was ich aber hoffe, ist, etwas Verständnis für die junge Generation geweckt zu haben. Denn das ist es, worauf es ankommt: Verständnis. Wir geraten viel zu leicht in das Denkmuster, dass wir früher fleißiger, klüger und irgendwie besser waren. Erst wenn wir genau nachdenken, erinnern wir uns, dass unsere Eltern, Lehrkräfte und Vorgesetzte uns damals genauso kritisiert haben, wie wir es heute bei der Jugend tun.

Verständnis entsteht vor allem durch eines: durch Zuhören. Das ist der Grund, warum ich für dieses Buch mit Dutzenden junger Menschen gesprochen habe. Warum ich mich an Generationenforschung beteilige und versuche, hinter die Kulissen zu blicken. Deshalb erlaube ich mir, zum Abschluss zwei Wünsche anzufügen:

Mein Wunsch an die Gen Z:

Ihr macht das schon ganz richtig. Lasst euch die Butter nicht vom Brot nehmen. Fordert selbstbewusst das ein, was euch guttut. Macht nicht die gleichen Fehler wie eure Eltern. Arbeit ist nicht wichtiger als Freizeit, Erfolg ist nicht wichtiger als Glück.

Aber bedenkt auch, dass alles zusammenhängt. Wer um die Welt reisen will (klimaneutral, wenn möglich), muss das Geld dafür haben. Wer viel Freizeit haben will, muss in der Arbeitszeit entsprechend Leistung bringen. Viel arbeiten ist nicht die Lösung, effektiv und wertschöpfend arbeiten aber ist Pflicht.

Macht euch auch klar, dass die Situation, in der ihr seid, von euren Vorgängern geschaffen wurde. Die negativen Seiten kennt ihr: Ihr badet jetzt die zerstörte Umwelt und die gesellschaftlichen Zerwürfnisse aus, die eure und meine Eltern erzeugt haben.

Ihr profitiert aber auch vom Wohlstand, den sie euch geschaffen haben. Dass ihr solche Forderungen stellen könnt wie Vier-Tage-Woche oder den völligen Verzicht auf Wochenendarbeit, ist nur möglich, weil die Generationen davor sich krummgelegt haben. Wertschätzt diese Leistung. Und denkt daran, dass wir trotz allem Spaß und aller Erfüllung in einem globalen Wettbewerb stehen; auch mit Ländern, die ihrer Jugend nicht so viel Freiraum und Wertschätzung entgegenbringen. Nutzt das nicht aus.

Und mein Wunsch an die Älteren:

Wir haben eine Generation Z, die einiges besser macht als wir. Von der wir einiges lernen können. Und die ihre Fehler macht und ihre Verzerrungen im Weltbild hat – genau wie wir es hatten und haben. Zuhören ist der erste Schritt, den Graben zwischen den Generationen zu überbrücken. Zuhören, nicht um zu antworten, sondern um zu verstehen.

Nehmen Sie die junge Generation ernst. Und machen Sie sich bewusst, dass Sie weder besser noch schlechter waren und sind, sondern in manchen Punkten einfach nur anders. Und in anderen Punkten wieder doch sehr ähnlich. Zuhören und in den Dialog treten sind die Wunderwaffen für gutes Miteinander und das Verständnis der Generation Z. Als Bewerberinnen, Mitarbeitende und Kunden.

Generation Z in 66 Fakten

Poster im
A2-Format

1. **Die Generation Z ist jung.** Die gängigste Definition verortet die Geburtsjahrgänge zwischen 1995 und 2012. Die Zoomer sind 2023 also zwischen 11 und 28 Jahre alt.

2. **Die Generation Z ist groß.** 2021 machte sie mit 11,57 Millionen Menschen bereits 13,9 Prozent der deutschen Bevölkerung aus.[117] Weltweit stellt sie sogar bereits 30 Prozent der Bevölkerung, in Teilen Afrikas über 50 Prozent.[118]

3. **Die Generation Z ist mächtig.** 2025 wird sie rund 30 Prozent des Bruttoeinkommens in Deutschland erwirtschaften und die größte Konsumenten- und Erwerbstätigengruppe stellen.[119]

4. **Die Generation Z vereint Arbeit mit Hedonismus.** 44 Prozent nennen Spaß als größte Motivation für Leistung, vor Geld (39 Prozent) und dem Erreichen von Zielen (32 Prozent). Schon bei der etwas älteren Generation Y liegt Geld (45 Prozent) deutlich vor Spaß (31 Prozent).[120]

5. **Die Generation Z hat Geldsorgen.** 34 Prozent sind mit ihrer finanziellen Situation unzufrieden (bei der Generation Y sind das nur 28 Prozent).[121]

6. **Die Generation Z ist verunsichert.** Leistungsdruck, Angst vor der Zukunft sowie Schwierigkeiten, Entscheidungen zu treffen, sind deutlich stärker ausgeprägt als bei der Generation Y.[122]

7. **Die Generation Z ist always on.** Die tägliche mediale Online-Nutzung bei 14- bis 29-Jährigen liegt mit 284 Minuten deutlich höher als bei älteren Generationen.[123]

8. **Die Generation Z liebt Videos.** 75 Prozent der Gen Z nutzen YouTube – somit führt sie den Videokonsum in Deutschland auf YouTube an.[124]

9. **Generation Z ist nonlinear.** Sie hat die geringste Nutzungszeit bei linearem Fernsehen, nur 28 Prozent der täglichen Videozeit fallen auf Live-TV gegenüber 72 Prozent in der Gesamtbevölkerung und sogar 88 Prozent bei den über 50-Jährigen.[125]

10. **Die Generation Z informiert sich über soziale Medien.** 10,9 Prozent beziehen ihre Informationen zum Tagesgeschehen ausschließlich über Social

Media. Dieser Wert ist fast dreimal so hoch wie in der Gesamtbevölkerung (4,1 Prozent). Ein Drittel der Gen Z informiert sich überwiegend in Social Media.[126]

11. **Die Generation Z liebt ihr Smartphone.** 94 Prozent der Jugendlichen besitzen eines,[127] 77 Prozent der Gen Z nennen die Smartphone-Nutzung das prägendste Element für ihre Lebenssituation (nur 68 Prozent bei der Generation Y, hier steht Familie auf Platz eins).[128]

12. **Die Generation Z ist besonders Technologie-affin.** Die Gen Z ist von Geburt an im digitalen Zeitalter aufgewachsen – daher ist sie äußerst stark auf das Internet fokussiert und integriert dieses intensiv in ihre täglichen Beschäftigungen.[129]

13. **Die Generation Z ist gesundheitsbewusst.** 44 Prozent der 18- bis 24-Jährigen nutzen Gesundheits- (Schlaftracking, Diät) und Fitness-Apps.[130]

14. **Die Generation Z setzt sich für Diversität ein.** Vor allem die Gleichbehandlung unterschiedlicher Geschlechter und Ethnien erhält eine große Aufmerksamkeit von der Gen Z.[131]

15. **Die Generation Z hat ein Mobile-first-Mindset.** Junge Leute gehen hauptsächlich über mobile Geräte online und nutzen diese auch, um Einkäufe zu tätigen.[132]

16. **Die Generation Z ist Verfechter der Individualität.** »Natürliche Schönheit ist künftig wichtiger, gerade weil es immer mehr Hightech-Schönheit geben wird«, so 76 Prozent. Ecken und Kanten gelten als anziehend, als Ausdruck einer unverwechselbaren Persönlichkeit.[133]

17. **Die Generation Z lebt in einem Dauerkrisen-Modus.** Klimawandel, die Corona-Pandemie und der Ukraine-Krieg führen zu permanenter psychischer Anspannung junger Menschen.[134]

18. **Die Generation Z will Spaß.** Im Jahr 2022 war es rund 82 Prozent der Befragten in der Gen Z besonders wichtig als Wertorientierung und Lebenseinstellung, viel Spaß zu haben und das Leben zu genießen. Viel leisten (30 Prozent), sich mit Sinnfragen des Lebens auseinandersetzen (19,2 Prozent) oder aktiv am politischen Leben teilnehmen (9,9 Prozent) gehören hingegen weniger dazu.[135]

19. **Die Generation Z macht den Weg frei für neuen Umgang mit Mental Imbalance.** Die Gen Z leidet stärker als jede andere Jugendgeneration vor ihr unter psychischem Ungleichgewicht (Schlafstörungen, Kopfschmerzen, depressive Symptome und Depressionen), sie holt sich aber wie keine andere Generation vor ihr im Falle von psychischen Herausforderungen professionelle Unterstützung.[136]

20. **Die Generation Z ist die »echte« Digital-Natives-Generation.** Gen Y und Gen Z sind geprägt von der digitalen Welt. Die Gen Z wurde aber, anders als die Gen Y, in diese hineingeboren und ist somit die erste Generation, die vollständig im digitalen Zeitalter aufgewachsen ist.[137]

21. **Die Generation Z steht unter enormem Leistungsdruck.** Großer Druck entsteht, weil sich junge Menschen permanent über Social Media mit dem (vermeintlich) schönen Leben der anderen vergleichen, sich schlecht fühlen und getroffene Entscheidungen wieder infrage stellen.[138]

22. **Die Generation Z hat nie einen Unterschied zwischen physischer und digitaler Welt gemacht.** Für sie ist das entscheidende Element, dass sie nahtlos zwischen beiden Welten wechseln kann.[139]

23. **Die Generation Z sieht das Internet nicht nur als Informationszugang.** Sie nutzt das Internet in erster Linie für Unterhaltung und als Zugang zu ihren Freunden.[140]

24. **Die Generation Z mag Socialising online.** 56 Prozent der Generation Z sind mit jemandem befreundet, den sie *nur* online kennen.[141]

25. **Die Generation Z hat Schwierigkeiten, Entscheidungen zu treffen.** Es gibt zu viele Möglichkeiten, zu viel Information und zu wenig Zeit, um in Ruhe über eine Entscheidung nachzudenken.[142]

26. **Die Generation Z ist gezeichnet durch FOMO.** Social Media ist ein fester Bestandteil des Alltags, wodurch FOMO (»Fear of missing out«) für viele ein ständiger Begleiter wird. Die Gen Z muss immer auf dem neuesten Stand sein und ist ständig in Sorge, wichtige Ereignisse zu verpassen. Gleichzeitig bietet sich ihr eine enorme Flut an Inhalten, die jeden Tag konsumiert werden wollen.[143]

27. **Die Generation Z setzt auf die Geborgenheit der Familie.** Der Rückhalt in der Familie ist heute so wichtig wie nie zuvor, da so viele Beziehungen dieser Generation nur digital gepflegt werden und im realen Leben nicht belastbar sind.[144]

28. **Die Generation Z ist widersprüchlich.** 83 Prozent wollen die Möglichkeit haben, ihre Arbeitszeit selbst einzuteilen, um nach dem eigenen Rhythmus arbeiten zu können. Von der Selbstorganisation sind sie jedoch oft überfordert. Die Hälfte der Befragten erklärte, dass ihnen diese nicht immer gelinge. Entsprechend groß ist der Wunsch nach festen Arbeitsstrukturen im Büro vor Ort.[145]

29. **Die Generation Z ist sicherheitsbedürftig.** 53 Prozent der Umfrageteilnehmenden gaben an, dass sie mehr Wert auf einen krisensicheren Arbeitsplatz legen und sich für einen Arbeitgeber in der Nähe ihrer Familie (15 Prozent) oder den Öffentlichen Dienst (15 Prozent) entscheiden würden – beides zahlt auf ihr Sicherheitsbedürfnis ein.[146]

30. Die Generation Z wünscht ausgewogene Work-Life-Balance. 44 Prozent der Befragten im Alter von 16 bis 19 Jahren wünschen sich von ihren (zukünftigen) Arbeitgebenden Unterstützung bezüglich ihrer mentalen Gesundheit in Form von einer gesunden Work-Life-Balance.[147]

31. Die Generation Z reist social. Im Vergleich zu älteren Generationen wird die Gen Z bei der Auswahl ihrer Reiseanbieter stärker durch Social Media (31 Prozent) und Reiseblogs (20 Prozent) beeinflusst.[148]

32. Der Generation Z ist Nachhaltigkeit wichtig. 37 Prozent der Gen Z würden beim Einkaufsverhalten die Aussage »Vermeidung von Kunststoff-Verwendung, wenn möglich« und 35 Prozent die Aussage »Kauf von Artikeln mit weniger Verpackung« wählen.[149]

33. Die Generation Z kennt keine vordigitale Zeit. Die Mitglieder der Gen Z sind mit Internet und digitalen Medien aufgewachsen. Ihr Verhältnis von Online-Welt zur Offline-Welt ist fließend. Sie sind dauerhaft vernetzt und gewohnt, eine große Menge an Informationen gleichzeitig zu sondieren.[150]

34. Die Generation Z lässt sich stark von Suchmaschinen beeinflussen. Sie lässt sich in ihrem politischen und allgemeinen Weltbild am stärksten von Suchmaschinen beeinflussen (78 Prozent stimmen ganz oder teilweise zu im Vergleich zu nur 45 Prozent bei Ü65).[151]

35. Die Generation Z macht Digital Detox. 34 Prozent der Befragten der Gen Z setzten im vergangenen Urlaub auf Digital Detox – dabei legte diese Altersgruppe den Fokus vor allem auf den Abstand von sozialen Medien (83 Prozent), beruflichen Mails (62 Prozent) sowie Videostreaming-Apps (60 Prozent).[152]

36. Die Generation Z ist präsent. 100 Prozent der Befragten haben mindestens ein Konto in den sozialen Medien – 90 Prozent davon auf Instagram, 80 Prozent auf TikTok und auch 80 Prozent auf Snapchat.[153]

37. Die Generation Z ist durch Social Media gestresst. 63 Prozent sind besorgt über Social-Media-Sucht, 50 Prozent der Gen Z sind neidisch auf Menschen ohne Social-Media-Präsenz.[154]

38. Die Generation Z ist leistungs- und erfolgsorientiert. Bei 78 Prozent trifft die Einstellung/Haltung »Ich möchte engagiert Höchstleistungen erzielen« zu.[155]

39. Die Generation Z hat »Finstas« (gefälschtes Instagram-Konto). 36 Prozent der Befragten, die ein Instagram-Konto haben, haben auch ein »Finsta« – 38 Prozent der Befragten, die ein »Finsta« haben, haben sogar drei oder mehr Konten.[156]

40. Die Generation Z ist besorgt. Sie hat nur wenig Vertrauen gegenüber Social Media, wenn es um den Schutz der Privatsphäre geht – 70 Prozent sind besorgt über die übermäßige Weitergabe persönlicher Daten in den sozialen Medien, 69 Prozent darüber, dass ihre persönlichen Bilder für Gesichtserkennung verwendet werden, und 68 Prozent sind besorgt darüber, dass Plattformen ihre persönlichen Daten für gezielte Werbezwecke verwenden.[157]

41. Die Generation Z vertraut klassischen Nachrichten. Als vertrauenswürdigste Nachrichtenquelle (traditionelle Medien versus soziale Medien) gibt die Gen Z in Deutschland klassische Medien an.[158]

42. Die Generation Z ist niemals offline. Kommunikation online – 24/7: Die Gen Z kennt kein Leben ohne digitale Technik. Ein Alltag ohne Smartphone, Netflix und Co.? Für sie undenkbar.[159]

43. Die Generation Z hat hohen Selbstoptimierungswunsch. Für 71 Prozent der Befragten trifft die Aussage zu:»Ich möchte meinen Körper mit Fitness optimieren.« Immerhin geben 36 Prozent auch an:»Ich mache mehrmals die Woche Sport.«[160]

44. Die Generation Z liebt Sprachnachrichten. Rund ein Drittel der befragten 18- bis 24-Jährigen gibt an, dass sie am ehesten Sprachnachrichten an ihre Freunde und die Familie schicken – weil es für sie der einfachste Weg sei, direkt Kontakt herzustellen. 6 Prozent von ihnen würden sogar in einem Notfall eher eine Sprachnachricht versenden, als anzurufen.[161]

45. Die Generation Z will Karriere, aber wohlbalanciert. Für 83 Prozent steht schlicht materieller Wohlstand an erster Stelle. Gleichzeitig zählt die perfekte Work-Life-Balance: Karriere und viel freie Zeit sind ihnen gleichermaßen wichtig (53 Prozent).[162]

46. Die Generation Z mag es authentisch. Authentizität ist der Schlüssel zur Markenbindung bei der Gen Z – Authentizität, wie sie von der Gen Z definiert wird, bedeutet Ehrlichkeit, Originalität, Vertrauen und Qualität. Die Gen Z betrachtet diese Werte als einen wesentlichen Teil ihrer Identität und sucht Marken, die dies verkörpern. 37 Prozent der Befragten gaben an, dass Authentizität einen großen Einfluss auf ihre Markenwahl hat.[163]

47. Die Generation Z legt Wert auf Work-Life-Separation. Im Gegensatz zu ihren Vorgänger-Generationen lautet ihr Credo»Work-Life-Separation – die strikte Trennung von Arbeits- und Privatleben«. Ständiges Online-Sein gehört zum Alltag. Doch dabei gibt es Grenzen: Planbare Arbeitszeiten sind wichtig und Privatleben bleibt Privatleben.[164]

48. Die Generation Z setzt auf persönlichen Dialog. Die Hälfte bezeichnet das persönliche Gespräch als die effektivste Methode der Kommunikation.[165]

49. Die Generation Z will gebraucht werden. Sie strebt nach Anerkennung und dem Gefühl, gebraucht zu werden. 68 Prozent geben an, dass »gebraucht werden« bei der Gestaltung ihres Lebens wichtig ist.[166]

50. Die Generation Z googelt nach Jobs. Google ist nach Jobportalen die zweitwichtigste Anlaufstelle bei der Jobsuche (42 %), deutlich mehr als bei Gen Y (37 %) und Gen X (12 %).[167]

51. Die Generation Z schätzt Umweltschutz und soziale Verantwortung. Bei der Wahl des Arbeitgebers erwartet die Gen Z eine Auseinandersetzung seitens Unternehmen mit Nachhaltigkeitsaspekten und Vielfaltsbewusstsein bzw. Diversity.[168]

52. Die Generation Z ist enorm multitaskingfähig. Sie bewegt sich blitzschnell zwischen der realen und der virtuellen Welt hin und her, wechselt Kanäle, nimmt alle Informationen auf und filtert diese.[169]

53. Die Generation Z liebt Videos im Hochformat. Sie ist mit Influencerinnen, Selfies, Hashtags und Social Media aufgewachsen.[170]

54. Die Generation Z ist rücksichtsvoll. 69 Prozent der Gen Z verhielten sich in der Corona-Pandemie rücksichtsvoll, um Freunde und Familie nicht zu gefährden.[171]

55. Die Generation Z will Sinnvolles tun. Etwas tun, das sie sinnvoll finden, ist 44 Prozent sehr wichtig – 23 Prozent ist es sehr wichtig, Verantwortung zu übernehmen.[172]

56. Die Generation Z ist umweltbewusst. 74 Prozent der Gen Z ist es wichtig, persönlich zum Schutz von Klima und Umwelt beizutragen. Und 41 Prozent sind zufrieden mit ihrem ökologischen Fußabdruck.[173] Um Klima und Umwelt zu schützen, vermeiden und trennen sie Müll (71,7 Prozent) und sind nachhaltig mobil unterwegs (54,8 Prozent Gehen, Rad, ÖPNV).[174]

57. Die Generation Z will eingebunden werden. Sie will ihre Zukunft nicht dem Schicksal überlassen, sondern zukunftsgestaltend Teil der Lösung sein.[175]

58. Die Generation Z lässt sich influencen. Die Gen Z schaut zunehmend auf Influencer sowie andere Personen in der Öffentlichkeit und wird durch deren Content und Meinung beeinflusst. Bei den 16- bis 24-Jährigen gibt sogar jeder Zweite an, durch Influencer beim Einkauf inspiriert worden zu sein.[176]

59. Die Generation Z hat ihre eigenen Slang-Begriffe. Die Sprache ist immer im Wandel – so hat die Jugendsprache der Gen Z ihre eigenen Begriffe, wie etwa »auf dein' Nacken« – du zahlst, »bashen« – besiegen, »cringe« – Fremdscham, »lit« – sehr cool, »Mashalla« – Kompliment, »no front« – nicht verletzend gemeint, »Bratan / Bruh« – Bruder / Freund.[177]

60. Die Generation Z hat neuen digitalen Humor. Am Beispiel von Memes wird klar, dass sich digitaler Humor je nach Alter und Geschlecht unterscheidet. Bei der Gen Z tritt ein ganz neuer Humortyp auf, bei dem sich die jungen Leute gerne in ihren Situationen selbst auf die Schippe nehmen. Diese Generation verwendet die meisten sprachlich-visuellen Humortypen in ihren Memes – das heißt, dass sich hier das Konzept der »digitalen Muttersprachlerinnen und -sprachler« widerspiegelt.[178]

61. Die Generation Z glaubt Influencern. 51,6 Prozent der 16- bis 24-Jährigen empfinden Influencerinnen als glaubwürdiger als Werbung in TV, Radio und Zeitung.[179]

62. Die Generation Z ist ungeduldig. 60 Prozent verwenden keine Website oder App, die zu langsam lädt.[180]

63. Die Generation Z nutzt Emojis kritisch. So wie sich unsere Sprache weiterentwickelt, entwickelt sich auch unser Umgang mit Piktogrammen und vor allem die Bedeutung, die sie vermitteln. Die Gen Z verwendet durch ihre kritische Sicht auf die Welt Emojis oft ironisch und ist kritisch Emojis gegenüber, die insbesondere von Millennials zu oft verwendet werden.

64. Die Generation Z ist offen gegenüber KI-Nutzung. Die Gen Z dient als Beispiel für eine an die gegebenen Veränderungen durch Digitalisierung und KI-Nutzung optimal angepasste Gruppe, die sich in ihrer Grundhaltung gegenüber dem Technologieeinsatz klar unterscheidet. Sie legt Wert auf nutzenorientierte Anwendungen und hohe Verfügbarkeit und Sicherheit. Wandel, auch technologischer, wird mehr als rationale Normalität erlebt als in den vorhergehenden Generationen.[181]

65. Der Generation Z gefällt BeReal. Die App BeReal, die durch Mundpropaganda verbreitet wird, bietet spannende neue Möglichkeiten, sich in Echtzeit zu vernetzen, setzt somit auf Authentizität und limitiert das Posting-Erlebnis. Denn hier werden User dazu ermutigt, einen Beitrag pro Tag an Freunde zu senden und zu präsentieren, was sie genau in dem Moment tun – also echte statt perfekte Mòmente.[182] BeReal ist der neue Liebling der Gen Z und auch der Gen Y, über 15 Prozent der Befragten in Deutschland zwischen 18 und 39 Jahren nutzen die App, 41 Prozent geben an, die App zu kennen.[183]

66. Die Generation Z wählt »smash« als Jugendwort 2022. Das Jugendwort des Jahres 2022 heißt wörtlich aus dem Englischen übersetzt »zertrümmern«. Im Kontext der Jugendsprache bedeutet es: jemanden abschleppen, mit jemandem in die Kiste steigen oder Sex haben. Auch die begehrte Person selbst kann ein »Smash« sein.[184]

Glossar Generation Z

Active Sourcing: Aktive Suche nach und Ansprache von passenden Arbeitskräften zum Beispiel in sozialen Netzwerken (im Gegensatz zum bloßen
Schalten von Stellenanzeigen oder zu Employer-Branding-Maßnahmen)

Advertiser (Ad): Werbetreibender

Alphas: Vertreter der Generation Alpha, der Nachfolgegeneration der Generation Z mit Geburtsjahr ab ca. 2012

Augmented Reality (AR): Technologie, die die Realität durch virtuelle
Elemente ergänzt. Meist geschieht dies auf dem Smartphone-Display
(oder künftig eher in Brillen); man filmt beispielsweise durch die Kamera
seine Wohnung und platziert virtuell auf dem Bildschirm Möbel in der
Wohnung.

Babyboomer: siehe auch Boomer

Bias: Kognitive Verzerrung; unsere Wahrnehmung ist verschiedenen Biases
unterworfen. So sind wir zum Beispiel offener für Informationen,
die unsere Erwartungen oder unsere eigene Denkweise bestätigen
(Confirmation Bias). Die Kognitionspsychologie kennt Dutzende solcher
Verzerrungen.

Blockchain: Fortlaufende und kontinuierlich erweiterte Liste von
Datensätzen in einzelnen Blöcken; die Blockchain ist die technologische
Basis für Kryptowährungen wie Blockchain, digitale Assets wie NFTs und
viele andere digitale Anwendungen.

Boomer: Vertreter der Babyboomer-Generation; oft verallgemeinernd für
ältere Personen genutzt, unabhängig von der konkreten Generations-
zugehörigkeit

Bot: Software, die eine bestimmte Aufgabe erledigt; Bots werden zum Beispiel von Suchmaschinen zum Finden neuer Inhalte eingesetzt, können
allerdings auch als Spambots zu illegalen Aktivitäten genutzt werden.

Bottom-up: Maßnahmen »von unten herauf«, die in der Belegschaft bzw. bei
den Mitarbeitenden ihren Ursprung haben und nicht vom Management
aus vorgegeben werden

Buzzword: Meist inhaltsleeres oder übermäßig benutztes Schlagwort; der Begriff ist meist negativ konnotiert und meint, dass jemand mit Begriffen um sich wirft, die gut klingen und Eindruck schinden, die aber entweder nichts bedeuten oder keine greifbaren Absichten darstellen.

Carousel-Post: Inhaltsformat in sozialen Medien wie Instagram oder LinkedIn; mehrere Bilder (Slides) werden nebeneinander platziert und auf dem Smartphone durch Wischbewegung mit dem Daumen nacheinander angesehen.

Chatbot: Software, die ganz oder teilweise automatisiert Fragen von Nutzerinnen im Chat beantworten kann oder sonstige Dialoge mit Nutzern führt; siehe auch Bot

Collaboration: Zusammenarbeit; im Social-Media-Kontext oft auch gemeinsame Contenterstellung

Connected Commerce: Vernetzung und Verknüpfung von stationärem und digitalem Handel

Content-Creator: Person, die in sozialen Medien Inhalte erstellt; in Abgrenzung zu Influencern spielt hier nicht die Größe der Community die Hauptrolle, sondern der erstellte Inhalt, wobei die Schnittmenge zwischen Influencern und Content-Creators groß ist. Ein Content-Creator kann aber auch für andere (z. B. seinen Arbeitgeber oder andere Unternehmen) Inhalte erstellen, ohne selbst eigene Reichweite und größere Followerzahlen aufzuweisen.

Content Graph: Beziehungen zwischen Nutzern in Social Networks und dem vorhandenen Content; Algorithmen ermitteln anhand des Content Graphs, wie Nutzern möglichst passende Inhalte vorgeschlagen werden können.

Conversion-Rate: Das Verhältnis von erreichten Personen (z. B. Website-Besuchern) und erreichten Zielen (z. B. Verkäufen, Bewerbungen); die Conversion-Rate ist eine wichtige Erfolgskennzahl im Online-Marketing.

Corporate Account: Social-Media-Auftritt des Unternehmens im Gegensatz zu den persönlichen Accounts der Mitarbeitenden

Corporate Influencer: Mitarbeiter in einem Unternehmen, der im Rahmen seiner Tätigkeit öffentlich sichtbar für das Unternehmen agiert, meist in sozialen Netzwerken

Corporate Wording: Vom Unternehmen festgelegte Verwendung bestimmter Worte, Schreibweisen oder Ausdrucksweisen im Rahmen der Corporate Identity

Creator: siehe Content-Creator

Cringe: zusammenzucken, schaudern; beschreibt ein Gefühl des Fremd-schämens; 2021 Jugendwort des Jahres

Customer-Journey: Die »Reise« bzw. der Prozess, den ein Kunde vom ersten Interesse bis zum Kauf bzw. der Kaufnachbereitung zurücklegt. Die Customer-Journey kann verschiedene Kanäle und Touchpoints umfassen (z. B. Printmaterial, Social Media, Website, Google, Radio-Werbung, Ge-schäft etc.) und wird je nach Modell in aufeinander aufbauende Phasen gegliedert.

Cybermobbing: Mobbing mit digitalen Mitteln, etwa durch das Verbreiten von unangemessenen Fotos oder Videos, Hassrede in Gruppenchats oder Belästigung durch Nachrichten

Deepfake: Sehr realistisch aussehende Inhalte (meist Videos, aber auch Bilder und Audios), die jedoch von einer künstlichen Intelligenz erstellt oder manipuliert wurden

Digitalkompetenz: Kompetenz im Umgang mit digitalen Medien, Kanälen, Programmen und Geräten. Der Begriff ist sehr weit gefasst und kann zum Beispiel den routinierten Umgang mit dem Smartphone genauso um-fassen wie das Erkennen von Fake News oder die gezielte Nutzung von Suchmaschinen.

Digital Natives: Menschen, die von klein auf mit digitalen Medien auf-gewachsen sind und keine »vordigitale« Zeit mehr kennen; siehe auch Generation Z

Discord: Messaging-Dienst für Text-, Sprach- oder Videochats; ursprünglich wurde Discord für den Gaming-Sektor erstellt, damit Spielende während des Spiels miteinander kommunizieren können. Mittlerweile wird Discord von überwiegend jungen Nutzern auch abseits des Gamings als Kommu-nikationsplattform genutzt.

Diversity: Vielfältigkeit im Unternehmen, zum Beispiel durch gezielte För-derung gemischter Teams und Belegschaften hinsichtlich Hautfarbe, kulturellem Background, körperlichen Merkmalen, Gender oder sexueller Orientierung

Duett: Content-Format bei TikTok, bei dem ein eigenes Video parallel neben, in oder unterhalb eines bestehenden Videos aufgenommen wird; eine Form der Reaction, siehe auch Reaction Video

Emo: (Anhänger einer) Jugendkultur, die durch emotionale (Rock-)Musik, bestimmte Kleidung (meist schwarz) und Frisuren (meist mittellange schwarze Haare mit Seitenscheitel) geprägt ist

Employer-Brand / Employer-Branding: (Aufbau einer) Arbeitgebermarke, die die Vorzüge des Arbeitgebers herausarbeitet und bekannt macht

Explore-Page: Bereich in der Instagram-App, in der passende Inhalte vor-geschlagen werden, die dem jeweiligen Nutzer gefallen könnten

Fake-Influencer: Person, die vorgibt, Influencer zu sein und über hohe Reich-weite zu verfügen, um an lukrative Deals mit Unternehmen zu kommen. Häufige Maßnahmen sind das Kaufen von Followern und Interaktionen in den sozialen Medien, um eine Bekanntheit und Reichweite vorzuspielen, die in Wirklichkeit nicht gegeben ist.

Fake News: Falschnachrichten, überwiegend im Internet. Fake-News werden zum Beispiel zur politischen Propaganda, aber auch zu Betrugszwecken eingesetzt.

Finfluencer: siehe Influencer

Follower: Person, die einen Account in Social Media abonniert hat

Funnel: Verkaufsarchitektur, bei der Interessenten systematisch in mehreren Schritten qualifiziert und bis zum Verkaufsabschluss begleitet werden

Gadget: Technisches Gerät oder technische Spielerei

Gamechanger: Alles veränderndes Element

Gaming: Spielen von Videospielen

Generation X: Vorgänger der Generation Y; geboren etwa 1965 bis 1979

Generation Y: Millennials, geboren etwa 1980 bis 1995/1997

Generation Z: Digital Natives; geboren etwa 1995 bis 2012

Ghosting: Sich plötzlich nicht mehr melden oder auf Kontaktversuche reagie-ren, zum Beispiel nach einem Date oder einem Bewerbungsgespräch

GIF: Bildformat; obwohl GIFs auch statisch sein können, meint man meist animierte GIFs, die wie kleine Videos in Endlosschleife abgespielt werden. GIFs können in Kommentaren bei Facebook oder als Sticker in Instagram oder TikTok genutzt werden.

Greenwashing: Mit oberflächlichen Maßnahmen einem Unternehmen ein umweltfreundliches, nachhaltiges Image geben, ohne wirklich tief-greifendere (und aufwendige/teure) Maßnahmen umzusetzen

Gronkh: Einer der größten deutschen YouTuber, bürgerlich Erik Range; einer der führenden Produzenten von Let's-play-Videos und Livestreams

Hashtag: Schlagwort in den sozialen Medien; durch eine vorangestellte Raute wird der dahinterstehende Begriff zu einem klickbaren Link forma-tiert, der alle weitere Beiträge mit dem gleichen Hashtag auflistet bzw. kategorisiert

Hook: Aufhänger eines Social-Media-Posts oder Videos; die Hook soll sofort Neugier und Interesse wecken und den Nutzer dazu bewegen, das Video weiter anzusehen oder sich näher mit dem Inhalt zu beschäftigen.

ICQ-Chat: Beliebtes Chat-Programm der späten 90er- und frühen Nuller-Jahre

Influencer: Person oder Account mit großer Reichweite und hohem Einfluss in sozialen Medien. Es werden diverse Typen unterschieden, u. a. nach Größe der Community (Mega-, Nano-, Microinfluencer etc.) oder der inhaltlichen Ausrichtung (Petfluencer, Finfluencer etc.). Influencer spielen eine große Rolle als Kooperationspartner für Unternehmen, bauen oft aber auch eigene Unternehmen auf oder bringen eigene Produkte auf den Markt. Influencer können in den sozialen Medien selbst entstehen oder ihre Popularität aus anderen Bereichen (z. B. Sport, Musik) in den sozialen Medien nutzen.

Influencer-Marketing: Marketing in Kooperation mit Influencern, um die Reichweite und das Vertrauen dieser Multiplikatoren für die eigene Marke nutzbar zu machen

Jugendsprache: Worte, die vermeintlich von Jugendlichen und jungen Erwachsenen benutzt werden. Die Begriffe stammen häufig aus dem amerikanischen (»slay«, »cringe«), in letzter Zeit auch arabischen Kulturraum (»mashallah«, »wallah«), oft auch aus der Gamer-Sprache (»Gommemode«, »Sus«). Siehe auch Jugendwort

Jugendwort: Der Langenscheidt-Verlag kürt jedes Jahr durch eine Kombination aus Online-Abstimmung und Jury-Voting das »Jugendwort des Jahres«. 2022 gewann »Smash« (Objekt der Begierde, auch als Verb »smashen« für Sex haben), 2021 war »cringe« das Jugendwort des Jahres.

Juvenoia: Ablehnung der Älteren gegenüber dem, was die Jüngeren tun; auch Angst vor der Jugend

KI: Künstliche Intelligenz; Bemühungen, durch maschinelles Lernen und große Datenmengen Ergebnisse zu erzielen, die durch klassische Programmierung nicht möglich wären. Wesentliches Merkmal von KI ist, sich selbst durch ihre Tätigkeit weiterzuentwickeln, also »zu lernen«. In manchen Bereichen ist künstliche Intelligenz der menschlichen bereits überlegen.

Kidfluencer: siehe Influencer

Meme: Eigentlich Informationseinheit, die sich ähnlich wie ein Gen in der Biologie durch ständige Adaptation weitervererbt (ähnlich wie im Kinderspiel Flüsterpost). Im Internet werden mit dem Begriff vor allem mit Text versehene Bilder bezeichnet, die auf diverse Situationen angepasst werden können. Meist werden wiederkehrende Bilder verwendet (oft Screenshots aus Filmen oder Serien, aber auch Zeichnungen oder Bilder aus der Internetkultur), nur der Text oder Kontext ändert sich. Dadurch entsteht ein »Running Gag«-Effekt. Memes sind ein beliebtes Ausdrucksmittel in sozialen Medien.

KPIs / Key Performance Indicators: Wesentliche Kennzahlen, an denen der Erfolg einer (Marketing-)Maßnahme gemessen wird

Landingpage: Zielseite einer Marketing-Aktion, zum Beispiel einer Anzeige oder eines Newsletters; Website, auf der ein Besucher nach einem Klick auf ein Werbemittel landet

Let's-play-Videos: Online-Videos, in denen der Ersteller sich und den Bildschirm beim Spielen von Videospielen filmt und meist das Spielen kommentiert. Let's-play-Videos werden zur Unterhaltung oder auch konkret zum Lernen erfolgreicher Spielstrategien und Problemlösungen konsumiert.

LGBTQ+: Sammelbegriff für Menschen mit lesbischer, homosexueller (gay), bisexueller, transgender, queerer oder anderer Orientierung oder Identität, die sich von der heterosexuellen und zweigeschlechtlichen Norm unterscheidet

Meta: Konzern, zu dem unter anderem die Plattformen Facebook, Instagram und WhatsApp gehören; ehemals Facebook Inc.

Metaverse: Konzept einer neuen Form des Internets, das als virtuelle Welt unter Verwendung von Virtual-Reality-Technologie entstehen soll. Die Idee zum Metaverse ist bereits in den 1990er-Jahren entstanden, wird aber in den letzten Jahren verstärkt vorangetrieben, unter anderem von Meta (Facebook), Apple und Microsoft. Zentrales Merkmal des Metaverse ist die übergreifende Nutzbarkeit, sodass man etwa mit dem gleichen Account und Avatar in Social Networks, virtuellen Arbeitsumgebungen oder Spielen auftreten kann. In diesem Sinne existiert aktuell noch kein Metaverse, sondern es gibt nur verschiedene virtuelle Welten, die Bestandteil des Metaverse werden könnten, es jedoch nicht sind.

Millennials: Vertreter der Generation Y

Mobile Commerce: Online-Shopping via Smartphone

Mobile Recruiting: Recruiting unter Einsatz von mobilen Geräten, zum Beispiel durch Recruiting-Apps oder mobil optimierte Landingpages

Mobile first: Strategie, bei der Websites oder Inhalte primär für das Smartphone konzipiert werden und nur als Ergänzung für Desktop-Computer oder Laptops

Mobile friendly: Websites oder Inhalte, die für Mobilgeräte geeignet sind, sich also problemlos auf Smartphones und Tablets konsumieren lassen

Monitoring: Überwachung von Erwähnungen, Ergebnissen oder Inhalten zu ausgewählten Themen, oft der eigenen Marke, der Wettbewerber oder von Begriffen aus dem eigenen Umfeld

Multichannel-Handel: Nutzung verschiedener Kanäle für das Verkaufen, beispielsweise durch stationären Handel, Online-Shop und Online-Plattformen wie Amazon oder Kaufland.de

Newsfeed: zentrales Element der meisten Social Networks, in dem alle Inhalte aus dem Content Graph oder Social Graph eingespielt und konsumiert werden

New Work: Oberbegriff für neuere Formen und Ausgestaltungen der Erwerbstätigkeit, zum Beispiel durch Remote-Arbeit und Homeoffice, kürzere Arbeitswochen oder einen höheren Grad an Flexibilität

NFT: Kurzform für »Non Fungible Token«; eindeutig identifizierbar digitaler Inhalt auf der Blockchain. NFTs können zum Beispiel für digitale Kunst, digitale Sammlerstücke oder digitale Gegenstände im Metaverse genutzt werden.

Noob: Anfänger, Kurzform für »Newbie«

Online-Reputationsmanagement: Pflege des Rufs einer Marke im digitalen Raum; dazu gehören zum Beispiel digitale PR, das Löschen(-Lassen) unbeliebter oder negativer Inhalte sowie die Verbreitung positiver Beiträge, um die Suchergebnis-Treffer für eine Marke nach den eigenen Wünschen zu füllen.

Petfluencer: siehe Influencer

Pinkwashing: Oberflächliche Maßnahmen, die einem Unternehmen das Image von Diversity verleihen, ohne wirklich fundierte Änderungen ergreifen zu müssen; analog zu Greenwashing

Popsocket: Kleiner, meist ausziehbarer Griff, der auf die Rückseite des Smartphones geklebt wird, um das Handy bei Selfies besser greifen zu können

Prank: Streich; beliebtes Content-Format auf Plattformen wie YouTube oder TikTok

Publisher: Veröffentlichender von Inhalten, oft auch Sammelbegriff für Betreiber von Online-Portalen bzw. Websites

Reaction-Video: Beliebtes Format auf YouTube und anderen Plattformen; ein Nutzer erstellt ein Video, in dem er auf ein anderes, meist bereits populäres Video inhaltlich reagiert bzw. es kommentiert.

Recruiting: Mitarbeitergewinnung

Reel: Vertikales Kurzvideo bei Instagram; siehe auch Short, Vertical Video

Reddit: Social-Media-Plattform in Form eines Diskussionsforums, in dem Inhalte geteilt, kommentiert und in Unterforen organisiert werden; siehe auch Subreddit

Remote: Arbeit von einem anderen Ort als dem Büro aus, zum Beispiel im Homeoffice oder von unterwegs aus

Replys: Antworten bzw. Kommentare auf einen Beitrag in sozialen Medien

Reposting: Erneutes Posten eines Inhalts, der bereits einmal (oder mehrfach) gepostet wurde

Sciencefluencer: siehe Influencer

SEO / Suchmaschinenoptimierung: Optimierung von Inhalten oder Websites zur besseren Auffindbarkeit in Suchmaschinen wie Google oder Bing

Sharepic: Bild, das gezielt zur Verbreitung in sozialen Medien erstellt wurde; siehe auch Meme

Sharing: Teilen von Inhalten in sozialen Netzwerken; die meisten Social-Media-Plattformen verfügen über Funktionen zum Teilen von Content innhalb oder außerhalb der Plattform.

Short: Vertikales Kurzvideo bei YouTube; siehe auch Reel, Vertical Video

Sinnfluencer: siehe Influencer

Social Graph: Verbindungen zwischen Menschen bzw. Accounts in sozialen Netzwerken; Plattformen, die auf einem Social Graph basieren, schlagen Nutzern primär Inhalte von anderen Nutzerinnen vor, mit denen sie in Kontakt stehen. Siehe auch Content Graph

Social-Media-Marketing: Marketing in und mit sozialen Medien, zum Beispiel durch organische Inhalte oder die Schaltung von Werbeanzeigen

Social Network: Wichtigste Form der Social Media; ein Social Network versteht sich als Ort, an dem sich Menschen bzw. Accounts vernetzen, sich austauschen, Inhalte teilen und mit diesen kommunizieren. Die meisten großen und bekannten Plattformen wie Facebook, LinkedIn, Instagram oder TikTok können mehr oder weniger direkt als Social Network klassifiziert werden.

Social Sourcing: Nutzung der sozialen Medien und der dort veröffentlichten Informationen zum Auffinden geeigneter potenzieller Bewerberinnen

Stitch: Content-Format bei TikTok, bei dem ein eigenes Video an ein bestehendes Video angehängt wird; eine Form der Reaction; siehe auch Reaction Video

Street Credibility: Glaubwürdigkeit in einer bestimmten Zielgruppe; ursprünglich Glaubwürdigkeit bzw. Anerkennung »auf der Straße«, also abseits behüteter und abgeschotteter Lebensbereiche der Besserverdienenden

Subreddit: Unterforum im Social Network Reddit

Targeting: Auswahl der Zielgruppe für Werbeanzeigen

tech-affin: offen für Technologie, technologiebegeistert

Techfluencer: siehe Influencer

Telegram: Messenger-Dienst, der häufig als Alternative zu WhatsApp genutzt wird, jedoch durch die verstärkte Nutzung durch Verschwörungstheoretiker und (Rechts-)Extremisten einen zweifelhaften Ruf genießt

Top-down: Maßnahmen, die im Unternehmen von oben herab, also vom Management oder der Geschäftsführung angeordnet werden; siehe auch Bottom-up

Traditionalisten: Vertreter der Generation, die etwa zwischen 1923 und 1945 geboren wurde

Tutorial: Anleitung

Twitch: Livestreaming-Plattform; bisher wird Twitch überwiegend im Gaming-Umfeld genutzt, aber auch Musik und andere Sektoren entdecken Twitch zunehmend.

User-generated Content: von Nutzenden erstellter Inhalt

Vertical Video: Video, das mit dem Smartphone vertikal aufgenommen wird statt wie früher üblich in 16:9. Die meisten der großen Social Networks ermöglichen und fördern die Nutzung von Vertical Video. Das Format kommt vor allem bei jungen Nutzern sehr gut an.

View: Aufruf eines Online-Inhalts, meist Bild oder Video

viral: Wenn sich ein Inhalt von Nutzer zu Nutzer weiterverbreitet, spricht man von »viral« bzw. »viralem Content«. Der Begriff zieht einen Vergleich zur Ausbreitung eines Virus, der ebenfalls nicht zentral gestreut wird, sondern sich von Wirt zu Wirt weiterverbreitet. Als »Viral« wird auch ein viral gegangener Inhalt, etwa ein Video, bezeichnet.

Vlog: Kurzwort für »Video-Blog«, also fortlaufende Reihe von Video-Beiträgen, die meist das Leben oder einen bestimmten Aspekt des Lebens des Protagonisten dokumentiert

VR / Virtual Reality: Technologie, bei der durch die Verwendung spezifischer (VR-)Brillen virtuelle Welten in 3-D bzw. 360 Grad genutzt werden können; durch Sensoren können sich Nutzer im virtuellen Raum umsehen und oft auch bewegen, virtuelle Gegenstände benutzen oder mit anderen virtuellen Nutzern kommunizieren. Das Metaverse basiert auf virtueller Realität. Andere Anwendungen sind Gaming, aber auch Formen der Weiterbildung oder Unterhaltung.

VUCA (Volatility, Uncertainty, Complexity und Ambiguity): Versuch zur Beschreibung der aktuellen Situation in der Welt, die durch Volatilität, Unsicherheit, Komplexität und Doppeldeutigkeiten geprägt ist

Watchtime: Zeit, die ein Nutzer mit (Online-)Videos verbringt; im Speziellen auch Zeit, die Nutzer insgesamt mit einem bestimmten Video verbracht haben

Wearable: In Kleidung integriertes digitales Tool

Wyld: Favorit bei der Wahl zum Jugendwort des Jahres 2020; Variation des englischen Wortes »wild«, beschreibt eine besonders intensive, verrückte oder ungewöhnliche Situation

Young Professionals: Junge, ambitionierte Arbeitnehmende, gut qualifiziert

Zoomer: Vertreter der Generation Z

Quellen und Anmerkungen

1 Das Video ist Teil meiner Vorträge und auch bei YouTube einzusehen: https://Genzbu.ch/smartwatch

2 Schnetzer, Simon (2021): Die Studie Junge Deutsche 2021 – Zukunft neu denken und gestalten: Lebens- und Arbeitswelten der Generation Z & Y, Kempten: Datajockey

3 https://bildungswissenschaftler.de/5000-jahre-kritik-an-jugendlichen-eine-sichere-konstante-in-der-gesellschaft-und-arbeitswelt/, Zugriff: 04.05.2023

4 DIHK Ausbildungsumfrage 2019

5 Elbdudler Jugendstudie 2018

6 Statista 2023, https://de.statista.com/statistik/daten/studie/118/umfrage/fernsehkonsum-entwicklung-der-sehdauer-seit-1997/, Zugriff: 04.05.2023

7 Arnold, Klaus: Johannes Trithemius. De laude scriptorium. Zum Lobe der Schreiber (Mainfränkische Hefte, Nr. 60). Würzburg 1973

8 Adams, Douglas (2002): »The Salmon of Doubt: Hitchhiking the Galaxy One Last Time, 2002, https://en.wikiquote.org/wiki/Douglas_Adams, Zugriff: 04.05.2023

9 Schnetzer, Simon (2021): Die Studie Junge Deutsche 2021 – Zukunft neu denken und gestalten: Lebens- und Arbeitswelten der Generation Z & Y, Kempten: Datajockey

10 IZI: Grunddaten Jugend und Medien 2022, S. 50

11 BVDW: Digitale Nutzung in Deutschland 2018

12 Ebenda

13 Stillman: Gen Z @ Work, 2017

14 IZI: Grunddaten Jugend und Medien 2022, S. 50

15 Pressemitteilung Deutsche Telekom AG (2022, 22. September). Aktuelle Umfrage zeigt: WLAN ist vielen Deutschen wichtiger als ihr Auto. presseportal.de. https://www.presseportal.de/pm/9077/5326972, Zugriff: 04.05.2023

16 Medienpädagogischer Forschungsverbund Südwest: JIM-Studie 2022, S. 30

17 https://www.mastercard.com/news/europe/de-de/newsroom/presse-mitteilungen/de-de/2021/juni/gfk-studie-zu-bezahltrends-im-handel-61-prozent-zahlen-kontaktlos-kartenzahlung-mit-apple-pay-und-google-pay-immer-beliebter/, Zugriff: 04.05.2023

18 The State of Gen Z 2018, GenHQ.com, Zugriff: 04.05.2023

19 https://www.bvdw.org/fileadmin/user_upload/BVDW_Marktforschung_
Digitale_Nutzung_in_Deutschland_2018.pdf, Zugriff: 04.05.2023

20 Bazaar voice: Talking to Strangers: Millennials Trust People Over Brands,
January 2012, https://resources.bazaarvoice.com/rs/bazaarvoice/
images/201202_Millennials_whitepaper.pdf, Zugriff: 04.05.2023

21 GenHQ: The State of Gen Z 2020, https://genhq.com/wp-content/up-
loads/2022/07/State-of-Gen-Z-2020-Consumers.pdf, Zugriff: 04.05.2023

22 https://www.bitkom.org/Presse/Presseinformation/Jeder-Dritte-liest-
Arbeitgeber-Bewertungen-online.html, Zugriff: 04.05.2023

23 https://www.edelman.com/sites/g/files/aatuss191/files/2018-10/
Layout_011816v2.pdf, Zugriff: 04.05.2023

24 https://de.statista.com/statistik/daten/studie/222849/umfrage/markt-
anteile-der-suchmaschinen-weltweit/, Zugriff: 27.05.2023

25 GenHQ: The State of Gen Z 2020, https://genhq.com/wp-content/up-
loads/2022/07/State-of-Gen-Z-2020-Consumers.pdf, Zugriff: 04.05.2023

26 https://idw-online.de/de/news697602, Zugriff: 04.05.2023

27 https://de.statista.com/statistik/daten/studie/1291138/umfrage/
wichtigste-probleme-der-gen-z-in-deutschland/, Zugriff: 04.05.2023

28 Elbdudler Jugendstudie 2018

29 Ebenda

30 Puls Marktforschung: Which car do I use today? 2019, https://www.puls-
marktforschung.de/images/studien/1805/2019-02-puls-studie-which-car-
do-i-use-todayauszug.pdf, Zugriff: 04.05.2023

31 ARD/ZDF-Onlinestudie 2022

32 https://www.pwc.de/de/pressemitteilungen/2018/share-economy-in-
deutschland-waechst-weiter.html, Zugriff: 04.05.2023

33 https://adtechdaily.com/2021/06/17/the-mobile-first-generation-gen-z-
is-heavily-into-mobile-gaming-shopping-and-social-media-finds-tapjoys-
new-modern-mobile-gamer-report/, Zugriff: 04.05.2023

34 https://www.pwc.de/de/handel-und-konsumguter/so-tickt-die-generation-
z.html, Zugriff: 04.05.2023

35 https://www.queer.de/detail.php?article_id=40334, Zugriff: 04.05.2023

36 Autorengruppe Bildungsberichterstattung: Bildung in Deutschland 2020,
S. 256

37 Vodafone Stiftung Deutschland: Die Jugend in der Infodemie, 2020,
https://www.vodafone-stiftung.de/wp-content/uploads/2020/12/Studie-
Vodafone-Stiftung-Umgang-mit-Falschnachrichten.pdf, Zugriff: 04.05.2023

38 Aus: Beilharz (2021): #FAKE, Köln, S. 329

39 DIHK Ausbildungsbericht 2018

40 Bundesministerium für Arbeit und Soziales, Referat Information,
Publikation, Redaktion: Arbeitsmarktprognose 2030: Eine strategische

Vorausschau auf die Entwicklung von Angebot und Nachfrage in Deutschland, 2013

41 Monster: Generation Z – die Arbeitnehmer von morgen, 2020

42 McCrindle: Generation Z infographic, 2023, https://mccrindle.com.au/resource/infographic/generation-z-infographic/, Zugriff: 04.05.2023

43 Bundesinstitut für Berufsbildung: Transformation braucht starke Berufsbildung. Neue Studie zur Entwicklung des Arbeitsmarkts bis zum Jahr 2040, https://www.bibb.de/dokumente/pdf/finalbibbpmtransformationqube.pdf, Zugriff: 04.05.2023

44 Leistner, A.: Gen Z auf dem Arbeitsmarkt: Gar nicht so dreist, aber am längeren Hebel, 2023

45 https://simon-schnetzer.com/jugend-in-deutschland-2023-mit-generationenvergleich/, Zugriff: 02.06.23

46 Randstad: Employer Brand Research 2022

47 Dell: The future has arrived. Are you ready for Gen Z?, 2018

48 Randstad: Arbeitsbarometer, 1. Hj. 2022

49 Randstad Deutschland: New Work Trendreport, 2021

50 Dell: The future has arrived. Are you ready for Gen Z?, 2018

51 https://de.statista.com/themen/3993/esports/, Zugriff: 04.05.2023

52 https://www.zeit.de/2018/19/ost-boys-youtube-berlin-marzahn-buddy-komoedie-plattenbau, Zugriff: 04.05.2023

53 https://www.lebensmittelzeitung.net/handel/karriere/Social-Media-Recruiting-Von-Ost-Boys-und-Space-Frogs-142915, Zugriff: 04.05.2023

54 Wübbelt, A., Tirrel, H.: Attracting members of Generation Z to companies via social media recruiting in Germany, in: Human Technology, Volume 18(3), 2022, S. 221f.

55 https://de.statista.com/statistik/daten/studie/812598/umfrage/nutzung-von-xing-nach-altersgruppen-in-deutschland/, Zugriff: 04.05.2023

56 https://jens.marketing/linkedin-statistiken/, Zugriff: 04.05.2023

57 Randstad: Employer Brand Research 2022

58 Uni Bamberg: Recruiting Trends 2020

59 Ebenda

60 Vortrag von Prof. Dr. Antje-Britta Mörstedt, PFH Private Hochschule Göttingen, »Erwartungen der Generation Z an die Unternehmen«

61 Weitzel et al.: Generation Z – die Arbeitnehmer von morgen. Ausgewählte Ergebnisse der Recruiting Trends 2020

62 Roberton, J., Brown, M.: The folly of misunderstanding youth, 2019, https://www.respondi.com/EN/wp-content/uploads/2021/03/respondi_whitepaper_The-Folly-of-Misunderstanding-Youth_2021.pdf, Zugriff: 04.05.2023

63 https://www.uke.de/kliniken-institute/kliniken/kinder-und-jugend-psychiatrie-psychotherapie-und-psychosomatik/forschung/arbeits-

gruppen/child-public-health/forschung/copsy-studie.html, Zugriff:
04.05.2023

64 Mind Share Partners; SAP; Qualtrics: Mental Health at Work 2019 Report,
2019

65 OC&C: Eine Generation ohne Grenzen – Generation Z wird erwachsen,
2023, https://www.yumpu.com/de/document/read/67584903/wie-tickt-
die-generation-z/9, Zugriff: 04.05.2023

66 Recruiting Trends 2020. Die Jungen ticken anders: Wie Unternehmen sich
auf die Generation Z einstellen können | Monster.de (2022, 2. Februar).
Hiring DE GR Merchandise. https://www.monster.de/mitarbeiter-finden/
hr-know-how/monster-hr-magazin/branchendaten/recruiting-trends-
2020-die-jungen-ticken-anders-wie-unternehmen-sich-auf-die-generation-
z-einstellen-koennen/, Zugriff: 04.05.2023

67 Zenjob (2022, 15. Dezember). Zenjob-Studie | Das wünscht sich Gen Z von
Arbeitgeber*innen. Germany. https://www.zenjob.com/de/ressourcen/gen-
z-studie-2022/, Zugriff: 04.05.2023

68 Ausbildung 2022 – Ergebnisse einer DIHK-Online-Unternehmensbefragung

69 Schnetzer, Simon: Jugend in Deutschland, Trendstudie Sommer 2022,
Tabellenband, S. 26

70 Gen Z oder Generation All-in. Eine Zenjob-Studie zu den Anforderungen der
Gen Z. Was kommt Neues auf die Arbeitswelt zu?

71 Fink, A. (2020): Die Generation Z und die Arbeitswelt. Welche wesentlichen
Anforderungen stellt die Generation Z an Unternehmen? (Bachelorarbeit).
Hochschule Mittweida University Of Applied Sciences

72 Timmler, V.: Glück: So macht Geld doch glücklich (27. Juni 2017). Süd-
deutsche.de. https://www.sueddeutsche.de/wirtschaft/zufriedenheit-so-
macht-geld-doch-gluecklich-1.3603926, Zugriff: 04.05.2023

73 Global Web Index (GWI): Global Audience Report 2020

74 IBM: Uniquely Generation Z. What brands should know about today's
youngest consumers, 2017

75 https://www.theatlantic.com/technology/archive/2022/10/using-reaction-
gifs-over-tumblr-giphy/671680/?utm_source=feed, Zugriff: 04.05.2023

76 https://www.vice.com/en/article/z3nzb4/gifs-are-for-boomers-now,
Zugriff: 04.05.2023

77 https://www.researchgate.net/publication/352790548_Covid-19_Humor_
across_generations_and_sexes_presented_at_the_IPRA_2021_in_
Winterthur, Zugriff: 04.05.2023

78 https://www.netzpiloten.de/generation-z-memes/, Zugriff: 04.05.2023

79 https://www.sheerid.com/de/blog/marketing-to-generation-z/, Zugriff:
04.05.2023

80 BBC News: Brands, news and Gen Z, 2022 (https://bbcnews.bbcstudios.
com/media/5595/summary-deck-for-trade-site.pdf), Zugriff: 04.05.2023

81 PWC: Gen Z wählt nachhaltig, September 2021 (gilt ebenfalls für alle weiteren Angaben zu diesem Unterpunkt)

82 House of Yas: ok zoomer – Marketing für die Gen Z, 2021

83 Emarketer (2021), aus: OMR Report: Professional Guide Gen Z, 2022, S. 35

84 DGÄPC Statistik 2022, https://www.dgaepc.de/aktuelles/dgaepc-statistik/dgaepc-statistik-2022/, Zugriff: 04.05.2023

85 https://yougov.de/topics/consumer/articles-reports/2021/11/15/fmcg-lieblingsmarken-von-millenials-Gen Z, Zugriff: 04.05.2023

86 https://techcrunch.com/2022/07/12/google-exec-suggests-instagram-and-tiktok-are-eating-into-googles-core-products-search-and-maps/, Zugriff: 04.05.2023

87 https://newsroom.tiktok.com/en-us/tiktok-american-express-shop-small-accelerator, Zugriff: 04.05.2023

88 https://newsroom.tiktok.com/de-de/untersuchungen-zeigen-wie-tiktok-die-musikindustrie-fuer-marken-kuenstlerinnen-zielgruppen-und-die-industrie-veraendert, Zugriff: 04.05.2023

89 https://www.zeit.de/kultur/musik/2022-10/musikindustrie-tiktok-produktion-label/, Zugriff: 04.05.2023

90 https://www.thinkwithgoogle.com/intl/de-de/insights/verbrauchertrends/generation-z-langformat-videos/, Zugriff: 04.05.2023

91 GenHQ: The State of Gen Z 2020, https://genhq.com/wp-content/uploads/2022/07/State-of-Gen-Z-2020-Consumers.pdf, Zugriff: 04.05.2023

92 https://www.ard-zdf-onlinestudie.de/tabellen-onlinenutzung/social-media-und-messenger/social-media/, Zugriff: 04.05.2023

93 https://business.pinterest.com/de/blog/pinterest-presents-a-new-vision-for-the-future/, Zugriff: 04.05.2023

94 https://www.internetworld.de/social-media-marketing/pinterest/gen-z-maenner-millennials-pinterest-nutzen-2559769.html, Zugriff: 04.05.2023

95 https://izi.br.de/deutsch/publikation/televizion/34_2021_1/Beliebtesten_maennlichen_Influencer.pdf, Zugriff: 04.05.2023

96 https://marketing.twitter.com/en/insights/gen-z-twitter-trends, Zugriff: 04.05.2023

97 Jodel Media Kit, Oktober 2022

98 Download unter: https://www.bvdw.org/fileadmin/bvdw/upload/publikationen/social_media/Infografik_Social_Media_Erfolgsmessung_2016.pdf, Zugriff: 04.05.2023

99 https://www.marketingdive.com/news/gen-z-relies-on-influencers-for-purchase-decisions-kantar-says/582890/, Zugriff: 04.05.2023

100 https://www.com-magazin.de/news/soziale-netze/produktempfehlungen-gen-z-gen-y-vertrauen-allem-freunden-familie-2762684.html, Zugriff: 04.05.2023

101 AGOF Influencer Marketing, Sonderbericht zur DMEXCO 2021

102 Faktenkontor: Social Media Atlas 2022

103 https://www.bitkom.org/Presse/Presseinformation/Haelfte-folgt-Influen-cern, Zugriff: 04.05.2023

104 https://www.territory-influence.com/de/influencer-follower-eine-bezie-hung-mit-vertrauen/, Zugriff: 04.05.2023

105 Universität St. Pölten: The influence of finfluencers, 2023

106 https://omr.com/de/daily/lokale-instagram-meme-seiten-marketing/

107 https://www.prnewswire.com/news-releases/lego-group-kicks-off-global-program-to-inspire-the-next-generation-of-space-explorers-as-nasa-cele-brates-50-years-of-moon-landing-300885423.html, Zugriff: 04.05.2023

108 https://www.iwkoeln.de/presse/iw-nachrichten/barbara-engels-die-grenzen-des-follower-wachstums.html, Zugriff: 04.05.2023

109 https://www.retaildive.com/news/snapchat-92-of-gen-z-want-to-use-ar-for-shopping/621656/, Zugriff: 04.05.2023

110 https://www.statista.com/statistics/1308187/augmented-reality-interest-shopping-generation/, Zugriff: 04.05.2023

111 https://www.onetoone.de/artikel/db/578249cr.html, Zugriff: 04.05.2023

112 https://morningconsult.com/2022/12/12/gen-z-favorite-video-games/, Zugriff: 04.05.2023

113 https://de.statista.com/statistik/daten/studie/1247292/umfrage/zuschau-erstunden-von-minecraft-auf-twitch/, Zugriff: 04.05.2023

114 https://fanbytes.co.uk/the-roblox-metaverse, Zugriff: 04.05.2023

115 https://www.vans.com.sg/news/post/roblox-metaverse-vans-world.html, Zugriff: 04.05.2023

116 https://www.horizont.net/marketing/nachrichten/grabarz--partner-so-motiviert-das-roblox-game-von-audibene-die-gen-z-zum-hoertest-210859, Zugriff: 04.05.2023

117 Statista 2022

118 OC&C: Eine Generation ohne Grenzen, 2019, S. 3

119 Luxury Business Report, Ausgabe 2017, S. 21

120 Schnetzer, Simon (2021): Die Studie Junge Deutsche 2021 – Zukunft neu denken und gestalten: Lebens- und Arbeitswelten der Generation Z & Y, Kempten: Datajockey

121 Ebenda

122 Ebenda

123 ARD/ZDF-Onlinestudie 2022, https://www.ard-zdf-onlinestudie.de/files/2022/ARD_ZDF_Onlinestudie_2022_Publikationscharts.pdf, Zugriff: 25.04.2023

124 Statista 2021, Erhebung: Anteil der Nutzer:innen von YouTube nach Alters-gruppen in Deutschland 2021

125 ARD/ZDF-Massenkommunikation 2020, 2020, S. 14

126 die medienanstalten – ALM GbR 2022: Vielfaltsbericht 2022, S. 40

127 JIM-Studie 2021, mpfs, S. 8

128 Schnetzer, Simon (2021): Die Studie Junge Deutsche 2021 – Zukunft neu denken und gestalten: Lebens- und Arbeitswelten der Generation Z & Y, Kempten: Datajockey

129 https://raven51.de/wiki/generation-z/, Zugriff: 26.04.2023

130 So tickt die Generation Z auf pwc.de, https://www.pwc.de/de/handel-und-konsumguter/so-tickt-die-generation-z.html, Zugriff: 25.04.2023

131 https://raven51.de/wiki/generation-z/, Zugriff: 26.04.2023

132 Unterschiede zwischen Millennials und Gen Z, https://br24.com/de/shopping-unterschiede-millennials-gen-z/, Zugriff am 25.04.2023

133 https://trendreport.de/die-generation-z-liebt-das-individuelle/, Zugriff: 26.04.2023

134 Schnetzer, Simon und Hurrelmann, Klaus (2022): Die Trendstudie »Jugend in Deutschland – Sommer 2022«

135 Statista 2022, Umfrage zu Wertorientierung und Lebenseinstellungen nach Generationen

136 Ein Auszug aus dem Health Report 2022 von Corinna Mühlhausen: https://www.zukunftsinstitut.de/artikel/generation-z-mental-imbalance-youth/, Zugriff 25.04.2023

137 https://raven51.de/wiki/generation-z/, Zugriff: 26.04.2023

138 https://simon-schnetzer.com/generation-z/, Zugriff: 26.04.2023

139 https://maximal.digital/genz-digital-natives, Zugriff: 26.04.2023

140 Ebenda, Zugriff: 26.04.2023

141 Ebenda, Zugriff: 26.04.2023

142 https://simon-schnetzer.com/generation-z/, Zugriff: 26.04.2023

143 https://www.somengo.de/2022/06/29/generation-z-social-media/, Zugriff: 25.04.2023

144 https://simon-schnetzer.com/generation-z/, Zugriff: 25.04.2023

145 Studie »Gen Z oder Generation All-In«, Zenjob, https://www.hapeko.de/uploads/images/PDF_Dokumente/ZENJOB_GENZ_WHITEPAPER_Q221.pdf, Zugriff 25.04.2023

146 https://www.presseportal.de/pm/135605/4954360, Zugriff: 26.04.2023

147 https://de.statista.com/statistik/daten/studie/1379113/umfrage/16-bis-19-jaehrige-zu-unterstuetzung-des-arbeitgebers-bei-mentaler-gesundheit/, Zugriff 25.04.2023

148 #3 of PwC Europe Consumer Insights Series, PricewaterhouseCoopers GmbH Wirtschaftsprüfungsgesellschaft, Juni 2020

149 Ebenda

150 https://www.marconomy.de/generation-z-zwischen-online-und-offline-welt-a-873586/, Zugriff: 26.04.2023

151 MOZ, Studie 2020 Google Search Survey: How Much Do Users Trust Their

Search Results? https://moz.com/blog/2020-google-search-survey, Zugriff
25.04.2023

152 https://www.urlaubspiraten.de/presse/de-umfrage-digital-unterwegs-wie-
die-technologie-das-reisen-beeinflusst, Zugriff: 26.04.2023

153 Studie zur Nutzung sozialer Medien in der Generation Z, ExpressVPN,
Update 2023, https://www.expressvpn.com/de/blog/gen-z-social-media-
studie/, Zugriff: 25.04.2023

154 Ebenda, Zugriff: 25.04.2023

155 Audience & Content Research, Trend Research, Generationenstudie 2021

156 Studie zur Nutzung sozialer Medien in der Generation Z, ExpressVPN,
Update 2023, https://www.expressvpn.com/de/blog/gen-z-social-media-
studie/, Zugriff: 25.04.2023

157 Ebenda, Zugriff: 25.04.2023

158 Ebenda, Zugriff: 25.04.2023

159 KONTOR4 2020: https://www.construktiv.de/social-media/social-media-
nutzung-in-der-generation-z/, Zugriff: 26.04.2023

160 Audience & Content Research, Trend Research, Generationenstudie 2021

161 https://www.welt.de/kmpkt/article241452875/Generation-Z-So-kommuni-
ziert-sie-auf-WhatsApp-am-liebsten.html, Zugriff: 26.04.2023

162 Randstad-MenteFactum-Arbeitnehmer:innenbefragung, 2021;
https://www.randstad.de/ueber-randstad/presse/unternehmensfuehrung/
was-generation-z-beruf-will/, Zugriff: 25.04.2023

163 Studie »Brands, News and Gen Z«, im Auftrag von BBC Studios, 2022,
https://bbcnews.bbcstudios.com/media/5595/summary-deck-for-trade-site.
pdf, Zugriff: 13.07.2023

164 https://www.netclusive.de/blog/work-life-separation-arbeit-ist-das-eine-
freizeit-das-andere/, Zugriff: 25.04.2023

165 Nfon: Generation Z macht die Kommunikation am Arbeitsplatz mensch-
licher, https://blog.nfon.com/de/generation-z-macht-die-kommunikation-
am-arbeitsplatz-menschlicher, Zugriff: 26.04.2023

166 Studie von Randstad Deutschland, 2021, https://www.arbeitswissenschaft.
net/fileadmin/Downloads/Angebote_und_Produkte/Zahlen_Daten_
Fakten/Factsheet_Generation_Z_final.pdf, Zugriff: 26.04.2023

167 Schnetzer, Simon: Trendstudie »Jugend in Deutschland – 2023« mit Ge-
nerationenvergleich, 2023, S. 31: https://simon-schnetzer.com/jugend-in-
deutschland-2023-mit-generationenvergleich/, Zugriff: 13.07.2023

168 Zenjob 2021, Randstad Deutschland 2021, https://www.arbeitswissen-
schaft.net/fileadmin/Downloads/Angebote_und_Produkte/Zahlen_
Daten_Fakten/Factsheet_Generation_Z_final.pdf, Zugriff: 26.04.2023

169 Nfon: Generation Z macht die Kommunikation am Arbeitsplatz mensch-
licher, https://blog.nfon.com/de/generation-z-macht-die-kommunikation-
am-arbeitsplatz-menschlicher, Zugriff: 26.04.2023

170 https://blog.mynd.com/de/verschiedene-generationen-auf-youtube/, Liesa Wieruch, 17. Oktober 2022, Zugriff: 26.04.2023

171 Schnetzer, Simon (2021): Die Studie Junge Deutsche 2021 – Zukunft neu denken und gestalten: Lebens- und Arbeitswelten der Generation Z & Y, Kempten: Datajockey

172 Ebenda

173 Ebenda

174 Ebenda

175 Ebenda

176 https://www.construktiv.de/social-media/social-media-nutzung-in-der-generation-z/, Zugriff: 03.05.2023

177 https://www.rtl.de/cms/jugendsprache-der-generation-z-was-bedeuten-lost-woke-wyld-co-4631480.html, https://www.mrjugendarbeit.com/36-slang-begriffe-gen-z/, Zugriff: 03.05.2023

178 https://www.uni-bremen.de/universitaet/hochschulkommunikation-und-marketing/aktuelle-meldungen/detailansicht/digitaler-humor-unter-schiede-bei-geschlecht-und-alter/, Zugriff: 03.05.2023

179 https://www.bvdw.org/der-bvdw/news/detail/artikel/mehr-als-jeder-fuenfte-verkaeufe-durch-influencer-marketing-nehmen-laut-bvdw-studie-2020-nochmal-zu/, Zugriff: 03.05.2023

180 Contentsquare: Generation Z. The Coming of (Shopping) Age, 2017

181 Springer Fachmedien Wiesbaden GmbH; Krüger, S.: Updates – Generation Z. In: Die KI-Entscheidung. Springer, Wiesbaden: https://link.springer.com/chapter/10.1007/978-3-658-34874-8_5 (2021), Zugriff: 04.05.2023

182 https://onlinemarketing.de/social-media-marketing/bereal-app-gen-z, Zugriff: 04.05.2023

183 https://www.lifepr.de/inaktiv/omnicom-media-group-germany-gmbh/challenger-app-bereal-mit-grossem-potenzial-in-der-gen-z-und-gen-y/boxid/942268, Zugriff: 04.05.2023

184 https://www.deutschlandfunkkultur.de/jugendwort-des-jahres-100.html, Zugriff: 04.05.2023

Über den Autor

Felix Beilharz (Dipl.-Wirtschaftsjurist) beschäftigt sich seit 2001 mit den Möglichkeiten, die Online-Marketing für Unternehmen bietet. Zu seiner Kundschaft zählen 22 der 100 umsatzstärksten deutschen Unternehmen. Felix Beilharz lehrt Online-Marketing und Social Media an mehreren Hochschulen in Deutschland und der Schweiz, trainiert Unternehmen, Behörden und Organisationen und hat Vorträge und Seminare in 16 europäischen Ländern sowie den USA gehalten.

Als Autor hat er 11 Bücher veröffentlicht. Darunter den Bestseller »Online Marketing Manager« (O'Reilly), der an zahlreichen Hochschulen und Bildungseinrichtungen als Standardwerk eingesetzt wird.

Eigene Weiterbildungen an den Universitäten Harvard und Cornell sowie die Berufungen in Facebooks Digitalkompetenzen-Programm, in XINGs Insider-Programm, zum LinkedIn Learning Instructor sowie in den renommierten Club 55 runden sein Profil ab.

Die Generation Z ist beruflich bedingt seit vielen Jahren ein wichtiges Element in seinem Leben. Nicht nur an den Hochschulen, sondern auch über diverse Beratungsprojekte in den sozialen Medien gewann er immer mehr Einblicke in die Welt der Digital Natives. Er hält regelmäßig Vorträge zur Generation Z bei Unternehmer- und Arbeitgeberverbänden, Konzernen und öffentlichen Einrichtungen.